U0213750

PPT 2016

高效办公实战应用

恒盛杰资讯 编著

与

技巧大全

666 招

机械工业出版社
China Machine Press

图书在版编目（CIP）数据

PPT 2016高效办公实战应用与技巧大全666招／恒盛杰资讯编著. —北京：机械工业出版社，2018.3

ISBN 978-7-111-59025-5

Ⅰ.①P… Ⅱ.①恒… Ⅲ.①图形软件 Ⅳ.①TP391.412

中国版本图书馆CIP数据核字（2018）第016719号

　　本书从大量日常办公常见问题中总结和提炼出666个实战案例，并简明扼要地进行解析，帮助读者高效而全面地掌握PowerPoint 2016的核心操作技巧，快速变身办公达人。

　　全书共17章，根据内容结构可分为3个部分。第1部分包括第1章和第2章，主要讲解软件的操作环境设置和基本操作。第2部分包括第3～12章，主要讲解文本型幻灯片的制作与美化、图片与图形的插入和编辑、表格和图表的制作、媒体文件的插入和编辑、幻灯片外观和切换效果的设置、母版的应用、动画效果和超链接的设置。第3部分包括第13～17章，主要讲解视图操作以及演示文稿的放映、审阅、打印、输出和自动化控制。

　　本书内容丰富、图文并茂、实用性强，既适合新手进行PowerPoint软件的系统学习，也可供职场人士作为案头常备参考书，在实际工作中速查速用。

PPT 2016高效办公实战应用与技巧大全666招

出版发行：机械工业出版社（北京市西城区百万庄大街22号 邮政编码：100037）

责任编辑：杨 倩 责任校对：庄 瑜

印 刷：北京天颖印刷有限公司 版 次：2018年3月第1版第1次印刷

开 本：185mm×260mm 1/16 印 张：22

书 号：ISBN 978-7-111-59025-5 定 价：59.80元

凡购本书，如有缺页、倒页、脱页，由本社发行部调换

客服热线：（010）88379426 88361066 投稿热线：（010）88379604

购书热线：（010）68326294 88379649 68995259 读者信箱：hzit@hzbook.com

版权所有·侵权必究

封底无防伪标均为盗版

本书法律顾问：北京大成律师事务所 韩光／邹晓东

PREFACE 前言

本书以满足日常办公的实际需求为出发点，通过对 666 个实战案例的解析，帮助读者高效掌握 PowerPoint 2016 的核心操作技巧，快速解决常见办公问题。

◎ 内容结构

全书共 17 章，根据内容结构可分为 3 个部分。

第 1 部分包括第 1 章和第 2 章，主要讲解软件的操作环境设置和基本操作。

第 2 部分包括第 3 ～ 12 章，主要讲解文本型幻灯片的制作与美化、图片与图形的插入和编辑、表格和图表的制作、媒体文件的插入和编辑、幻灯片外观和切换效果的设置、母版的应用、动画效果和超链接的设置。

第 3 部分包括第 13 ～ 17 章，主要讲解视图操作以及演示文稿的放映、审阅、打印、输出和自动化控制。

◎ 编写特色

★内容丰富，解答全面：本书对 PowerPoint 2016 的功能进行了全面介绍，并对办公过程中遇到的各种问题做了详细解答，读者能在掌握软件功能的基础上进行实际应用，达到学以致用的目的。

★案例实用，代表性强：本书的 666 个实战案例是从成千上万读者的提问中提炼出来的，十分贴近日常办公的实际需求。书中的每一个知识点都具有很强的实用性和代表性，读者学习后很容易就能举一反三，独立解决更多同类问题。

★步骤精练，图文并茂：本书以简明扼要的操作步骤对各个问题进行了快速解答，并配合屏幕截图进行直观展示，能为读者带来轻松而高效的学习体验。

◎ 读者对象

本书既适合新手进行 PowerPoint 软件的系统学习，也可供职场人士作为案头常备参考书，在实际工作中速查速用。

由于编者水平有限，在编写本书的过程中难免有不足之处，恳请广大读者指正批评，除了扫描二维码关注订阅号获取资讯以外，也可加入 QQ 群 227463225 与我们交流。

编者
2018 年 1 月

如何获取云空间资料

步骤 1: 扫描关注微信公众号

在手机微信的"发现"页面中点击"扫一扫"功能，如右一图所示，进入"二维码/条码"界面，将手机对准右二图中的二维码，扫描识别后进入"详细资料"页面，点击"关注"按钮，关注我们的微信公众号。

步骤 2: 获取资料下载地址和密码

点击公众号主页面左下角的小键盘图标，进入输入状态，在输入框中输入本书书号的后 6 位数字"590255"，点击"发送"按钮，即可获取本书云空间资料的下载地址和访问密码。

步骤 3: 打开资料下载页面

方法 1: 在计算机的网页浏览器地址栏中输入获取的下载地址（输入时注意区分大小写），如右图所示，按 Enter 键即可打开资料下载页面。

方法 2: 在计算机的网页浏览器地址栏中输入"wx.qq.com"，按 Enter 键后打开微信网页版的登录界面。按照登录界面的操作提示，使用手机微信的"扫一扫"功能扫描登录界面中的二维码，然后在手机微信中点击"登录"按钮，浏览器中将自动登录微信网页版。在微信网页版中单击左上角的"阅读"按钮，如右图所示，然后在下方的消息列表中找到并单击刚才公众号发送的消息，在右侧便可看到下载地址和相应密码。将下载地址复制、粘贴到网页浏览器的地址栏中，按 Enter 键即可打开资料下载页面。

步骤 4: 输入密码并下载资料

在资料下载页面的"请输入提取密码"下方的文本框中输入步骤 2 中获取的访问密码（输入时注意区分大小写），再单击"提取文件"按钮。在新页面中单击打开资料文件夹，在要下载的文件名后单击"下载"按钮，即可将其下载到计算机中。如果页面中提示选择"高速下载"还是"普通下载"，请选择"普通下载"。下载的资料如为压缩包，可使用 7-Zip、WinRAR 等软件解压。

> **⏰ 提示**
>
> 读者在下载和使用云空间资料的过程中如果遇到自己解决不了的问题，请加入 QQ 群 227463225，下载群文件中的详细说明，或找群管理员提供帮助。

CONTENTS

第2章　幻灯片的基本操作

第3章　文本型幻灯片的制作

第4章　文本型幻灯片的美化

第5章　图片的插入和编辑

第6章　图形的插入和美化

第7章　表格的制作

第8章　图表的制作

第 **9** 章　媒体文件的插入和编辑

第10章　幻灯片外观和切换效果

第11章 母版的应用

第12章 动画效果和超链接

第13章　视图的操作

第14章 演示文稿的放映

第15章 演示文稿的审阅

第16章 演示文稿的打印和输出

第17章 演示文稿的自动化控制

第1章 程序设置和基本操作

在学习PowerPoint强大的演示功能之前，首先要了解PowerPoint的程序设置和基本操作技巧，包括启动PowerPoint组件，新建、打开及关闭演示文稿，美化软件工作界面，个人账户的登录和注销，功能区的选项卡和命令的添加和删除，以及自定义快速访问工具栏等。熟练掌握上述操作，可以为制作精美的演示文稿奠定坚实的基础。

第1招 快速启动PowerPoint程序

在使用PowerPoint之前，掌握PowerPoint的启动技巧很有必要。启动PowerPoint程序的具体操作如下。

❶在键盘上按【Windows 徽标】键或者单击桌面左下角的"开始"按钮，❷在弹出的列表中单击"所有程序 >PowerPoint 2016"选项，如右图所示，即可启动该程序。

第2招 快速打开已保存的演示文稿

对于已经操作并保存的演示文稿，如果想要再次查看该演示文稿的内容或编辑该演示文稿，可通过以下方式来实现。

找到要打开的演示文稿的保存位置，双击该文件图标，如右图所示，即可打开该演示文稿。

第3招 以副本形式打开演示文稿

编辑和修改副本演示文稿能有效保护原演示文稿，以副本的形式打开演示文稿可以在相同的文件夹中创建一份完全相同的演示文稿。

步骤01 单击"打开"命令

打开原始文件，单击"文件"按钮，在弹出的视图菜单中单击"打开"命令，如右图所示。

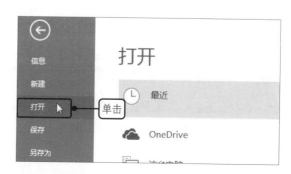

步骤02 打开副本

❶在右侧展开的面板中右击需要以副本形式打开的演示文稿，❷在弹出的快捷菜单中单击"打开副本"命令，如右图所示。

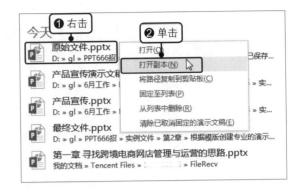

第4招 以只读方式打开演示文稿

如果希望打开的演示文稿仅能被查看而不能被编辑，可以选择以只读方式打开演示文稿，具体操作如下。

步骤01 启动"打开"对话框

打开原始文件，单击"文件"按钮，❶在弹出的视图菜单中单击"打开"命令，❷在右侧的"打开"面板中单击"浏览"按钮，如下图所示。

步骤02 选择需要打开的演示文稿

弹出"打开"对话框，❶在地址栏中选择演示文稿的保存位置，❷选择需要打开的演示文稿，如下图所示。

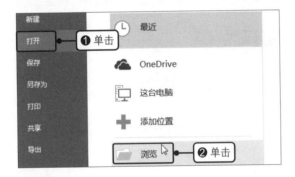

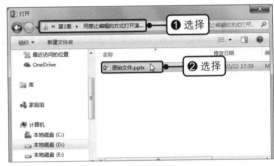

步骤03 选择打开方式

❶单击"打开"右侧的下三角按钮，❷在展开的列表中单击"以只读方式打开"选项，如右图所示。

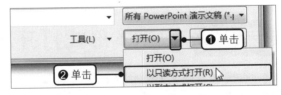

第5招 直接放映演示文稿

如果希望在打开演示文稿的同时直接放映文稿内容，可通过以下方法来实现。

❶右击要放映的演示文稿，❷在弹出的快捷菜单中单击"显示"命令，如右图所示。

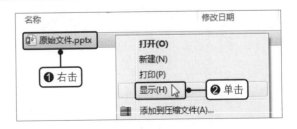

第6招　一键关闭单个演示文稿

完成了演示文稿的编辑和保存后，可以通过窗口中的控制按钮来关闭演示文稿。

单击窗口右上角的"关闭"按钮，如右图所示，即可关闭该演示文稿。

提示

还可以右击窗口的标题栏，在弹出的快捷菜单中单击"关闭"命令，或者按【Ctrl+W】组合键来关闭演示文稿。

第7招　快速关闭打开的多个演示文稿

当打开了多个演示文稿，想要快速退出PowerPoint程序时，可通过以下方法来实现。

❶在任务栏中右击 PowerPoint 程序图标，❷在弹出的快捷菜单中单击"关闭所有窗口"命令，如右图所示。

提示

此方法仅适用于任务栏按钮处于合并状态的情况。

第8招　强制退出不能正常关闭的演示文稿

当长时间使用计算机、计算机内存不够或者是打开了一些恶意软件，引发PowerPoint窗口不能关闭的问题时，可以强制关闭PowerPoint窗口。

步骤01　启动任务管理器

❶右击任务栏的空白处，❷在弹出的快捷菜单中单击"启动任务管理器"命令，如右图所示。

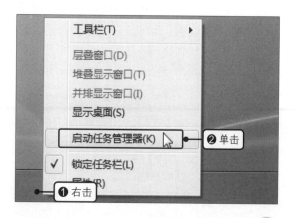

步骤02 结束PowerPoint程序

弹出"Windows 任务管理器"窗口，❶单击"应用程序"选项卡下的 PowerPoint 程序，❷单击"结束任务"按钮，即可结束程序，如右图所示。

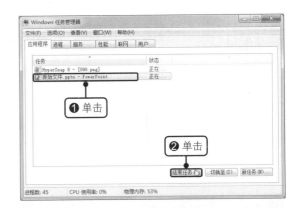

🕐 **提示**

还可以按下【Ctrl+Shift+Esc】组合键来启动任务管理器。

第9招 利用快捷键新建演示文稿

若要在PowerPoint窗口中新建一个空白演示文稿，最简单的方法是利用快捷键创建。

启动 PowerPoint，按下【Ctrl+N】组合键，即可创建一个名为"演示文稿 1"的空白演示文稿，如右图所示。

第10招 快速创建空白演示文稿

安装PowerPoint组件后，在没有启动PowerPoint程序时，如果想要快速新建一个空白演示文稿，可以直接在文件夹中创建。下面以在桌面上创建为例讲解具体方法。

步骤01 新建演示文稿

❶右击桌面任意空白处，❷在弹出的快捷菜单中单击"新建 >Microsoft PowerPoint 演示文稿"命令，如下图所示。

步骤02 重命名并打开演示文稿

此时在桌面上显示了新建的空白演示文稿，且文件名呈可编辑状态，输入演示文稿名称后按下【Enter】键，完成演示文稿的重命名。双击桌面上新建的演示文稿图标，如下图所示，即可打开该演示文稿。

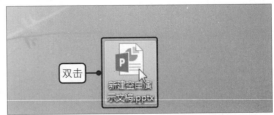

步骤03 查看新建演示文稿效果

打开新建的演示文稿，可以看到其中没有任何幻灯片，如右图所示。单击幻灯片窗格任意处，即可添加第 1 张幻灯片。

第11招　根据模板创建演示文稿

在实际工作中，除了可以在空白的演示文稿中添加文本、图片等内容来创建演示文稿外，还可以直接应用模板来创建。只需对模板中的内容进行简单编辑，即可制作出专业的演示文稿。

步骤01 搜索模板

启动 PowerPoint 后，在开始屏幕中单击"演示文稿"按钮，如下图所示。也可在文本框中输入关键字，搜索相关的模板与主题。

步骤02 选择合适的演示文稿模板

弹出联机搜索到的与"演示文稿"相关的模板，单击需要的模板，如下图所示。

步骤03 单击"创建"按钮

弹出所选模板的选项面板，单击"创建"按钮，如下图所示。

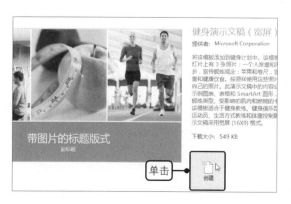

步骤04 显示创建的演示文稿

此时，程序根据所选模板创建了如下图所示的演示文稿。

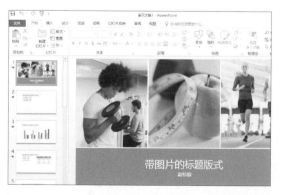

第12招 利用大纲创建演示文稿

使用已编辑好的大纲文本来创建演示文稿，能够方便理顺演示文稿的思路与组织结构，更利于演示文稿的整体编辑，具体操作如下。

步骤01 打开"插入大纲"对话框

新建一个空白演示文稿，在"开始"选项卡下单击"幻灯片"组中的"新建幻灯片"下三角按钮，在展开的列表中单击"幻灯片（从大纲）"选项，如下图所示。

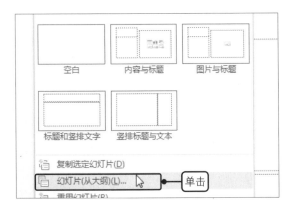

步骤02 插入大纲

弹出"插入大纲"对话框，❶在地址栏中选择大纲文件的位置，❷双击要使用的大纲文件，如下图所示。

步骤03 查看幻灯片效果

系统自动返回演示文稿中，可看到演示文稿中添加了多张幻灯片，幻灯片的内容根据大纲文件转换而来，如右图所示。

> **提示**
> 将大纲文件转换到新创建的空白演示文稿中后，第1张幻灯片并没有添加任何内容，若不需要该幻灯片，可直接将其删除。

第13招 快速保存演示文稿

制作完演示文稿后，需要保存演示文稿时，可使用快速访问工具栏中的"保存"按钮，具体操作如下。

步骤01 单击"保存"按钮

制作完演示文稿后，单击快速访问工具栏中的"保存"按钮，如右图所示。

步骤02　单击"浏览"按钮

系统自动跳转到"另存为"面板中,单击"浏览"按钮,如下图所示。

步骤03　保存文件

弹出"另存为"对话框,❶在地址栏中选择演示文稿保存的位置,❷在"文件名"文本框中输入文件名,如下图所示,完成上述操作后单击"保存"按钮即可。

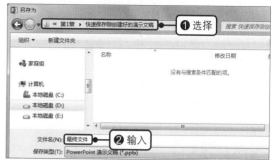

> ⏰ **提示**
>
> 也可以直接按下【Ctrl+S】组合键保存演示文稿。首次保存时,按下组合键后会弹出"另存为"对话框。

第14招　打开并修复演示文稿

当计算机或Office程序发生异常时,可能会造成演示文稿损坏而无法正常打开,此时可通过打开并修复的方式来尝试打开演示文稿。

步骤01　选择要打开的文件

启动 PowerPoint 组件,在开始屏幕中单击"打开其他演示文稿"按钮,系统自动跳转至"打开"面板中,单击"浏览"按钮,弹出"打开"对话框,❶在地址栏中选择要打开的文件所在的位置,❷单击要打开的文件,如下图所示。

步骤02　单击"打开并修复"选项

❶单击对话框中的"打开"右侧的下三角按钮,❷在展开的列表中单击"打开并修复"选项,如下图所示,即可打开并修复演示文稿。

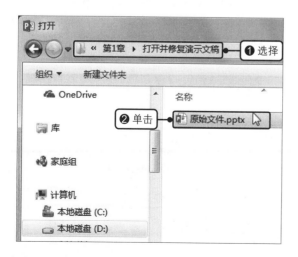

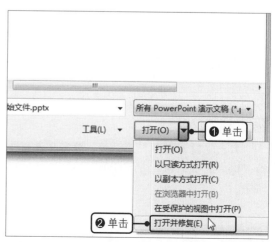

第15招 更换PowerPoint工作界面颜色

若不喜欢PowerPoint组件的界面颜色，可根据需要更改成其他颜色，具体操作如下。

步骤01 单击"账户"命令

在打开的演示文稿中单击"文件"按钮，在弹出的视图菜单中单击"账户"命令，如下图所示。

步骤02 选择Office主题颜色

❶在右侧的"账户"面板中单击"Office主题"右侧的下三角按钮，❷在展开的列表中单击"深灰色"选项，如下图所示。

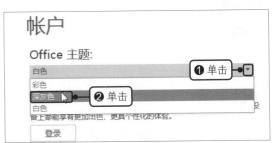

第16招 美化PowerPoint工作界面背景

设置合适的PowerPoint工作界面颜色，再搭配喜欢的背景图案，可让工作界面赏心悦目，具体操作如下。

步骤01 打开"登录"对话框

在打开的演示文稿中单击"文件"按钮，在弹出的视图菜单中单击"账户"命令，在右侧的"账户"面板中单击"登录"按钮，如下图所示。

步骤02 输入账户信息

弹出"登录"对话框，❶在文本框中输入自己的账户信息，❷单击"下一步"按钮，如下图所示。

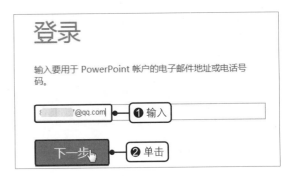

步骤03 输入密码

弹出"输入密码"对话框，❶在文本框中输入账户密码，❷单击"登录"按钮，如右图所示。

步骤04 选择Office背景图案

返回"账户"面板中，❶单击"Office 背景"右侧的下三角按钮，❷在展开的列表中单击"稻草"选项，如右图所示。

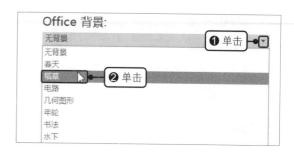

第17招　添加更多便利的服务

登录个人账户后，用户可以添加更多的服务，方便将演示文稿与其他服务程序共享，为工作提供便利，具体操作如下。

步骤01 添加YouTube功能

启动 PowerPoint 程序并登录账户后，❶在"账户"面板中单击"添加服务"按钮，❷在展开的列表中单击"图像和视频 >YouTube"选项，如下图所示。

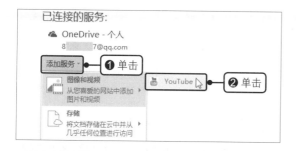

步骤02 显示"添加服务"提示框

弹出"添加服务"提示框，提示用户"正在将此位置添加到您的 Office 账户"，如下图所示。若此时单击"取消"按钮，则中断添加服务。

第18招　删除不需要的服务

如果添加的某些服务不常使用，可以将其删除，让账户信息界面更简洁。

步骤01 单击"删除"按钮

启动 PowerPoint 程序，登录账户后，在"账户"面板中的"已连接的服务"选项组下单击需要删除服务右侧的"删除"按钮，如下图所示。

步骤02 确认删除

弹出提示框，询问用户"是否要从您的账户中删除 YouTube？"，单击"是"按钮则确认删除，如下图所示。

第19招 注销个人账户

使用PowerPoint程序完成工作后，为避免其他人使用自己的账户进行编辑，可在退出程序前先注销账户，具体操作如下。

步骤01 单击"注销"按钮

启动 PowerPoint 程序，登录账户后，在"账户"面板中可看到用户的基本信息，单击"注销"按钮，如下图所示。

步骤02 确定注销

弹出"删除账户"对话框，单击"是"按钮即可完成注销账户操作，如下图所示。

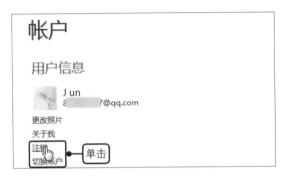

第20招 显示浮动工具栏

如果想要对选中的文本快速进行格式设置，可设置选中文本后自动显示浮动工具栏，快速设置文本格式。

步骤01 单击"选项"命令

在打开的演示文稿中单击"文件"按钮，在弹出的视图菜单中单击"选项"命令，如下图所示。

步骤02 启用浮动工具栏

弹出"PowerPoint选项"对话框，在"常规"选项卡下的"用户界面选项"选项组中勾选"选择时显示浮动工具栏"复选框，如下图所示，勾选后单击"确定"按钮即可。

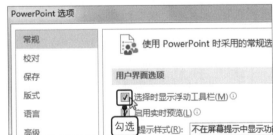

第21招 启用屏幕提示功能

若希望将鼠标指针移动到按钮上时显示功能说明，可设置显示屏幕提示。

在打开的演示文稿中单击"文件"按钮，在弹出的视图菜单中单击"选项"命令，弹出"PowerPoint 选项"对话框，❶在"常规"选项卡下单击"用户界面选项"选项组中"屏幕提示样式"右侧的下三角按钮，❷在展开的列表中单击"在屏幕提示中显示功能说明"选项，如右图所示。完成后单击"确定"按钮。

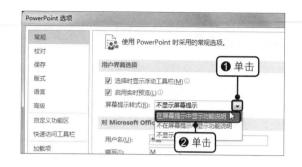

第22招　添加用户名区分不同用户

多人协同工作时，添加用户名可以方便区分不同的用户。

打开"PowerPoint 选项"对话框，在"常规"选项卡下"对 Microsoft Office 进行个性化设置"选项组中的"用户名"文本框中输入用户名，如右图所示。完成后单击"确定"按钮。

第23招　启动时新建空白演示文稿

对于习惯创建空白演示文稿的用户，可以取消显示开始屏幕，启动程序时立即新建空白演示文稿。

在打开的演示文稿中单击"文件"按钮，在弹出的视图菜单中单击"选项"命令，弹出"PowerPoint 选项"对话框，在"常规"选项卡下取消勾选"启动选项"选项组中的"此应用程序启动时显示开始屏幕"复选框，如右图所示。完成后单击"确定"按钮。

第24招　设置演示文稿自动保存时间间隔

为了避免计算机死机或突然断电导致的演示文稿内容丢失，可自行设置符合实际工作需求的文件自动保存时间间隔。

打开"PowerPoint 选项"对话框，❶在"保存"选项卡下勾选"保存自动恢复信息时间间隔"复选框，❷在其后的数值框中输入"5"，表示每 5 分钟自动保存一次，如右图所示。完成后单击"确定"按钮。

第25招 设置自动恢复文件的保存位置

将自动恢复文件保存在用户熟悉的位置，有助于快速找回文档，具体操作如下。

在打开的演示文稿中单击"文件"按钮，在弹出的视图菜单中单击"选项"命令，弹出"PowerPoint 选项"对话框，在"保存"选项卡下"保存演示文稿"选项组中的"自动恢复文件位置"文本框中输入合适的路径，如右图所示。完成后单击"确定"按钮。

第26招 为演示文稿设置低版本的保存格式

若需要长期与使用低版本PowerPoint的用户交换文件，可以默认保存格式设置为低版本格式，具体操作如下。

在打开的演示文稿中单击"文件"按钮，在弹出的视图菜单中单击"选项"命令，弹出"PowerPoint 选项"对话框，❶在"保存"选项卡下单击"保存演示文稿"选项组中"将文件保存为此格式"右侧的下三角按钮，❷在展开的列表中单击"PowerPoint 97-2003 演示文稿"选项，如右图所示。完成后单击"确定"按钮。

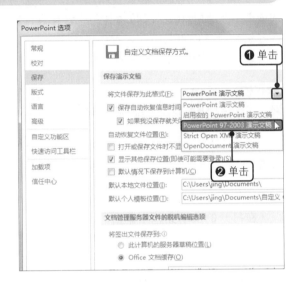

第27招 将字体嵌入演示文稿

如果制作的演示文稿中使用了本地安装的字体，为了避免在其他计算机上放映时出错，可以设置在保存时将字体嵌入文件。

在打开的演示文稿中单击"文件"按钮，在弹出的视图菜单中单击"选项"命令，弹出"PowerPoint 选项"对话框，在"保存"选项卡中勾选"将字体嵌入文件"复选框，如右图所示。完成后单击"确定"按钮。

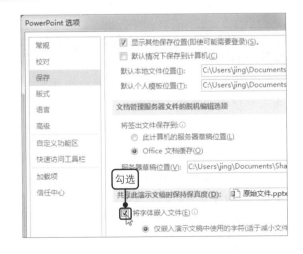

第28招　为演示文稿设置默认保存路径

当制作好演示文稿后进行保存时，每次选择储存位置会很麻烦，这时可以为演示文稿设置默认的保存路径，具体操作如下。

在打开的演示文稿中单击"文件"按钮，在弹出的视图菜单中单击"选项"命令，弹出"PowerPoint 选项"对话框，在"保存"选项卡下"保存演示文稿"选项组中的"默认本地文件位置"文本框中输入路径，如右图所示，输入完毕后单击"确定"按钮。

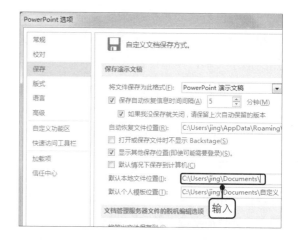

第29招　设置可撤销操作的数量

编辑演示文稿时难免会出错，此时可通过撤销操作来恢复之前的效果。若撤销的步数无法满足需求，可以根据需要更改。

打开"PowerPoint 选项"对话框，在"高级"选项卡下"编辑选项"选项组中的"最多可取消操作数"数值框中输入"30"，如右图所示。完成后单击"确定"按钮。

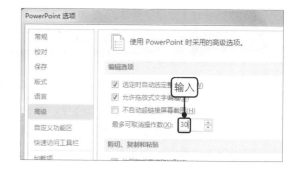

> ⏰ **提示**
>
> 默认情况下，PowerPoint 最多可撤销 20 步操作，用户可设置的最多撤销步数为 150，但如果将撤销步数设置得过大，将会占用过多系统内存，从而影响 PowerPoint 的运行速度。

第30招　禁用演示文稿使用记录

在使用PowerPoint编辑演示文稿后，会在PowerPoint的文档使用历史中留下记录，如果担心泄露资料信息及个人隐私，可通过以下操作来解决该问题。

打开"PowerPoint 选项"对话框，在"高级"选项卡下"显示"选项组中的"显示此数量的最近的演示文稿"数值框中输入"0"，如右图所示。完成后单击"确定"按钮。

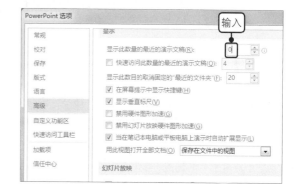

第31招 设置快速访问最近演示文稿的数量

将一定数量的最近使用的演示文稿显示在视图菜单中，可方便用户快速打开最近使用的演示文稿，具体设置方法如下。

在打开的演示文稿中单击"文件"按钮，在弹出的视图菜单中单击"选项"命令，弹出"PowerPoint 选项"对话框，❶在"高级"选项卡下勾选"显示"选项组中的"快速访问此数量的最近的演示文稿"复选框，❷在其右侧的数值框中输入显示演示文稿的数量，如右图所示。完成后单击"确定"按钮。

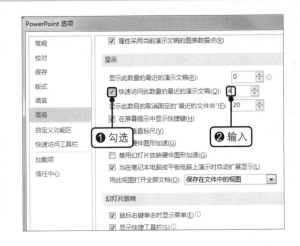

第32招 隐藏粘贴选项

如果想要让粘贴内容后的界面更加简单清爽，可以将用来帮助用户选择粘贴格式的粘贴选项按钮隐藏。

在打开的演示文稿中单击"文件"按钮，在弹出的视图菜单中单击"选项"命令，弹出"PowerPoint 选项"对话框，在"高级"选项卡下取消勾选"剪切、复制和粘贴"选项组中的"粘贴内容时显示粘贴选项按钮"复选框，如右图所示。完成后单击"确定"按钮。

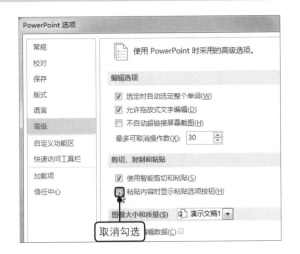

第33招 固定显示常用的演示文稿

在实际工作中，若想在最近使用的文档列表中始终显示某个演示文稿，可将其固定到列表中，具体操作如下。

步骤01 单击"打开"命令

在打开的演示文稿中单击"文件"按钮，在弹出的视图菜单中单击"打开"命令，如右图所示。

步骤02　固定常用的演示文稿

在右侧"打开"面板的"最近"选项组中单击需要固定的演示文稿右侧的"将此项目固定到列表"按钮，如右图所示。

> **提示**
>
> 经过一段时间后，某些固定的演示文稿不常用了，此时可取消对演示文稿的固定，单击"已固定"选项组下需移出列表的演示文稿右侧的"在列表中取消对此项目的固定"按钮即可。

第34招　删除部分演示文稿使用记录

若不希望在"打开"选项面板中显示某一演示文稿的名称和位置，可清除该文档的最近使用记录。

在打开的演示文稿中单击"文件"按钮，在弹出的视图菜单中单击"打开"命令，❶在"打开"面板中右击要清除使用记录的文件，❷在弹出的快捷菜单中单击"从列表中删除"命令，如右图所示。

第35招　启用"开发工具"选项卡

在PowerPoint窗口中，默认情况下是不显示"开发工具"选项卡的，用户若有需要，可以将其显示在功能区中。

步骤01　单击"自定义功能区"选项

在打开的演示文稿中单击"文件"按钮，在弹出的视图菜单中单击"选项"命令，弹出"PowerPoint 选项"对话框，单击左侧列表框中的"自定义功能区"选项，如下图所示。

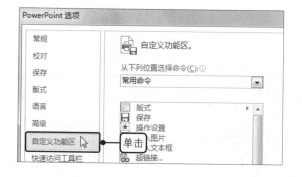

步骤02　启用"开发工具"选项卡

在右侧的"自定义功能区"选项组下勾选"主选项卡"列表框中的"开发工具"复选框，如下图所示。勾选后单击"确定"按钮即可。

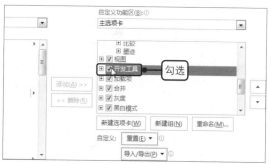

第36招 添加选项卡和功能组

由于每个用户的工作内容不同或工作习惯有差异，常用的工具也会有区别，为了让工作更加方便，用户可以创建专属选项卡、自定义不同功能组及添加自己常用的工具，从而提高工作效率。

步骤01 新建选项卡

在打开的演示文稿中单击"文件"按钮，在弹出的视图菜单中单击"选项"命令，弹出"PowerPoint 选项"对话框，❶在"自定义功能区"选项卡下的"主选项卡"下选中"开始"选项卡，❷单击"新建选项卡"按钮，如下图所示。

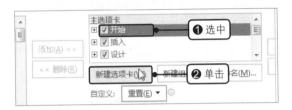

步骤02 重命名新建选项卡

此时在"开始"选项卡下方添加了一个新建选项卡，其下自带一个新建组，❶选中新建的选项卡，❷单击"重命名"按钮，如下图所示。

步骤03 设置选项卡名称

弹出"重命名"对话框，❶在该对话框中的"显示名称"文本框中输入"工具"，❷单击"确定"按钮，如下图所示。

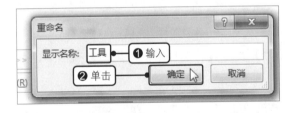

步骤04 新建组

返回"PowerPoint 选项"对话框，单击"新建组"按钮，如下图所示。

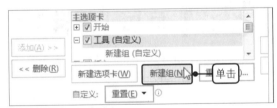

步骤05 重命名新建组

❶可以看到新建选项卡下又新建了一个组，选中新建的"新建组（自定义）"，❷单击"重命名"按钮，如下图所示。

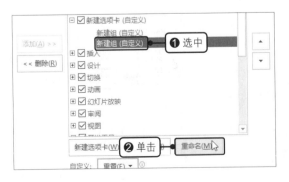

步骤06 设置组名称

弹出"重命名"对话框，❶在"显示名称"文本框中输入"保存"，❷单击"确定"按钮，如下图所示。

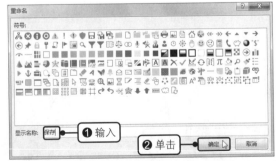

步骤07 添加命令

　　用相同的方法为其他组命名，❶选中"保存（自定义）"组，❷在"从下列位置选择命令"的"所有命令"中选择需要添加的命令，❸单击"添加"按钮，如下图所示。

步骤08 显示添加的命令

　　可看到选中的命令被添加到了选中的组中，应用相同的方法为"设置（自定义）"组添加命令，如下图所示，添加完毕后单击"确定"按钮即可。

第37招　删除添加的选项卡

　　若自定义的选项卡现在不常使用了，可以将其从功能区中删除，具体操作如下。

　　在打开的演示文稿中单击"文件"按钮，在弹出的视图菜单中单击"选项"命令，弹出"PowerPoint 选项"对话框，❶在"自定义功能区"选项卡下右击"工具（自定义）"选项卡，❷在弹出的快捷菜单中单击"删除"命令，如右图所示。完成后单击"确定"按钮。

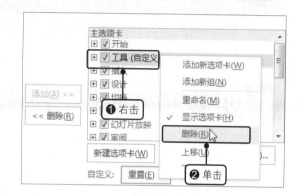

提示

　　选中需要删除的选项卡后，单击"主选项卡"列表框左侧的"删除"按钮也可以将选项卡移出功能区。将已有命令或自定义添加的命令移出功能区的方法与对选项卡的操作一样。

第38招　隐藏不使用的选项卡

　　对于某些暂时不使用的选项卡，可以将其隐藏，需要使用时再将其显示出来。

　　在打开的演示文稿中单击"文件"按钮，在弹出的视图菜单中单击"选项"命令，弹出"PowerPoint 选项"对话框，在"自定义功能区"选项卡下取消勾选需要隐藏的选项卡的复选框即可，如取消勾选"视图"选项卡的复选框，如右图所示。完成后单击"确定"按钮。

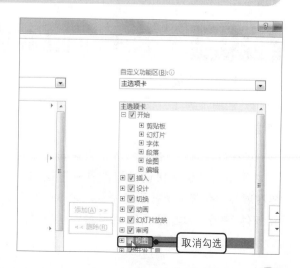

第39招 调整主选项卡的位置

除了可以删除和隐藏选项卡外，还可以调整已有选项卡的位置，具体操作如下。

在打开的演示文稿中单击"文件"按钮，在弹出的视图菜单中单击"选项"命令，弹出"PowerPoint 选项"对话框，❶在"自定义功能区"选项卡下选择需要移动的选项卡，❷单击"上移"按钮，将所选选项卡向上移动，如右图所示。单击"下移"按钮可以将选项卡向下移动。完成后单击"确定"按钮。

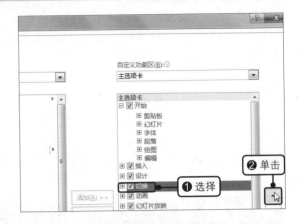

💧 提示

除了可以调整选项卡的位置，也可以在选项卡中选中组或命令后，单击"上移"或"下移"按钮来调整组或命令的位置。

第40招 将功能区命令添加至快速访问工具栏

在使用PowerPoint组件制作演示文稿时，有些工具会经常用到，为了节省在各选项卡下查找工具的时间，可以将常用的工具添加到快速访问工具栏中，这样就能够方便快捷地调用了。

❶在功能区中右击需要添加的命令，如右击"新建幻灯片"命令，❷在弹出的快捷菜单中单击"添加到快速访问工具栏"命令，如右图所示。

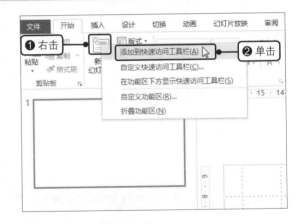

第41招 在快速访问工具栏中快速添加命令

有些命令折叠在"自定义快速访问工具栏"列表中，为了方便使用，可以将其移至快速访问工具栏。

❶在打开的演示文稿中单击快速访问工具栏右侧的"自定义快速访问工具栏"按钮，❷在展开的列表中选择所需命令，如单击"电子邮件"命令，如右图所示，即可将"电子邮件"命令移至快速访问工具栏。

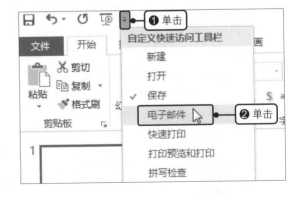

第42招　添加其他命令到快速访问工具栏

若要经常使用某些既不显示在功能区，也不显示在"自定义快速访问工具栏"列表中的命令，则可将这些命令添加至快速访问工具栏。

步骤01　打开"PowerPoint选项"对话框

❶在打开的演示文稿中单击快速访问工具栏右侧的"自定义快速访问工具栏"按钮，❷在展开的列表中单击"其他命令"选项，如下图所示。

步骤02　选择命令位置

弹出"PowerPoint选项"对话框，且自动切换至"快速访问工具栏"选项卡下，❶单击"从下列位置选择命令"右侧的下三角按钮，❷在展开的列表中选择"不在功能区中的命令"选项，如下图所示。

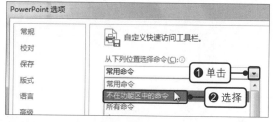

步骤03　添加命令

❶在"自定义快速访问工具栏"下方的列表框中选择需要添加的命令，❷单击"添加"按钮，如下图所示。

步骤04　确认添加命令

此时可看到在"自定义快速访问工具栏"右侧的列表框中显示了添加的命令，单击"确定"按钮，如下图所示。

第43招　删除快速访问工具栏中的命令

对于不经常使用的命令，可以将其从快速访问工具栏中删除，具体操作如下。

❶在打开的演示文稿中右击快速访问工具栏中的命令图标，❷在弹出的快捷菜单中单击"从快速访问工具栏删除"命令即可，如右图所示。

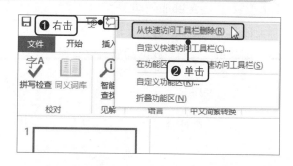

第44招 为PowerPoint添加相关加载项

Office应用商店提供了多种多样的加载项，这些加载项可以扩展PowerPoint的功能，用户可根据实际需求添加相关加载项。

步骤01 打开Office相关加载项

打开演示文稿，在"插入"选项卡下单击"加载项"组中的"应用商店"按钮，如下图所示。

步骤02 选择相关加载项

弹出"Office 相关加载项"对话框，❶在左侧选择加载项类别，❷在右侧单击加载项查看详情，如下图所示。

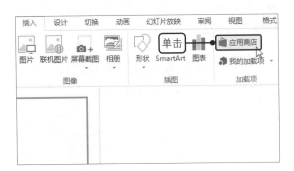

步骤03 添加加载项

此时在对话框中会显示所选加载项的详细介绍，单击"添加"按钮，如右图所示，即可完成添加。

> ⏰ **提示**
>
> 添加加载项后，若要使用加载项，可在"插入"选项卡下单击"加载项"组中"我的加载项"右侧的下三角按钮，在展开的下拉列表中的"最近使用的加载项"组中选择需要的加载项。

第45招 删除不使用的加载项

对于不再使用的加载项，可以将其删除，以免影响PowerPoint的运行速度，具体操作如下。

步骤01 查看全部加载项

打开演示文稿，❶在"插入"选项卡下单击"加载项"组中"我的加载项"右侧的下三角按钮，❷在展开的列表中单击"查看全部"选项，如右图所示。

步骤02 删除加载项

弹出"Office 相关加载项"对话框，在"我的加载项"选项卡下单击需要删除的加载项右上角的"选项"按钮，在展开的列表中单击"删除"选项，如下图所示。

步骤03 确认删除

弹出提示框，提示删除此加载项需要的操作，单击"删除"按钮即可删除该加载项，如下图所示。

第46招　将快速访问工具栏置于功能区下方

默认情况下，快速访问工具栏位于窗口的顶部，在使用时有可能不是很方便，此时可以将其移到靠近编辑区的位置。

❶在打开的演示文稿中右击快速访问工具栏中的任意一个命令，❷在弹出的快捷菜单中单击"在功能区下方显示快速访问工具栏"命令，如右图所示。

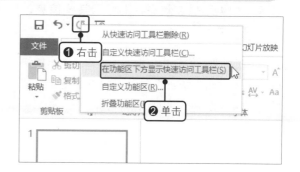

第47招　隐藏功能区和选项卡

若想要增大PowerPoint窗口的编辑区域，可隐藏功能区和选项卡，具体的操作方法如下。

❶在打开的演示文稿中单击窗口控制按钮中的"功能区显示选项"按钮，❷在展开的列表中单击"自动隐藏功能区"选项，如右图所示。

第48招　恢复未保存的演示文稿

使用PowerPoint组件编辑演示文稿时，如果中途遭遇断电或系统崩溃导致演示文稿没有保存，可以通过以下操作来恢复。

步骤01 单击"恢复未保存的演示文稿"按钮

在打开的演示文稿中单击"文件"按钮，在弹出的视图菜单中单击"打开"命令，在右侧的面板中单击"恢复未保存的演示文稿"按钮，如右图所示。

步骤02 打开需要恢复的演示文稿

弹出"打开"对话框,选择需要恢复的演示文稿,如右图所示。单击"打开"按钮,打开演示文稿后,重新保存即可。

第49招 取消显示状态栏中不需要的信息

在PowerPoint窗口的状态栏中可看到演示文稿的一些基本信息,如页数、字数、语言等,如果不想在状态栏上显示某些信息,可取消显示。

❶在状态栏的任意位置右击,❷在弹出的快捷菜单中单击"语言"命令,如右图所示,即可看到状态栏中不再显示该信息。

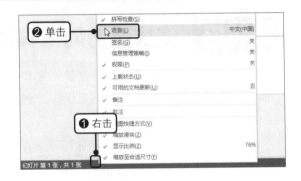

读书笔记

第2章　幻灯片的基本操作

一个完整的演示文稿通常包含多张幻灯片，要完成演示文稿的制作，就需要掌握幻灯片的基本操作，包括新建、复制、粘贴、移动、添加、删除幻灯片，查看和更改幻灯片版式，添加、隐藏、更改和删除节等操作。通过本章的学习，可以快速掌握幻灯片的基本操作，为后面的学习打下牢固的基础。

第50招　查看幻灯片应用的版式

若觉得某些幻灯片的布局很好，想要应用在其他幻灯片中，可以查看幻灯片所用的版式，具体操作如下。

打开原始文件，选中要查看版式的幻灯片，在"开始"选项卡下单击"幻灯片"组中的"版式"按钮，在展开的列表中可看到所选幻灯片应用的版式以橙色背景突出显示，如右图所示。

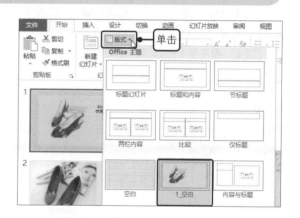

第51招　新建相同版式的幻灯片

当多张幻灯片中的内容为并列关系时，一般会应用相同的版式，可通过下面的方法来快速添加相同版式的幻灯片。

步骤01　选择所需版式的幻灯片

打开原始文件，在幻灯片浏览窗格中单击所需版式的幻灯片，如单击第2张幻灯片，如下图所示。

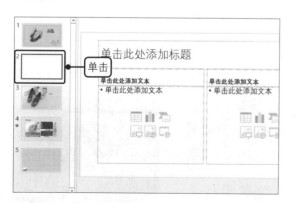

步骤02　新建相同版式的幻灯片

选择幻灯片后，按下【Enter】键，即可在所选幻灯片的下方创建一张相同版式的幻灯片，如下图所示。

⏰ **提示**

利用【Enter】键创建的幻灯片为空白幻灯片，仅仅与所选幻灯片具有相同版式，并不会复制所选幻灯片的内容。

第52招 添加其他版式的幻灯片

除了可以新建与已有幻灯片版式相同的幻灯片外，还可以根据实际需求创建其他版式的幻灯片，具体操作如下。

步骤01 选择版式

打开原始文件，在幻灯片浏览窗格中选择要在其下方添加幻灯片的幻灯片，❶在"开始"选项卡下单击"幻灯片"组中的"新建幻灯片"下拉按钮，❷在展开的列表中单击"比较"版式，如下图所示。

步骤02 显示添加的幻灯片

此时在幻灯片浏览窗格中可以看到所选幻灯片的下方新建了一张幻灯片，在幻灯片窗格中可以看到版式效果，如下图所示。

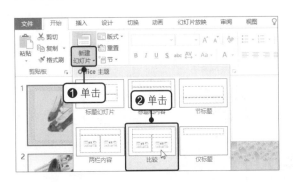

第53招 复制幻灯片创建新幻灯片

当需要创建一张与已有幻灯片差异不大的幻灯片时，可以复制该幻灯片，然后进行更改，具体操作如下。

步骤01 复制幻灯片

打开原始文件，❶在幻灯片浏览窗格中右击需要复制的幻灯片，❷在弹出的快捷菜单中单击"复制幻灯片"命令，如下图所示。

步骤02 显示效果

此时在需要复制的幻灯片下方自动添加了一张一模一样的幻灯片，如下图所示。

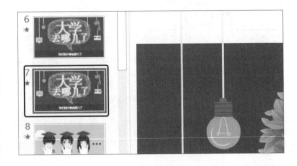

第54招　将幻灯片复制到任意处

若要将幻灯片复制到演示文稿的其他位置或其他演示文稿中，可以在目标位置对复制的幻灯片进行选择性粘贴，具体操作如下。

步骤01 单击"复制"命令

打开原始文件，❶在幻灯片浏览窗格中右击需要复制的幻灯片，❷在弹出的快捷菜单中单击"复制"命令，如下图所示。

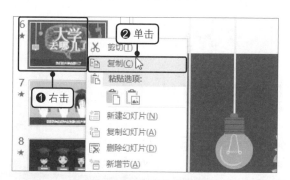

步骤02 粘贴幻灯片

❶右击目标位置，❷在弹出的快捷菜单中选择"粘贴选项"组中的"使用目标主题"命令，如下图所示。

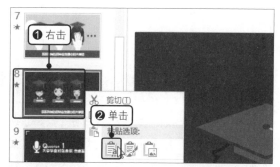

> **提示**
>
> "复制幻灯片"命令是在所选幻灯片下方添加一张相同的幻灯片，而利用"复制"命令结合"粘贴"操作可以将所选幻灯片复制至不同的位置，甚至其他演示文稿中。

第55招　更改幻灯片版式

合适的幻灯片版式有助于信息的传递，若对当前幻灯片版式不满意，可以进行更改。

步骤01 选择要更改版式的幻灯片

打开原始文件，在幻灯片浏览窗格中单击需要更改版式的幻灯片，在幻灯片窗格中可以看到此时幻灯片的效果，如下图所示。

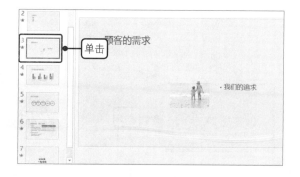

步骤02 选择合适的版式

❶在"开始"选项卡下单击"幻灯片"组中的"版式"按钮，❷在展开的列表中选择"标题幻灯片"版式，如下图所示，即可看到更换版式后的效果。

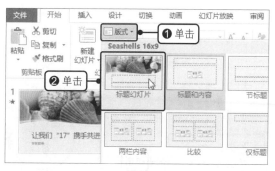

第56招 快速选择连续的幻灯片

当需要同时选中多张连续的幻灯片时，可利用快捷键快速完成，具体操作如下。

打开原始文件，❶在幻灯片浏览窗格中单击连续幻灯片中的第1张幻灯片，❷按住【Shift】键，再单击连续幻灯片中的最后1张，如右图所示，即可完成选择连续幻灯片的操作。

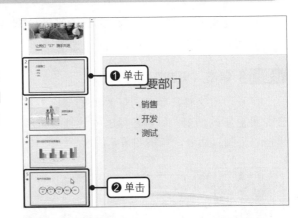

第57招 同时选择多张不连续的幻灯片

若要对不连续的多张幻灯片进行移动或删除等操作，需先选中这些幻灯片，具体操作如下。

打开原始文件，❶在幻灯片浏览窗格中单击第1张幻灯片，❷按住【Ctrl】键，再单击其他需要选择的幻灯片即可，如右图所示。

第58招 调整幻灯片的顺序

编辑好幻灯片后，若发现幻灯片的播放顺序不对，可对幻灯片的顺序进行调整。

步骤01 选择幻灯片

打开原始文件，在幻灯片浏览窗格中单击需要移动的幻灯片，如第5张幻灯片，如下图所示。

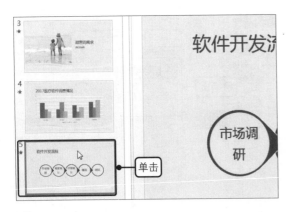

步骤02 移动幻灯片

将鼠标指针移至选中的幻灯片上，按住鼠标左键拖动至合适的位置，如下图所示，释放鼠标后，选中的幻灯片即被移动到新的位置。

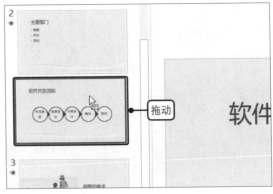

第59招　利用快捷键移动幻灯片

若编辑幻灯片时发现需要移动该幻灯片的位置，可以利用快捷键快速移动幻灯片。

打开原始文件，在幻灯片浏览窗格中单击需要移动的幻灯片，如单击第 4 张幻灯片，按住【Ctrl】键，然后按键盘上的【↑】和【↓】方向键即可对幻灯片进行移动，如右图所示。

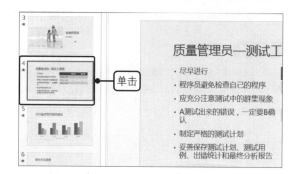

第60招　删除不需要的幻灯片

如果演示文稿中存在不需要的幻灯片，则可以将其删除，具体操作如下。

打开原始文件，❶在幻灯片浏览窗格中右击需要删除的幻灯片，❷在弹出的快捷菜单中单击"删除幻灯片"命令，如右图所示，即可删除该幻灯片。

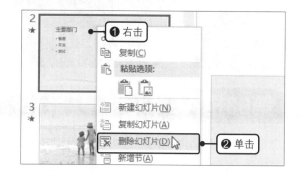

第61招　将已有幻灯片进行分节

为了让演示文稿的结构更清晰明了，可根据幻灯片内容将幻灯片分为不同的节，来规划文稿结构。

步骤01　添加节

打开原始文件，在幻灯片浏览窗格中选择需要分节的幻灯片，如选择第 2 张幻灯片，❶在"开始"选项卡下单击"幻灯片"组中的"节"按钮，❷在展开的列表中单击"新增节"命令，如下图所示。

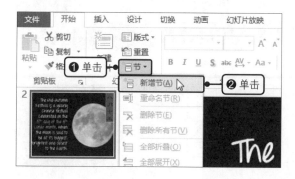

步骤02　显示新增节后的效果

此时在幻灯片浏览窗格中可以看到第 2 张幻灯片上方的幻灯片被归入"默认节"，从第 2 张幻灯片开始以下的幻灯片被归入"无标题节"，如下图所示。

第62招 隐藏节下的幻灯片

要想更好地查看演示文稿的整体结构，以帮助整理思路，可折叠隐藏节下的幻灯片。

步骤01 折叠节

打开原始文件，❶在"开始"选项卡下单击"幻灯片"组中的"节"按钮，❷在展开的列表中单击"全部折叠"选项，如下图所示。

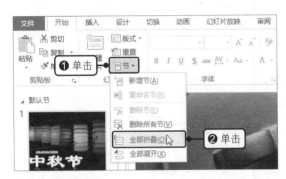

步骤02 显示折叠后的效果

此时在幻灯片浏览窗格中可以看到幻灯片被隐藏，只显示了各个节的名称及节中包含的幻灯片数量，如下图所示。

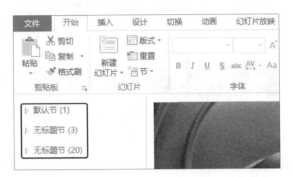

第63招 更改幻灯片节名称

要想清楚地呈现幻灯片内容的出现顺序，以便发现逻辑问题并及时修改，可以为增添的节设置合适的节名称。

步骤01 重命名节

打开演示文稿，在幻灯片浏览窗格中选中要重命名的节，❶在"开始"选项卡下单击"幻灯片"组中的"节"按钮，❷在展开的列表中单击"重命名节"命令，如下图所示。

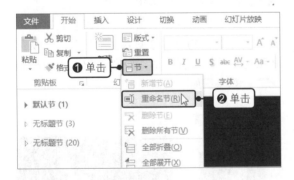

步骤03 显示重命名节后的效果

利用同样的方法对其他节重命名，最终效果如右图所示。

步骤02 输入节名称

弹出"重命名节"对话框，❶在"节名称"文本框中输入节名称，如输入"幻灯片首页"，❷单击"重命名"按钮，如下图所示。

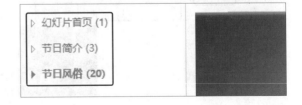

⏰ **提示**

还可以右击幻灯片浏览窗格中的节名称，在弹出的快捷菜单中单击"重命名节"命令来打开"重命名节"对话框。

第64招　删除不需要的节

整理幻灯片时发现不再需要某些节时，可以将其删除，具体操作如下。

打开原始文件，❶在幻灯片浏览窗格中右击需要删除的幻灯片节名称，❷在弹出的快捷菜单中单击"删除节"命令，如右图所示。若单击"删除节和幻灯片"命令，则会将节及节下的幻灯片一起删除。

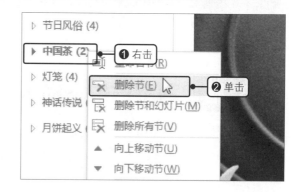

第65招　调整节的位置

若发现节的顺序不合理，则可以调整节的位置，具体操作如下。

步骤01 选择需要移动位置的节

打开原始文件，在幻灯片浏览窗格中单击要移动位置的节名称，如下图所示。

步骤02 移动节

按住鼠标左键拖动节名称至目标位置，移动时鼠标指针呈 形，如下图所示，释放鼠标左键即可完成移动。

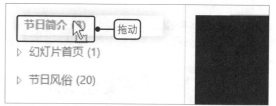

第66招　删除所有的节

在已设置好节的演示文稿中，若需要对所有幻灯片重新进行整理，则可以将已有的节名称删除，以恢复到没有节的状态。

打开原始文件，❶在"开始"选项卡下单击"幻灯片"组中的"节"按钮，❷在展开的列表中单击"删除所有节"命令，如右图所示。

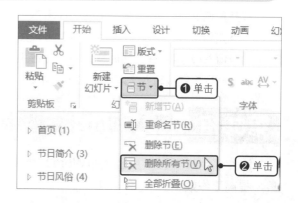

第3章　文本型幻灯片的制作

文本型幻灯片是指使用各种格式的文字，结合专业的排版布局制作出的演示文稿。要制作出专业的文本型幻灯片，首先必须掌握文本型幻灯片的一些基本操作，包括输入、编辑文本，设置文本格式，插入项目符号、编号和文本框等。本章将对这些操作进行详细介绍，使用户能够快速制作出文本型幻灯片。

第67招　利用占位符输入文本

占位符是幻灯片中带有虚线的边框。幻灯片版式中包含不同类型的占位符，如文本占位符、图片占位符、视频占位符等。文本占位符中一般包含提示语，利用占位符输入文本很方便，具体操作如下。

步骤01　单击占位符

打开原始文件，将鼠标指针移至幻灯片中的文本占位符，当鼠标指针呈I形时，单击鼠标左键，此时占位符中的提示语消失，且插入点定位至占位符内，如下图所示。

步骤02　输入文本

直接输入文本，此时在占位符中显示了输入的内容，文字的字体应用了主题格式，效果如下图所示。

第68招　在大纲视图中输入文本

在大纲视图中同样可以直接添加幻灯片中的正文内容，具体操作如下。

打开原始文件，切换至"大纲"视图下，将插入点定位至第一张幻灯片的主标题后，按下【Ctrl+Enter】组合键，此时插入点定位在主标题的下一行，直接输入文本，如右图所示。

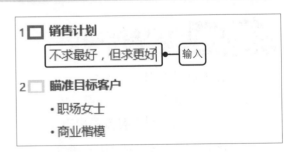

第69招　导入Word文档中的文本

制作演示文稿时，可直接将Word文档中已经编辑好的文本导入演示文稿中，减少工作量，提高工作效率。

步骤01 单击"对象"按钮

新建一个空白演示文稿，删除占位符，在"插入"选项卡下单击"文本"组中的"对象"按钮，如下图所示。

步骤02 启动"浏览"对话框

弹出"插入对象"对话框，❶单击选中"由文件创建"单选按钮，❷单击"浏览"按钮，如下图所示。

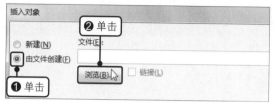

步骤03 选择文档

弹出"浏览"对话框，❶在地址栏中选择Word 文档的保存位置，❷双击需要的 Word 文档，如下图所示。单击"确定"按钮，返回演示文稿窗口。

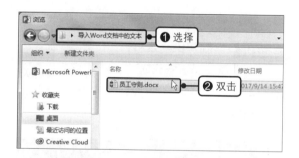

步骤04 显示插入的文档效果

可以看到幻灯片中添加了包含 Word 文档内容的文本框，如下图所示。用户可调整文字及文本框大小。

第70招　添加横排文本框

若要在空白版式的幻灯片或幻灯片中的其他对象上添加文本，则需添加文本框。如果想要添加的文字呈横向显示，则需添加横排文本框，具体操作如下。

步骤01 选择横排文本框

打开原始文件，❶在"插入"选项卡下单击"文本"组中的"文本框"按钮，❷在展开的列表中选择"横排文本框"选项，如下图所示。

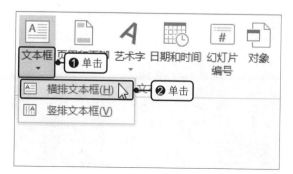

步骤02 绘制文本框

此时鼠标指针呈↓形，按住鼠标左键在幻灯片中拖动绘制，调整横排文本框大小，如下图所示。

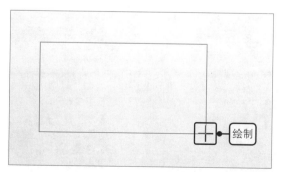

步骤03 显示绘制的横排文本框

释放鼠标左键即可完成绘制，此时可看到绘制的横排文本框，且插入点自动定位至横排文本框内，如下图所示。

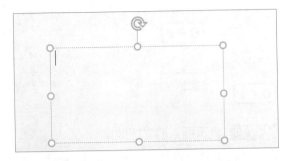

步骤04 输入文本

在绘制的文本框中输入合适的文本，可以看到文本呈横排显示，且根据文字内容自动调整大小，如下图所示。

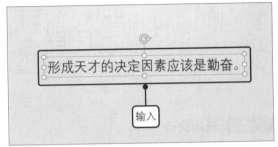

第71招　添加竖排文本框

竖排文本框与横排文本框的区别在于文本的显示方式不同，在竖排文本框中输入的文本呈竖排显示，添加竖排文本框的操作如下。

步骤01 选择竖排文本框

打开原始文件，❶在"插入"选项卡下单击"文本"组中的"文本框"按钮，❷在展开的列表中选择"竖排文本框"选项，如下图所示。

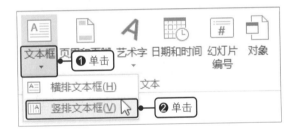

步骤02 绘制竖排文本框

此时鼠标指针呈↓形，按住鼠标左键在幻灯片中拖动，绘制一个适当大小的竖排文本框，如下图所示。

步骤03 显示绘制的竖排文本框

释放鼠标左键即可完成绘制，此时可看到绘制的竖排文本框，且插入点自动定位至竖排文本框内，如下图所示。

步骤04 输入文本

在绘制的文本框中输入合适的文本，可以看到文本呈竖排显示，且根据文字内容自动调整大小，如下图所示。

第72招　在幻灯片中插入特殊符号

幻灯片中的文本往往会出现各种符号，有些可以通过键盘直接输入，有些则需要使用特定的方法才可添加至幻灯片中，下面介绍特殊符号的插入方法。

步骤01　打开"符号"对话框

在打开的幻灯片中将插入点定位至需要插入符号的位置，在"插入"选项卡下单击"符号"组中的"符号"按钮，如下图所示。

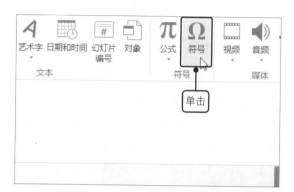

步骤02　选择合适的符号

弹出"符号"对话框，❶在"字体"组中选择符号的类型，❷在"符号"库中单击需要的符号，❸单击"插入"按钮，如下图所示。

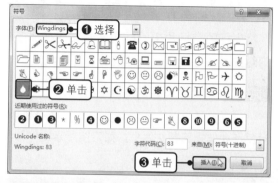

> ⏰ **提示**
>
> 插入符号后，"符号"对话框不会自动关闭，以便用户连续插入多个符号。完成后单击右上角的"关闭"按钮可关闭对话框。

第73招　方便快捷地插入公式

PowerPoint提供了大量公式模板，如圆面积的计算公式、二项式定理公式、和的展开式公式等。在制作演示文稿时，可以在幻灯片中插入这些公式，然后根据需要进行修改。

步骤01　定位插入点

打开原始文件，将插入点定位至需要插入公式的文本框内，如下图所示。

步骤02　选择公式

❶在"插入"选项卡下单击"符号"组中的"公式"按钮，❷在展开的列表中选择合适的公式，如下图所示。

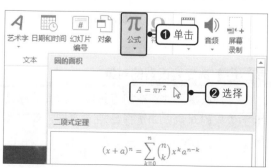

步骤03 显示插入的公式

此时在文本框中插入了所选的圆面积公式，字体格式与文本框内已有字体一致，如右图所示。

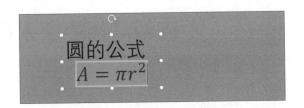

⏰ **提示**

若在插入公式前没有定位插入点，则插入的公式位于幻灯片中部，且为默认格式。

第74招 为标题使用艺术字

为标题幻灯片中的标题文本使用艺术字样式可使其更加醒目，让观众一眼就能清楚当前幻灯片的主要内容，具体操作如下。

步骤01 选择要设置的对象

打开原始文件，在幻灯片中选择要设置的对象，如选择标题文本框，如下图所示。

步骤02 选择艺术字样式

在"格式"选项卡下单击"艺术字样式"快翻按钮，在展开的列表中单击"填充 - 白色，轮廓 - 着色 1，阴影"样式，如下图所示。

步骤03 查看艺术字效果

完成上述操作后，可看到对幻灯片中的标题文本应用了上一步骤中的艺术字效果，如右图所示。

第75招 清除艺术字效果

在为幻灯片中的文本设置艺术字效果后，若对该效果不满意，可直接将其清除，具体操作如下。

步骤01 选择要设置的对象

打开原始文件，在幻灯片中选择要清除艺术字效果的对象，如选择标题文本框，如右图所示。

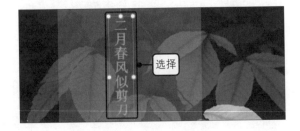

步骤02　清除艺术字效果

在"格式"选项卡下单击"艺术字样式"快翻按钮，在展开的列表中单击"清除艺术字"选项，如下图所示。

步骤03　查看最终效果

完成上述操作后，可看到幻灯片中的标题文本所应用的艺术字效果消失了，如下图所示。

第76招　拖动鼠标选中部分文本

若想对文本中的文字进行编辑，首先要选中文本。选中文本是编辑文本的最基本操作。

打开原始文件，将插入点置于文本中，按住鼠标左键，拖动选取要编辑的文本，释放鼠标左键，则被选取的文本呈灰底显示，如右图所示。

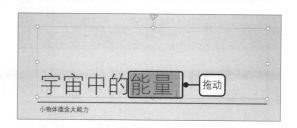

> **提示**
>
> 选取第一处文本后，按住【Ctrl】键的同时选取其他文本，即可选取多处不相邻文本。

第77招　快速选择整段文本

当需要设置幻灯片中整段文本的格式时，需要首先选中目标文本，下面介绍快速选中整段文本的方法。

步骤01　将插入点定位至文本中

打开原始文件，在第 2 张幻灯片中想要选取的段落中的任意位置单击，将插入点置于文本中，如下图所示。

步骤02　选中整段文本

连续 3 次快速单击鼠标左键，即可选取插入点所在的整段文本，被选取的段落呈反白显示，如下图所示。单击该段落外的任何位置，即可取消段落的选中状态。

第78招 选中文本框

若要对文本框进行编辑、移动或删除等操作，则需先选中该文本框，具体步骤如下。

步骤01 激活文本框

打开原始文件，单击要选择的对象，如副标题文本，此时，文本周围将显示出一个虚线边框，并且鼠标单击的位置将出现一个闪烁的插入点，如下图所示。

步骤02 选中文本框

将鼠标指针移至文本框边框，待鼠标指针呈 形时，单击即可选中该文本框，如下图所示。单击边框外的任意位置，即可取消文本框的选中状态。

第79招 巧用功能区按钮全选文本

若需要选择幻灯片中所有的文本对象，利用鼠标单击选择较为麻烦，此时可以利用功能区中的"选择"按钮来选择目标文本。

步骤01 选择幻灯片中的全部文本

打开原始文件，❶在"开始"选项卡下单击"编辑"组中的"选择"按钮，❷在展开的列表中单击"全选"选项，如下图所示。

步骤02 查看选择结果

此时，在幻灯片中可看到所有的对象都被选中了，如下图所示。

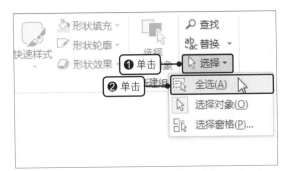

⏰ **提示**

按【Ctrl+A】组合键，可以快速选中当前幻灯片中的全部对象。

第80招　使用"选择"任务窗格选择文本

当幻灯片中有多个文本对象时，可通过"选择"任务窗格来快速选中想要选择的文本所对应的文本框，具体步骤如下。

步骤01 打开"选择"任务窗格

打开原始文件，❶在"开始"选项卡下单击"编辑"组中的"选择"按钮，❷在展开的列表中单击"选择窗格"选项，如下图所示。

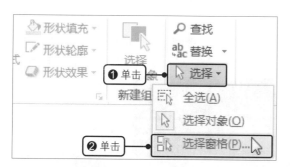

步骤02 选择文本

打开"选择"任务窗格，单击想要选择的文本对象，如单击"副标题 2"，如下图所示，可看到幻灯片中的副标题被选中了。

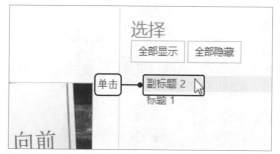

第81招　移动文本框合理安排文本

如果幻灯片中已有文本的位置安排不恰当，可以移动文本框来更改文本的位置，让幻灯片中的图文布局更合理。

打开原始文件，在幻灯片中选中需要移动位置的文本框，将鼠标指针移至文本框边框处，待鼠标指针呈✛形时，按住鼠标左键拖动至合适的位置即可，移动时会出现红色参考线，如右图所示。

第82招　精确调整文本框大小

选中文本框后，用鼠标拖动其周围的8个控点可自由调整其大小，但若要精确设置文本框的宽高尺寸，则需按如下方法操作。

在打开的演示文稿中选中需要调整大小的文本框，在"绘图工具-格式"选项卡下的"大小"组中单击"高度"数值框右侧的数字调节按钮，调整文本框的高度，如右图所示。同理，用"宽度"数值框可调整文本框的宽度。

第83招 取消自动调整文本框大小

若不希望文本框根据文字多少自动调整大小，可取消自动调整功能，具体操作如下。

步骤01 选择要设置的对象

打开原始文件，在幻灯片中选中需要设置的文本框，如下图所示。

步骤02 打开"设置形状格式"任务窗格

单击"绘图工具-格式"选项卡下的"大小"组中的对话框启动器，如下图所示。

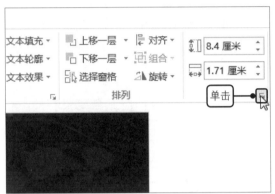

步骤03 取消根据文字调整形状大小功能

打开"设置形状格式"任务窗格，在"大小与属性"选项卡下单击"文本框"选项组中的"不自动调整"单选按钮即可，如右图所示。

第84招 文本的复制与粘贴

当文本较多且需输入大量相同文本时，可使用复制与粘贴功能快速复制现有文本，生成新的文本，使文本输入更准确、更快捷，提高工作效率。

步骤01 复制文本

打开原始文件，拖动选择要复制的文本，在"开始"选项卡下单击"剪贴板"组中的"复制"按钮，如右图所示。

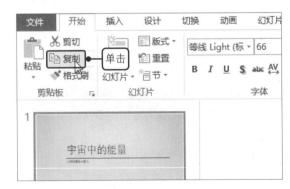

步骤02 选择性粘贴文本

切换至要粘贴文本的幻灯片中，❶单击"剪贴板"组中的"粘贴"下拉按钮，❷在展开的列表中单击"只保留文本"选项，如右图所示。

> ⏰ **提示**
>
> 选中文本后按【Ctrl+C】组合键可复制文本，然后按下【Ctrl+V】组合键可粘贴文本，连续按下【Ctrl+V】组合键可粘贴多个文本。

第85招　通过拖动复制文本

若要在同一张幻灯片中输入多段相同的文本，可以直接通过拖动复制的方式完成。

打开原始文件，❶拖动鼠标选中要复制的文本，❷按住【Ctrl】键的同时按住鼠标左键拖动，此时鼠标指针呈 形，如右图所示。拖动至目标位置后，先释放鼠标左键，再松开【Ctrl】键。

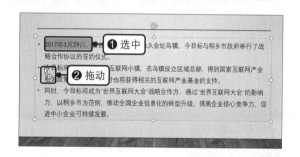

第86招　为文本添加删除线

当想要删除文本中的某些内容，又想保留删除的痕迹时，可以使用删除线。

步骤01 选中要添加删除线的对象

打开原始文件，在第 2 张幻灯片中拖动选中要添加删除线的文本，如下图所示。

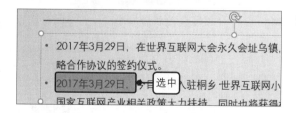

步骤02 打开"字体"对话框

在"开始"选项卡下单击"字体"组中的对话框启动器，如下图所示。

步骤03 添加删除线

弹出"字体"对话框，在"字体"选项卡下勾选"效果"选项组中的"删除线"复选框，如右图所示。勾选完毕后单击"确定"按钮。

步骤04 查看最终效果

返回幻灯片中，可看到选中的文本已添加了删除线效果，如右图所示。

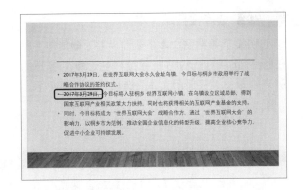

第87招　快速撤销错误操作

在编辑幻灯片时难免会出现失误，如误删或错误剪切等，此时可通过快速访问工具栏撤销错误操作。

在打开的演示文稿中单击快速访问工具栏中的"撤销"按钮，即可恢复到操作前的状态，如右图所示。

第88招　快速恢复上一步操作

"恢复"功能与"撤销"功能相反，它可恢复被撤销的操作。

在打开的演示文稿中单击快速访问工具栏中的"恢复"按钮，即可取消撤销操作，如右图所示。

⏰ 提示

按【Ctrl+Z】组合键可快速撤销操作，按【Ctrl+Y】组合键可快速恢复操作。

第89招　快速查找文本

在PowerPoint中，若需要在文本较多的演示文稿中查找某一特定内容，可以通过"查找"命令快速完成。

步骤01 打开"查找"对话框

打开原始文件，在"开始"选项卡下单击"编辑"组中的"查找"按钮，如右图所示，或按【Ctrl+F】组合键。

步骤02　查找文本

　　弹出"查找"对话框，❶在"查找内容"文本框中输入需要查找的内容，如"倾听"，❷单击"查找下一个"按钮，如右图所示，即可进行查找。

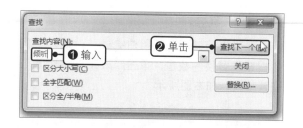

第90招　快速替换有误的文本

　　在编辑过程中或完成编辑后，有时会发现演示文稿中个别词语输入有误，若逐张对幻灯片进行检查会很麻烦，此时可以利用查找和替换功能，找出错别字然后进行选择性替换，具体操作如下。

步骤01　打开"替换"对话框

　　打开原始文件，在"开始"选项卡下单击"编辑"组中的"替换"按钮，如右图所示，或按【Ctrl+H】组合键。

步骤02　查找文本

　　弹出"替换"对话框，❶在"查找内容"和"替换为"文本框中分别输入对应内容，❷单击"查找下一个"按钮，如下图所示。

步骤03　替换当前内容

　　此时系统自动查找出包含查找内容的位置，若确定该处内容需替换，则单击对话框中的"替换"按钮，如下图所示。若此处内容不需替换，则单击"查找下一个"按钮继续查找。

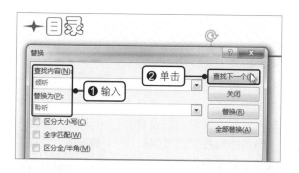

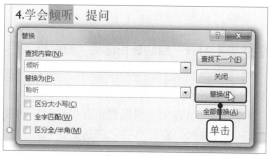

第91招　将查找文本全部替换

　　若演示文稿中某一特定词语写错了，不必了解词语所在位置，可以直接替换演示文稿中的所有错误词语，具体操作如下。

步骤01　替换全部文本

　　打开原始文件，在"开始"选项卡下单击"编辑"组中的"替换"按钮，弹出"替换"对话框，设置好"查找内容"和"替换为"后，单击"全部替换"按钮，如右图所示。

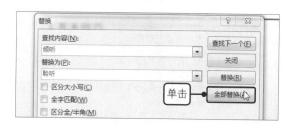

步骤02 **确认替换**

弹出提示框，提示用户完成了对演示文稿的搜索及替换的数量，单击"确定"按钮即可完成替换，如右图所示。

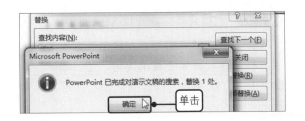

第92招 启用全字匹配功能

在查找单词、字母或字母和数字的组合等内容时，为了避免查找结果中包含其他内容，可启用全字匹配功能。

打开"查找"对话框，勾选"全字匹配"复选框，如右图所示，即可只查找用户输入的完整单词和字母。

> **提示**
>
> 在"查找"对话框中，其他复选框含义如下："区分大小写"复选框，勾选后只查找用户输入的完整单词和字母；"区分全/半角"复选框，勾选后在查找时将会区分全角字符和半角字符。

第93招 使用自动更正快速输入词组

自动更正功能主要用于帮助纠正常见的输入错误，在实际工作中，还可利用此功能达到快速输入自定义词组的目的。

步骤01 **打开"自动更正选项"对话框**

打开原始文件，单击"文件"按钮，在弹出的视图菜单中单击"选项"命令，弹出"PowerPoint 选项"对话框，在"校对"选项卡下单击右侧列表框中的"自动更正选项"按钮，如下图所示。

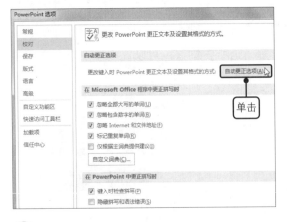

步骤02 **设置替换项**

弹出"自动更正"对话框，❶在"自动更正"选项卡下的"替换"文本框和"为"文本框中输入对应的词语，如设置将"HSJGS"替换为"恒盛杰科技资讯有限公司"，❷单击"添加"按钮，如下图所示。

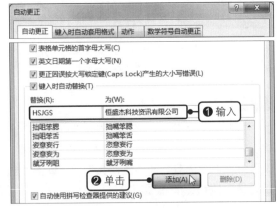

步骤03 输入文本

连续单击"确定"按钮，返回幻灯片中。将插入点定位在要输入文本的位置并输入"HSJGS"，如下图所示。

步骤04 显示替换的文本

连按两次【Enter】键，此时可看到自动将输入的英文文本替换为完整的公司名，如下图所示。

第94招 设置"自动更正"的例外情况

PowerPoint可以自动将句子首字母、表格单元格的首字母和英文日期首字母转换为大写状态，如果有些特殊的英文缩写不需要自动更正，可以在"'自动更正'例外项"对话框中进行设置。

步骤01 单击"例外项"按钮

在打开的演示文稿中单击"文件"按钮，在弹出的视图菜单中单击"选项"命令，弹出"PowerPoint 选项"对话框，在"校对"选项卡下单击"自动更正"按钮，弹出"自动更正"对话框，在"自动更正"选项卡下单击"例外项"按钮，如下图所示。

步骤02 设置"自动更正"例外项

弹出"'自动更正'例外项"对话框，❶在"前两个字母连续大写"选项卡下的"不更正"文本框中输入"IDs"，❷单击"添加"按钮，如下图所示，即不会自动更正"IDs"。

⏰ **提示**

若还需要设置其他词语不更正，只需在"不更正"文本框中输入，然后单击"添加"按钮，最后单击"确定"按钮即可。

第95招 笑脸的特殊键入法

除了可以用第72招的方法在幻灯片中插入特殊符号外，还可以通过"自动更正"对话框添加特殊符号，具体操作如下。

步骤01 设置键入时替换

　　打开原始文件，用第 94 招的方法打开"自动更正"对话框，在"键入时自动套用格式"选项卡下确定"键入时替换"选项组中的"笑脸 :-) 和箭头 (==>) 替换为特殊符号"复选框为选中状态，如下图所示。连续单击"确定"按钮，返回幻灯片中。

步骤02 输入特殊符号

　　在需要插入笑脸符号的位置输入":-)"，系统自动将其替换为笑脸符号，如下图所示。此时若按下【BackSpace】键可将笑脸符号转换为输入的":-"字符。同理，若输入"==>"即可插入➡。

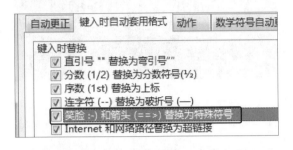

第96招　设置合适的文本字体

　　字体是文字的外在形式特征，不同字体展现不同的风格。想要让文字与演示文稿的整体风格更加契合，可以更改字体。

　　打开原始文件，选中需要更改字体的文本后，❶在"开始"选项卡下单击"字体"组中"字体"右侧的下三角按钮，❷在展开的列表中选择合适的字体即可，如右图所示。

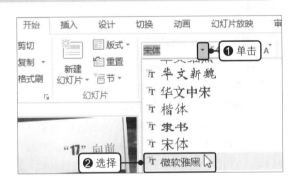

第97招　快速调整字体大小

　　如果在制作演示文稿的时候需要调整字体大小，可以通过"增大字号"和"减小字号"按钮连续调整字体大小，来得到适合的字号。

　　打开原始文件，选中需要调整字号的文本后，单击"开始"选项卡下"字体"组中的"增大字号"按钮，如右图所示，即可增大所选文本的字号。若单击"减小字号"按钮即可缩小字号，也可在"字号"文本框中输入字号值，按下【Enter】键来调整字号大小。

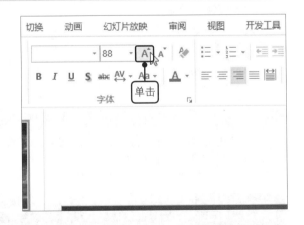

> 🕐 **提示**
>
> 选中文本后，按下【Ctrl+Shift+>】组合键可增大字号，按下【Ctrl+Shift+<】组合键可减小字号。

第98招　更改字体颜色

在PowerPoint中，一般会有默认的字体格式，包括字号、字形、字体颜色等，若对文字颜色不满意，可以自行更改颜色。

在打开的演示文稿中选中需要更改字体颜色的文本，❶在"开始"选项卡下单击"字体"组中"字体颜色"右侧的下三角按钮，❷在展开的列表中选择合适的颜色，如右图所示。

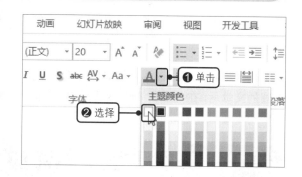

第99招　一次性更改所有字体

制作完演示文稿后，若需要将某种字体统一更改为另一种字体，逐页更改会显得很麻烦，这时可以利用替换字体功能较轻松地达到目的。

步骤01　打开"替换字体"对话框

打开原始文件，❶在"开始"选项卡下单击"编辑"组中"替换"右侧的下三角按钮，❷在展开的列表中单击"替换字体"选项，如下图所示。

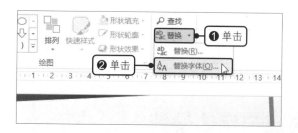

步骤02　替换字体

弹出"替换字体"对话框，❶分别设置"替换"和"替换为"字体为"宋体"和"华文中宋"，❷单击"替换"按钮，如下图所示。替换完成后单击"关闭"按钮即可。

> ⏰ **提示**
>
> 在"替换字体"对话框中，"替换"下拉列表仅列出当前演示文稿正在使用的字体，而"替换为"下拉列表则会列出系统中安装的所有字体。

第100招　利用加粗文本突出重点

若要突出显示文本，可将文本加粗显示，具体操作如下。

打开原始文件，在第 2 张幻灯片中选中要设置的文本后，在"开始"选项卡下单击"字体"组中的"加粗"按钮即可，如右图所示。

第101招 通过倾斜文本强调内容

若需要让文字倾斜显示，可通过"倾斜"按钮来实现。

打开原始文件，在第2张幻灯片中选中要设置的文本后，在"开始"选项卡下单击"字体"组中的"倾斜"按钮即可，如右图所示。

第102招 为重要文本添加下画线

除了加粗、倾斜文字外，还可以为文本添加下画线以突出显示，具体操作如下。

打开原始文件，在第2张幻灯片中选中要设置的文本后，在"开始"选项卡下单击"字体"组中的"下画线"按钮即可，如右图所示。

第103招 为文本添加阴影

若想要让文本显得更加立体，可以为文本添加阴影。

打开原始文件，在第2张幻灯片中选中要设置的文本，在"开始"选项卡下单击"字体"组中的"文字阴影"按钮即可，如右图所示。

第104招 应用对话框一次搞定字体设置

要想对目标文本进行字体、字号、字体颜色等多项设置，除了以上介绍的方法外，还可以使用"字体"对话框一次性完成所有设置。

步骤01 启动"字体"对话框

在打开的演示文稿中选中要设置的文本，在"开始"选项卡下单击"字体"组中的对话框启动器，如下图所示。

步骤02 设置字体格式

弹出"字体"对话框，在"字体"选项卡下设置字体、字号、字体颜色等，如下图所示，完成后单击"确定"按钮即可。

第105招　让文本变为上标

在制作用于数学、物理等课程的教学演示文稿时，常常需要将文本设置为上标效果，具体方法如下。

在打开的演示文稿中选中要设置的文本，在"开始"选项卡下单击"字体"组中的对话框启动器，弹出"字体"对话框，在"字体"选项卡下勾选"效果"选项组中的"上标"复选框，如右图所示，单击"确定"按钮即可。

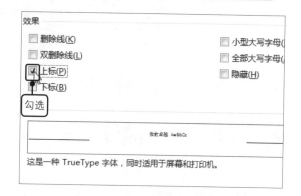

提示

如果需要设置文本为下标效果，只需在"字体"对话框的"效果"选项组中勾选"下标"复选框，然后单击"确定"按钮。

第106招　启用英文首字母自动大写功能

若希望在输入英文内容时首字母能自动更正为大写，可通过设置自动更正功能来实现。

用第94招的方法打开"自动更正"对话框，在"自动更正"选项卡下勾选需要更正项前的复选框，如右图所示。

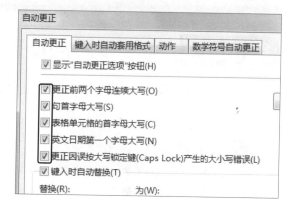

第107招　快速修改英文大小写

若需要更改幻灯片中已有英文字母的大小写，可通过更改大小写功能来实现。

在打开的演示文稿中选中要设置的英文文本，❶在"开始"选项卡下单击"字体"组中的"更改大小写"按钮，❷在展开的列表中单击"全部小写"选项，如右图所示，即可将所选英文全部转换为小写。

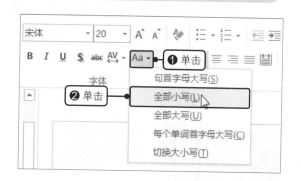

> **提示**
>
> 在展开的列表中，用户可根据需要进行以下选择。
> "句首字母大写"：将所选文本的第一个单词的第一个字母改为大写。
> "全部小写"：将所选文本的所有字母改为小写。
> "全部大写"：将所选文本的所有字母改为大写。
> "每个单词首字母大写"：将所选文本中的每个单词的第一个字母改为大写。
> "切换大小写"：将所选文本中的大写字母转换为小写字母，小写字母转换为大写字母。

第108招　一键清除文本格式

若要清除幻灯片中文本的格式，可通过"清除所有格式"按钮来实现。

打开原始文件，❶选中要清除文本格式的文本，❷在"开始"选项卡下单击"字体"组中的"清除所有格式"按钮，如右图所示，即可清除该文本的格式。

第109招　为文本添加项目符号

在制作演示文稿的过程中，可以添加项目符号来明确直观地罗列内容条目，让文本的层次更加清晰，具体操作如下。

步骤01 选择项目符号

打开原始文件，在第 2 张幻灯片中选中需要添加项目符号的文本，❶在"开始"选项卡下单击"段落"组中"项目符号"右侧的下三角按钮，❷在展开的列表中选择合适的项目符号，如下图所示。

步骤02 显示添加项目符号后的效果

单击文本框外的任意处，取消文本的选中状态，可看到所选文本添加了菱形项目符号，如下图所示。

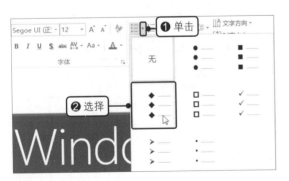

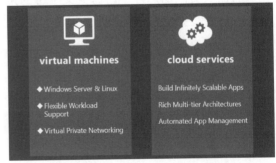

> ⏰ **提示**
>
> 选中目标文本后，直接单击"段落"组中的"项目符号"按钮，可添加默认的圆点项目符号。

第110招　修改项目符号颜色

颜色亮丽的项目符号可以让幻灯片中的内容更加吸引眼球，更改项目符号颜色的具体操作如下。

步骤01　打开"项目符号和编号"对话框

打开原始文件，在第 2 张幻灯片中选中设置了项目符号的文本，❶在"开始"选项卡下单击"段落"组中"项目符号"右侧的下三角按钮，❷在展开的列表中单击"项目符号和编号"选项，如下图所示。

步骤02　设置项目符号颜色

弹出"项目符号和编号"对话框，❶在"项目符号"选项卡下设置"颜色"为"红色"，❷单击"确定"按钮，如下图所示。

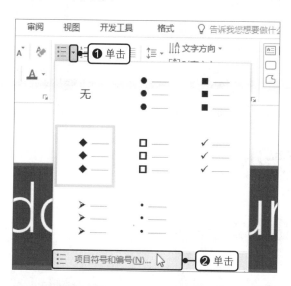
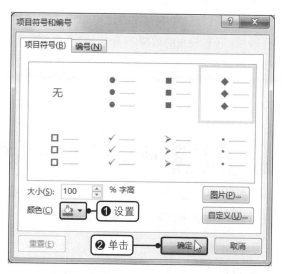

第111招　将特殊字符设置为项目符号

若需将特殊字符设置为项目符号，而在"项目符号和编号"对话框中没有需要的项目符号样式时，可通过"符号"对话框来实现。

步骤01　打开"符号"对话框

打开原始文件，在第 2 张幻灯片中选中设置了项目符号的文本，在"开始"选项卡下单击"段落"组中"项目符号"右侧的下三角按钮，在展开的列表中单击"项目符号和编号"选项，弹出"项目符号和编号"对话框，单击"项目符号"选项卡下的"自定义"按钮，如右图所示。

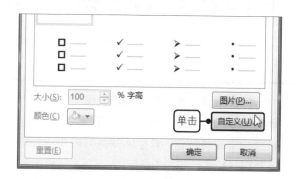

步骤02 选择项目符号

　　弹出"符号"对话框，❶在"字体"下拉列表框中选择一种符号字体，❷在列表框中选择合适的符号，如右图所示。选择符号后，单击"确定"按钮即可。

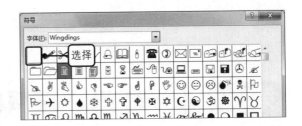

第112招　重置项目符号

　　若对设置的项目符号不满意，可将其重置，使其恢复到原始状态，具体操作如下。

　　在打开的演示文稿中将插入点定位在要添加项目符号的位置，在"开始"选项卡下单击"段落"组中的"项目符号"右侧的下三角按钮，在展开的列表中单击"项目符号和编号"选项，弹出"项目符号和编号"对话框，设置了项目符号后，若对设置的效果不满意，则单击"重置"按钮，如右图所示，即可使其恢复至原始状态。

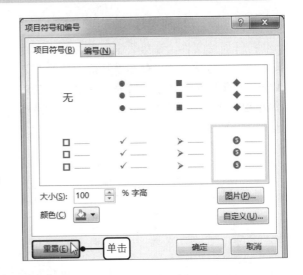

第113招　调整项目符号的大小

　　默认的项目符号大小可能不符合工作需求，此时可以增大或缩小其大小。

　　打开演示文稿，在"开始"选项卡下单击"项目符号"右侧的下三角按钮，在展开的列表中单击"项目符号和编号"选项，在弹出的对话框中单击"大小"右侧的数字调节按钮即可，如右图所示，设置完毕单击"确定"按钮。

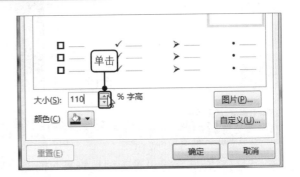

第114招　为文本添加编号

　　若想让演示文稿的内容更有条理，可为其添加编号。

　　打开原始文件，选中要添加编号的文本，❶在"开始"选项卡下单击"段落"组中"编号"右侧的下三角按钮，❷在展开的列表中选择合适的编号样式，如右图所示。

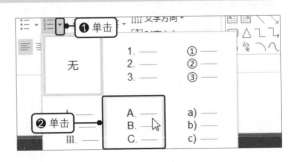

第115招　改变文本编号颜色

如果文本编号默认的黑色不能满足实际工作需要，可以将其更改为合适的颜色，具体操作如下。

步骤01　打开"项目符号和编号"对话框

打开原始文件，选中添加了编号的文本，❶在"开始"选项卡下单击"段落"组中"编号"右侧的下三角按钮，❷在展开的列表中单击"项目符号和编号"选项，如下图所示。

步骤02　设置编号颜色

弹出"项目符号和编号"对话框，❶在"编号"选项卡下设置"颜色"为"红色"，此时可看到列表框中的编号颜色都发生了相应的改变，❷单击"确定"按钮，如下图所示。

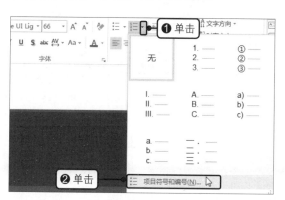

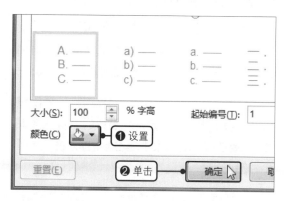

> ⏰ **提示**
>
> 若要设置"编号"大小，只需在"项目符号和编号"对话框中切换至"编号"选项卡，然后在"大小"数值框中进行设置。

第116招　让文本继续上页内容编号

若文本与上一页内容是连续的，此时给文本编号，需要接着上一页继续编号，而默认的编号起始值为1，若要继续编号则需更改编号的起始值。

打开演示文稿，选中要继续编号的文本，在"开始"选项卡下单击"段落"组中"编号"右侧的下三角按钮，在展开的列表中单击"项目符号和编号"选项，弹出"项目符号和编号"对话框，在"编号"选项卡下选择编号样式后，在"起始编号"数值框中输入编号的起始值，如输入"3"，如右图所示。设置完毕后，单击"确定"按钮即可。

第117招 一键实现文字居中效果

常用的文本对齐方式是左对齐，若需要使文本水平居中，则可更改其对齐方式。

在打开的演示文稿中选中要设置的文本，在"开始"选项卡下单击"段落"组中的"居中"按钮，如右图所示。

第118招 让文字在文本框中垂直居中

默认情况下，文本框中的文字在垂直方向是顶端对齐的，若想更改文字相对文本框的对齐方式，可通过对齐文本功能来实现。

打开原始文件，选中目标文本框后，❶在"开始"选项卡下单击"段落"组中的"对齐文本"按钮，❷在展开的列表中单击"中部对齐"选项，如右图所示。

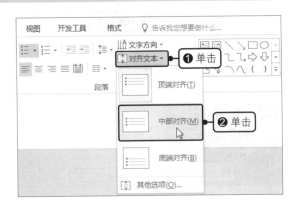

第119招 统一设置段落缩进与对齐方式

若既要设置段落的对齐方式，又要设置段落的缩进及段前 / 段后间距等，可以在"段落"对话框中一次完成，方法如下。

步骤01 打开"段落"对话框

打开演示文稿，选中要设置的文本，在"开始"选项卡下单击"段落"组中的对话框启动器，如下图所示。

步骤02 设置段落缩进与间距

弹出"段落"对话框，在"缩进和间距"选项卡下设置文本段落的对齐方式、缩进值、段前 / 段后间距与行距等，如下图所示。设置完毕后单击"确定"按钮即可。

第120招　调整文字的显示方向

通常情况下，文本多呈横排显示，即自左向右显示，在 PowerPoint 中用户可以灵活调整文字方向，具体操作如下。

步骤01　选择文字方向

打开原始文件，选中需要竖排显示的文本，❶在"开始"选项卡下单击"段落"组中的"文字方向"按钮，❷在展开的列表中单击"竖排"选项，如下图所示。

步骤02　显示竖排的文字效果

此时可看到所选的文本呈竖排显示，如下图所示。

⏰ 提示

除将文字竖排显示外，还可以将文字旋转一定的角度。单击"文字方向"按钮后，在展开的下拉列表中单击"所有文字旋转90°"选项或"所有文字旋转270°"选项，即可完成对应角度的旋转。

第121招　运用格式刷快速设置字体格式

格式刷是一种可以快速复制格式的工具，能够帮助用户将已有格式快速应用于其他文本，减少再次设置的麻烦，提高工作效率。

步骤01　选择要复制格式的对象

打开原始文件，在幻灯片中拖动选中需要复制其格式的文本，如副标题，如下图所示。

步骤02　单击"格式刷"按钮

在"开始"选项卡下单击"剪贴板"组中的"格式刷"按钮，如下图所示。

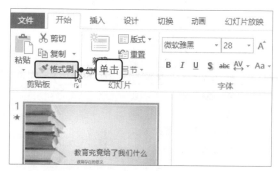

步骤03 应用格式

此时鼠标指针呈 ▟I 形，切换至第 2 张幻灯片中，拖动选中需要应用格式的文本，如下图所示。

步骤04 查看最终效果

此时可看到上一步骤中所选文本应用了副标题的文本格式，如下图所示。

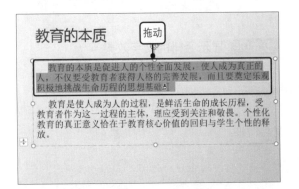

提示

若要多次使用格式刷，即将相同格式应用到多处文本中，可以双击"格式刷"按钮，然后依次选择需要应用格式的文本。操作完毕后再次单击"格式刷"按钮或按【Esc】键退出。

第122招 拒绝根据占位符调整文本大小

若在占位符中输入的内容超过占位符的容量，则 PowerPoint 会自动缩小字号以适应当前占位符大小。若不想让输入的文本自动更改字号，可以拒绝根据占位符调整文本大小，具体方法如下。

步骤01 修改自动调整文本的模式

打开原始文件，在第 2 张幻灯片中的占位符中输入文本，❶若输入的文本超过占位符容量时文本会自动缩小，同时在占位符左下角会出现"自动调整选项"按钮，单击该按钮，❷在展开的列表中单击"停止根据此占位符调整文本"单选按钮，如下图所示。

步骤02 停止自动调整文本后的效果

此时幻灯片中的文本将不会随着占位符大小进行缩放，得到的效果如下图所示。

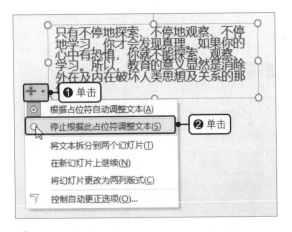

第123招 将文本拆分到两张幻灯片

当文本占位符中的文本过多时，若希望将文本拆分到两张幻灯片中，可通过设置自动调整选项来实现。

打开原始文件，将插入点定位到第 2 张幻灯片的文本中，❶单击占位符左下角的"自动调整选项"按钮，❷在展开的列表中单击"将文本拆分到两个幻灯片"选项，如右图所示。

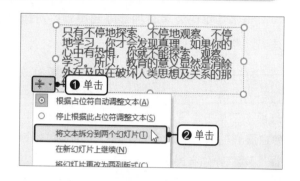

第124招 将文本拆分为两列显示

在 PowerPoint 中，若希望将占位符中的文本拆分为两列显示，可以通过设置自动调整选项来实现。

打开原始文件，将插入点定位到第 2 张幻灯片文本中，❶单击占位符左下角的"自动调整选项"按钮，❷在展开的列表中单击"将幻灯片更改为两列版式"选项，如右图所示。

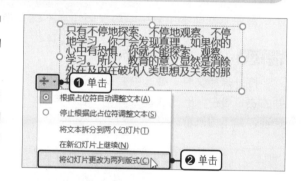

第125招 自定义分栏的数量与间距

默认情况下，输入文本时都是按一栏处理的，当内容超过占位符容量时，可利用自动调整选项将其更改为两栏，若想将占位符中的内容拆分为更多栏或更改文本框中内容的显示栏数，可按照如下方法操作。

步骤01 打开"更多栏"对话框

在打开的演示文稿中将插入点定位至需要分栏显示的文本中，❶在"开始"选项卡下单击"段落"组中的"分栏"按钮，❷在展开的列表中单击"更多栏"选项，如下图所示。

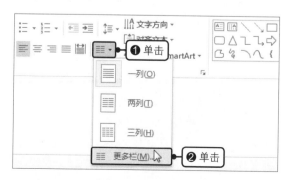

步骤02 设置分栏数量与间距

弹出"分栏"对话框，❶在"数量"数值框中输入需要显示的栏数，在"间距"数值框中输入栏与栏之间的距离，❷单击"确定"按钮，如下图所示。

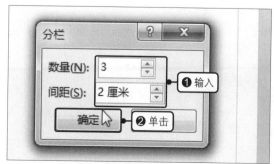

第126招　修改行距

为了让排版效果更加清晰和美观，可以适当调整文本的行距。

打开演示文稿，将插入点定位至需要更改行距的段落中，或选中多段文本，❶在"开始"选项卡下单击"段落"组中的"行距"按钮，❷在展开的列表中选择需要的行距选项，如选择"1.5"，如右图所示。

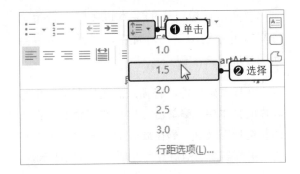

第127招　制作首字下沉的效果

首字下沉即突出显示一段话的第一个字，用户可以用其标记段落章节，具体操作如下。

步骤01　打开"字体"对话框

打开原始文件，❶选中要设置效果的文本并右击，❷在弹出的快捷菜单中单击"字体"选项，如下图所示。

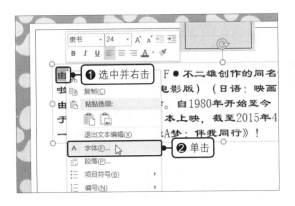

步骤03　查看首字下沉效果

返回幻灯片中，此时可看到幻灯片中文本的首字添加了下沉效果，如右图所示。

步骤02　设置字体的大小和偏移量

弹出"字体"对话框，设置"大小"为"54"磅、"偏移量"为"-25%"，如下图所示，完成设置后单击"确定"按钮。

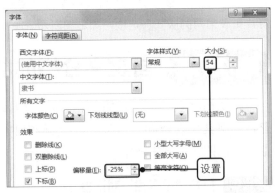

第4章　文本型幻灯片的美化

在掌握了制作文本型幻灯片的基本操作后，若想要制作出整体效果更专业、更美观的文本型幻灯片，还要了解和掌握一些更深入的操作技巧，如文本框的设计、插入和设计艺术字、文本的效果设计等。本章将详细介绍上述内容，使用户能够成功地创建专业、美观的文本型幻灯片。

第128招　将矩形文本框更改为其他形状

在 PowerPoint 中插入的文本框，默认情况下其形状都是矩形，可根据需要将矩形的文本框更改为其他形状，如椭圆形、三角形、梯形等，具体方法如下。

步骤01　选择形状

打开原始文件，在幻灯片中选中需要更改形状的文本框，❶在"绘图工具 - 格式"选项卡下单击"插入形状"组中的"编辑形状"按钮，❷在展开的列表中单击"更改形状 > 椭圆"选项，如下图所示。

步骤02　显示更改形状后的效果

此时所选文本框由矩形变为椭圆形，如下图所示。若更改前的文本框为正方形，则此时的形状为圆形。

第129招　利用顶点编辑文本框形状

若 PowerPoint 中没有符合需求的文本框形状，可先将文本框更改为相近形状，再通过编辑顶点功能将其修改为符合要求的形状。

步骤01　启动"编辑顶点"功能

打开原始文件，选中要修改形状的文本框，❶在"绘图工具 - 格式"选项卡下单击"插入形状"组中的"编辑形状"按钮，❷在展开的列表中单击"编辑顶点"选项，如右图所示。

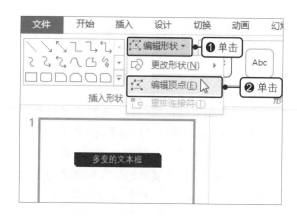

步骤02 修改文本框形状

将鼠标指针移至文本框边框控点上，当鼠标指针变为✥形状时，按住鼠标左键拖动修改，如右图所示。修改完成后，释放鼠标左键即可。

第130招 快速套用文本框样式

PowerPoint 中有许多文本框预设样式，当需要快速美化文本框时，可以直接套用预设的样式，具体操作如下。

步骤01 展开更多的形状样式

打开原始文件，在幻灯片中选中要设置样式的文本框，在"绘图工具 - 格式"选项卡下单击"形状样式"组中的快翻按钮，如下图所示。

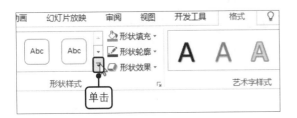

步骤02 选择形状样式

在展开的形状样式库中选择合适的形状样式，如下图所示，即可为所选文本框应用该样式。

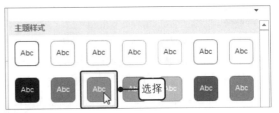

第131招 为文本框填充颜色

默认情况下，文本占位符或绘制的文本框都没有填充色，若应用了预设的形状样式后颜色仍不符合需求，可以自定义其他填充色。

打开原始文件，在幻灯片中选中要设置填充色的文本框，❶在"绘图工具 - 格式"选项卡下单击"形状样式"组中"形状填充"右侧的下三角按钮，❷在展开的列表中选择合适的颜色，如"金色，个性色 4，淡色 40%"，如右图所示。

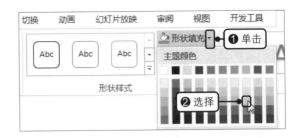

第132招 为文本框边框添加颜色

默认情况下，文本框边框都没有颜色，若要使其在画面中突出显示，可为其添加颜色。

打开原始文件，在幻灯片中选中要设置边框颜色的文本框，❶在"绘图工具 - 格式"选项卡下单击"形状样式"组中"形状轮廓"右侧的下三角按钮，❷在展开的列表中选择合适的颜色，如"黑色，文字 1"，如右图所示。

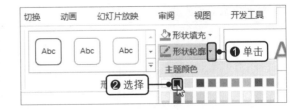

第133招　调整文本框边框粗细

设置文本框边框既可凸显文本框，又可将文本框中的内容与其他内容区分开来。用户可根据幻灯片的总体效果设置文本框框线的粗细，具体操作如下。

步骤01　展开形状轮廓选项

打开原始文件，选中文本框，在"绘图工具 - 格式"选项卡下单击"形状样式"组中"形状轮廓"右侧的下三角按钮，如下图所示。

步骤02　选择线条粗细

在展开的列表中单击"粗细 >4.5 磅"选项，如下图所示。

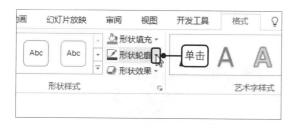

> ⏰ **提示**
>
> 若展开的粗细列表中没有合适的磅值，可以单击"其他线条"选项，在打开的"设置形状格式"任务窗格中根据需求设置磅值。

第134招　更改文本框边框样式

为文本框设置了边框颜色后，边框默认显示为一条实线，若想要应用更复杂的线形，可通过"设置形状格式"任务窗格进行设置。

选中文本框后在"绘图工具 - 格式"选项卡下单击"形状样式"组的对话框启动器，打开"设置形状格式"任务窗格，❶在"填充与线条"选项卡下单击"线条"选项组中"复合类型"右侧的下三角按钮，❷在展开的列表中选择合适的线条类型，如右图所示。

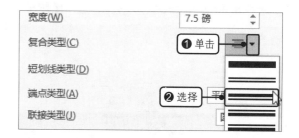

第135招　更改文本框边框线形

实线边框的文本框显得中规中矩，若想让文本框更灵活多变，可以设置虚线边框。

打开原始文件，在幻灯片中选中要设置边框的文本框，在"绘图工具 - 格式"选项卡下单击"形状样式"组中"形状轮廓"右侧的下三角按钮，在展开的列表中单击"虚线 > 长画线 - 点 - 点"选项，如右图所示。

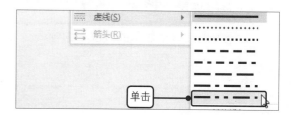

第136招 为文本框添加形状效果

如果需要快速设置文本框的形状效果，如阴影、映像、发光等，可以套用预设样式，一次完成多种样式的设置。

打开原始文件，在幻灯片中选中要设置效果的文本框，❶在"绘图工具 - 格式"选项卡下单击"形状样式"组中的"形状效果"按钮，❷在展开的列表中单击"预设 > 预设 5"选项，如右图所示。

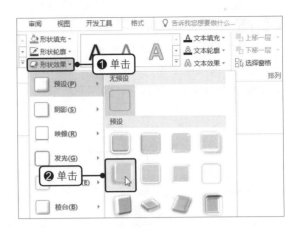

> ⏰ **提示**
>
> 设置阴影、映像及发光等形状效果的方法与设置预设效果相似，可参照上述方法进行设置。

第137招 制作立体的文本框

想要让文本框具有立体感，可以为文本框添加棱台效果，然后进行三维旋转，让立体效果更加明显，具体操作如下。

步骤01 选择棱台样式

打开原始文件，在幻灯片中选中要设置的文本框，在"绘图工具 - 格式"选项卡下单击"形状样式"组中的"形状效果"按钮，在展开的列表中单击"棱台 > 十字形"选项，下图所示。

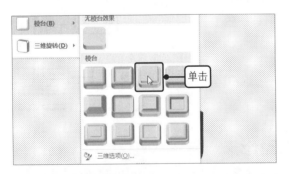

步骤02 选择三维旋转效果

再次单击"形状效果"按钮，在展开的列表中单击"三维旋转 > 等轴左下"选项，如下图所示。

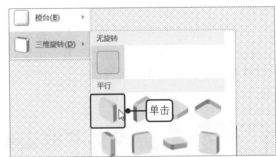

第138招 调整文本框的角度

如果发现文本框显示的方位不太合适，可通过旋转功能来调整文本框的角度。

步骤01 打开"设置形状格式"任务窗格

打开原始文件，在幻灯片中选中要旋转的文本框，❶在"绘图工具-格式"选项卡下单击"排列"组中的"旋转"按钮，❷在展开的列表中单击"其他旋转选项"选项，如下图所示。

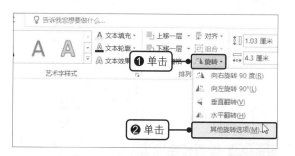

步骤02 设置旋转角度

打开"设置形状格式"任务窗格，在"大小与属性"选项卡下"大小"选项组中"旋转"右侧的数值框中输入旋转的角度，如"45°"，如下图所示。最后按下【Enter】键或关闭任务窗格即可。

> ⏰ **提示**
>
> 上述旋转文本框的方法对于旋转艺术字、占位符和形状同样适用。需要注意的是，包含在其中的文字与文本框、占位符或形状的相对位置不变。

第139招 让文本框自带金属质感

用户不仅可以为文本框填充颜色、更改形状，还可以通过图片填充让文本框具有金属质感，制作出与众不同的幻灯片。

步骤01 打开"设置形状格式"任务窗格

打开原始文件，❶右击需要更改格式的文本框，❷在弹出的快捷菜单中单击"设置形状格式"命令，如下图所示。

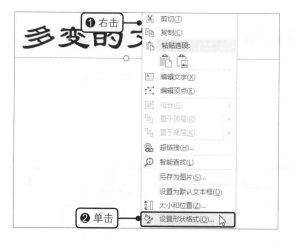

步骤02 设置形状填充图形

打开"设置形状格式"任务窗格，❶单击"填充与线条"选项卡下"填充"选项组中的"图片或纹理填充"单选按钮，❷单击"文件"按钮，如下图所示。

步骤03 选择填充图片

弹出"插入图片"对话框，❶在地址栏中选择图片保存的位置，❷选择合适的图片，如下图所示，单击"插入"按钮即可。

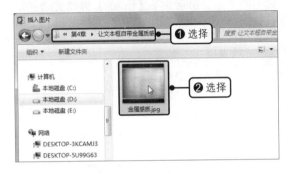

步骤04 设置图片偏移量

若插入的背景图片不能很好地适应当前文本框，可以设置合适的偏移量，这里设置了"向上偏移"和"向下偏移"的值，如下图所示。

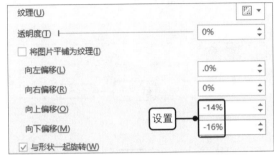

步骤05 选择棱台效果

切换至"效果"选项卡下，❶单击"三维格式"左侧的三角按钮，❷在展开的选项组中单击"顶部棱台>圆"选项，如下图所示。

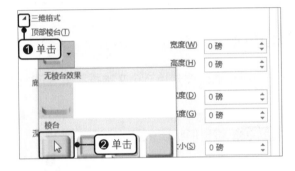

步骤06 设置棱台深度

在"三维格式"选项组中设置"深度"大小为"5磅"、"光源"角度为"40°"，如下图所示。

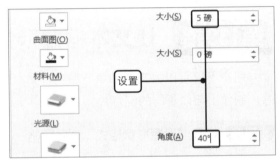

步骤07 显示设置后的文本框效果

完成后关闭"设置形状格式"任务窗格，可看到文本框的显示效果，如右图所示。

第140招 调整文本框的透明度

若在演示文稿中想要尽可能突出文本，增强艺术效果，可以调整文本框颜色的透明度，具体操作如下。

步骤01 打开"设置形状格式"任务窗格

打开原始文件，在幻灯片中选中要设置的文本框，在"绘图工具-格式"选项卡下单击"形状样式"组的对话框启动器，如右图所示。

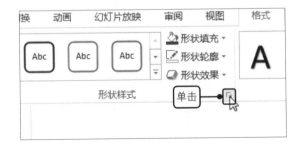

步骤02 设置文本框的填充色和透明度

打开"设置形状格式"任务窗格，设置"填充"选项组中的"颜色"为"蓝色，个性色 5，深色 25%"、"透明度"为"80%"，如下图所示。

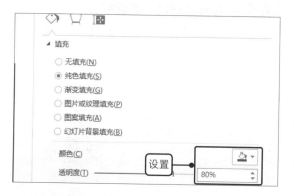

步骤03 显示设置后的效果

此时幻灯片中的文本框填充色产生了变化，且增加了透明度后，文本内容被更好地突显出来，效果如下图所示。

第141招 制作文字镂空效果

为了突出表现某些文字，增强文字的视觉感染力，在编辑幻灯片时可以将文字设置为特殊格式，如镂空效果，具体操作如下。

步骤01 将文本框移动至形状中间

打开原始文件，在幻灯片中选中文本框，将鼠标指针移至文本框边框上，当鼠标指针变为 ✛ 形状时，按住鼠标左键拖动文本框至形状中间，如下图所示。

步骤02 剪除形状

释放鼠标左键并选中形状，按住【Ctrl】键选中文本框，❶在"绘图工具 - 格式"选项卡下单击"插入形状"组中的"合并形状"按钮，❷在展开的列表中单击"剪除"选项，如下图所示。

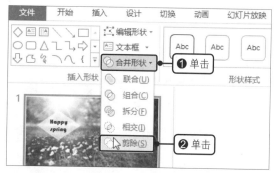

步骤03 查看文字镂空效果

此时可看到幻灯片中显示了文字镂空的效果，如右图所示。

第142招 为文本设置合适的段落间距

为文本段落设置合适的间距能够使幻灯片显得井井有条，有利于观众对不同部分的内容进行区分。

步骤01 选择要设置间距的文本

打开原始文件，在幻灯片中拖动选择要设置的文本，如下图所示。

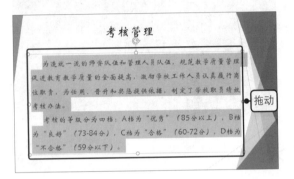

步骤02 打开"段落"对话框

在"开始"选项卡下单击"段落"组中的对话框启动器，如下图所示。

步骤03 设置段前和段后间距

弹出"段落"对话框，❶在"缩进和间距"选项卡下设置"间距"选项组中的"段前"和"段后"为"13磅"，❷单击"确定"按钮，如下图所示。

步骤04 查看间距设置效果

完成上述操作后，返回幻灯片中，可看到选中的文本段前、段后的间距发生了变化，如下图所示。

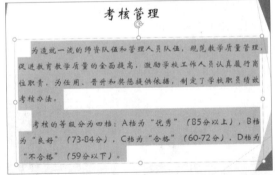

> ⏰ **提示**
>
> 还可以在选中的文本段落上右击，在弹出的快捷菜单中单击"段落"命令来打开"段落"对话框。

第143招 调整字符间距

若字符之间太紧凑，可通过增大字符间距来让阅读体验更舒适。

在打开的演示文稿中选中要设置的文本，❶在"开始"选项卡下单击"字体"组中的"字符间距"按钮，❷在展开的列表中单击"稀疏"选项即可，如右图所示。

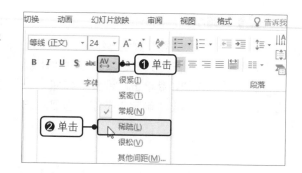

⏰ **提示**

若"字符间距"下拉列表中的间距选项不符合需求，可以单击"其他间距"选项，在弹出的"字体"对话框的"字符间距"选项卡下自定义间距。

第144招 巧用制表符制作菜单

在编排菜单、价格表、成绩单、公式、目录时，可以巧用制表符提高工作效率和精确度，下面介绍利用制表符实现文本左对齐的方法。

步骤01 打开"段落"对话框

打开原始文件，在幻灯片中单击空白占位符，在"开始"选项卡下单击"段落"组中的对话框启动器，如下图所示。

步骤02 打开"制表位"对话框

弹出"段落"对话框，单击该对话框左下角的"制表位"按钮，如下图所示。

步骤03 设置1厘米左对齐制表符

弹出"制表位"对话框，❶在"制表位位置"数值框中输入"1"，❷单击"对齐方式"选项组中的"左对齐"单选按钮，❸单击"设置"按钮，如右图所示。

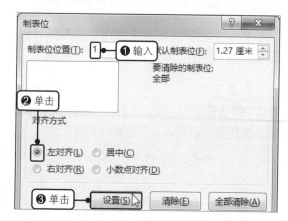

步骤04 设置小数点对齐制表符

❶在"制表位位置"数值框中输入"11 厘米"，❷单击"对齐方式"选项组中的"小数点对齐"单选按钮，❸单击"设置"按钮，如右图所示。连续单击"确定"按钮，返回幻灯片中。

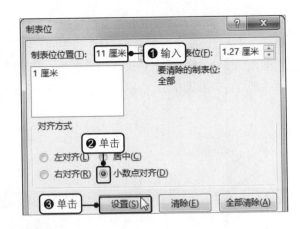

步骤05 启用标尺

在"视图"选项卡下勾选"显示"组中的"标尺"复选框，可看到幻灯片工作区域显示了标尺和制表符，如下图所示。

步骤06 输入文本

单击空白占位符，按下【Tab】键，插入点跳转到 1 厘米处的左对齐制表符后输入文本，如"麻辣鱼块"，再次按下【Tab】键，插入点跳转到 11 厘米处后输入文本，如"20.00 元"，如下图所示。按照相同的方法完成全部文本的输入。

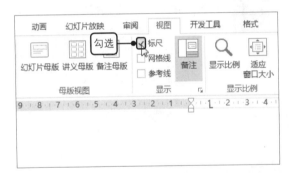

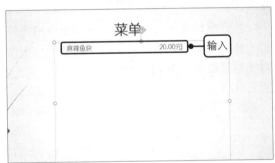

💡 **提示**

通过"制表位"对话框还可以设置"居中"或"右对齐"制表符。

第145招 删除制表符

对于不需要的制表符可以将其删除，以免影响当前幻灯片的编辑。

在演示文稿中打开"制表位"对话框，❶选中要删除的制表符，❷单击"清除"按钮，如右图所示，即可清除不需要的制表符。

第146招　在幻灯片中插入艺术字

使用艺术字可以简单、快速地美化文本。艺术字的样式非常丰富，可以根据工作需求在演示文稿中插入不同样式的艺术字。

步骤01　选择艺术字样式

打开原始文件，❶在"插入"选项卡下单击"文本"组中的"艺术字"按钮，❷在展开的艺术字样式库中选择合适的样式，如"填充 - 橙色，着色 3，锋利棱台"，如下图所示。

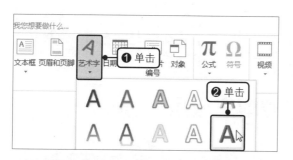

步骤02　输入文本

此时在幻灯片中插入一个艺术字文本框，提示用户在此放置文本，且提示文本呈选中状态，直接输入所需文本即可，然后将文本框拖动至合适位置，效果如下图所示。

第147招　快速更改艺术字颜色

如果发现艺术字字体颜色与幻灯片主题不协调，可自行更改字体颜色。

在打开的演示文稿中选中需要更改颜色的艺术字，❶在"绘图工具 - 格式"选项卡下单击"艺术字样式"组中的"文本填充"右侧的下三角按钮，❷在展开的列表中选择合适的颜色即可，如右图所示。

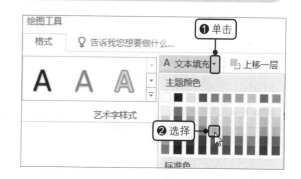

第148招　自定义艺术字颜色

更改艺术字颜色时，若颜色库中没有需要的颜色，可以使用 RGB 颜色模式自定义颜色，具体操作如下。

步骤01　打开"颜色"对话框

打开原始文件，在幻灯片中选中要更改字体颜色的文本框，❶在"绘图工具 - 格式"选项卡下单击"艺术字样式"组中的"文本填充"右侧的下三角按钮，❷在展开的列表中单击"其他填充颜色"选项，如右图所示。

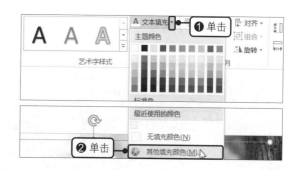

步骤02 自定义颜色

弹出"颜色"对话框，❶在"自定义"选项卡下设置 RGB 数值，❷单击"确定"按钮，如右图所示。返回幻灯片中，可看到艺术字文本颜色更换为了自定义的颜色。

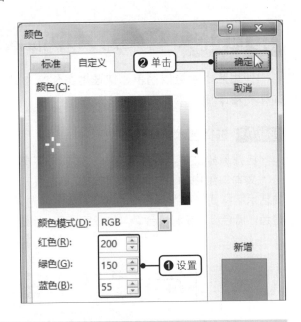

第149招 去掉艺术字文本的填充效果

若发现艺术字文本的填充效果与幻灯片风格不符，可去掉该文本的填充效果。

打开原始文件，在幻灯片中选中要去除填充效果的艺术字，❶在"绘图工具-格式"选项卡下单击"文本填充"右侧的下三角按钮，❷在展开的列表中单击"无填充颜色"选项，如右图所示，即可去掉该文本的填充效果。

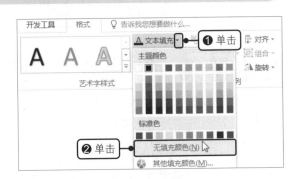

第150招 突出显示普通文本边框

默认情况下，艺术字包含特定的边框，而普通文本默认为无边框颜色，想要突出显示普通文本的边框或更改艺术字文本的边框，可以重新设置文本边框的颜色与粗细。

步骤01 选择文本轮廓颜色

打开原始文件，选中要绘制边框的文本，❶在"绘图工具-格式"选项卡下单击"艺术字样式"组中的"文本轮廓"右侧的下三角按钮，❷在展开的列表中选择合适的颜色，如下图所示。

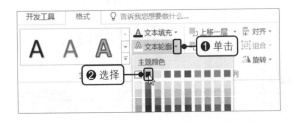

步骤02 设置轮廓线条宽度

再次单击"文本轮廓"右侧的下三角按钮，在展开的列表中单击"粗细 >3 磅"选项，如下图所示。完成上述操作后，可看到幻灯片中的文本轮廓发生了变化。

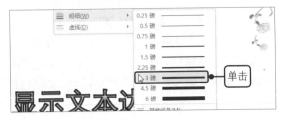

第151招　借用幻灯片中的颜色

如果想要使用幻灯片中已有的颜色来填充其他对象，可以使用取色器提取该颜色并应用，具体操作如下。

步骤01 单击"取色器"选项

打开原始文件，在幻灯片中选中需要更改颜色的对象，❶在"绘图工具 - 格式"选项卡下单击"艺术字样式"组中的"文本填充"右侧的下三角按钮，❷在展开的列表中单击"取色器"选项，如下图所示。

步骤02 获取幻灯片中的颜色

此时鼠标指针呈 ⁄ 形状，移动鼠标指针到需要的颜色处，可看到 ⁄ 形状右上角有该处的颜色及该颜色的 RGB 值，如下图所示，单击即可提取并应用该颜色。

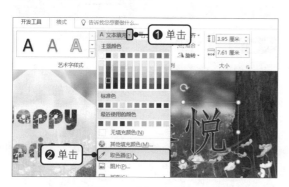

> **提示**
>
> 按【Esc】键可取消取色器而不选取任何颜色，提取的颜色会在"文本填充"下拉列表和"文本轮廓"下拉列表中的"最近使用的颜色"组中显示。

第152招　让多个对象排列整齐

如果幻灯片中有多个文本框、形状或图片等，拖动对象实现对齐不仅效率低而且不准确，下面介绍一种让对象快速对齐的方法。

在打开的演示文稿中选中多个要对齐的对象，❶在"绘图工具 - 格式"选项卡下单击"排列"组中的"对齐"按钮，❷在展开的列表中单击"顶端对齐"选项，如右图所示，即可实现全部所选对象的顶端对齐。

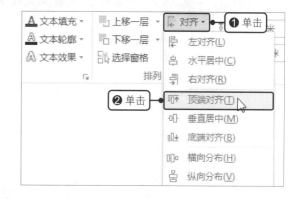

> **提示**
>
> 用户可根据实际情况在展开的列表中选择合适的对齐方式。

第153招 使用图片填充文本

如果觉得仅为文本填充颜色太过平淡，想要增强文本的艺术效果，可以为文本填充具有特殊质感的图片，具体操作如下。

步骤01 打开"插入图片"面板

打开原始文件，在幻灯片中选中要使用图片填充的文本，❶在"绘图工具 - 格式"选项卡下单击"艺术字样式"组中的"文本填充"右侧的下三角按钮，❷在展开的列表中单击"图片"选项，如右图所示。

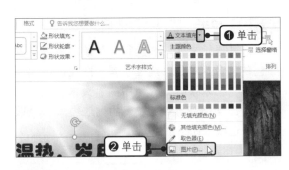

步骤02 单击"浏览"按钮

弹出"插入图片"面板，单击"来自文件"右侧的"浏览"按钮，如下图所示。

步骤03 插入图片

弹出"插入图片"对话框，❶在地址栏中选择图片保存的位置，❷双击要插入的图片，如下图所示。返回幻灯片中，可看到该文本应用了图片填充的效果。

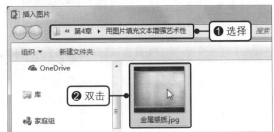

第154招 使用渐变填充文本

可以将文本的填充效果设置为渐变样式，让幻灯片更具特色。

在打开的演示文稿中选中需要设置渐变的文本，❶在"绘图工具 - 格式"选项卡下单击"艺术字样式"组中的"文本填充"右侧的下三角按钮，❷在展开的列表中单击"渐变 > 线性向左"选项，如右图所示。

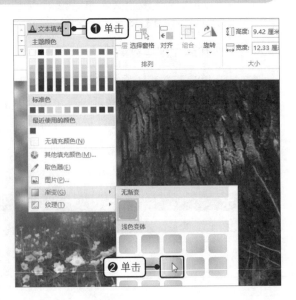

第155招 使用纹理填充文本

除了用以上几种方法美化文本外，还可以将文本填充设置为纹理图案。

打开原始文件，选中要设置的文本，❶在"绘图工具 - 格式"选项卡下单击"艺术字样式"组中的"文本填充"右侧的下三角按钮，❷在展开的列表中单击"纹理 > 纸袋"选项，如右图所示。

第156招 更改纹理透明度

为文本填充纹理后，为了使纹理与幻灯片更协调，可以更改纹理的透明度。

步骤01 单击"其他纹理"选项

在打开的演示文稿中选中要设置的文本，在"绘图工具 - 格式"选项卡下单击"艺术字样式"组中的"文本填充"右侧的下三角按钮，在展开的列表中单击"其他纹理"选项，如下图所示。

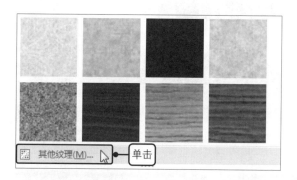

步骤02 设置纹理透明度

打开"设置形状格式"任务窗格，向右拖动"透明度"右侧的滑块，或直接在数值框中输入数值，如下图所示。

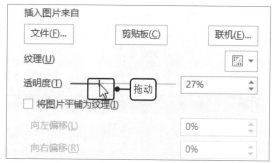

第157招 为文本添加阴影效果

要让文本更有质感，可添加阴影、映像和发光效果，下面以设置阴影为例介绍具体方法。

步骤01 打开"设置形状格式"任务窗格

在打开的演示文稿中选中文本，❶在"绘图工具 - 格式"选项卡下单击"艺术字样式"组中的"文本效果"按钮，❷在展开的列表中单击"阴影 > 阴影选项"选项，如右图所示。

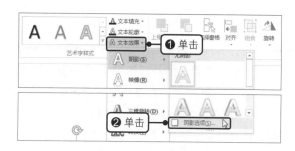

步骤02 设置阴影效果

打开"设置形状格式"任务窗格，在展开的"阴影"选项组中选择阴影颜色，并在"透明度""大小""模糊""角度"和"距离"右侧的数值框进行相应的设置，如右图所示。

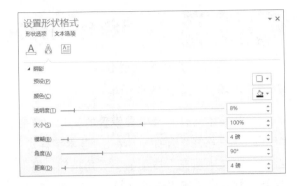

⏰ **提示**

设置文本的映像效果和发光效果的方法与设置文本的阴影效果的方法类似，在"文本效果"下拉列表中指向相应选项，在级联列表中选择效果即可。

第158招 增强文本的立体感

若要使文本更加立体，可以为文本增加棱台效果，具体操作如下。

在打开的演示文稿中选中要设置的文本，❶在"绘图工具 - 格式"选项卡下单击"艺术字样式"组中的"文本效果"按钮，❷在展开的列表中单击"棱台 > 松散嵌入"效果，如右图所示。

⏰ **提示**

若要设置更多棱台效果，可单击"三维选项"选项后在"设置形状格式"任务窗格中进行设置。

第159招 让文字进行三维旋转

对文字进行三维旋转即从不同角度展示文字，若在三维旋转前设置了棱台效果，则可以更好地体现其效果。

在打开的演示文稿中选中要设置的文本，❶在"绘图工具 - 格式"选项卡下单击"艺术字样式"组中的"文本效果"按钮，❷在展开的列表中单击"三维旋转 > 等轴右上"效果，如右图所示。

⏰ 提示

若要进行更多三维旋转设置，可单击"三维旋转选项"选项后在"设置形状格式"任务窗格中进行设置。

第160招 让文字扭起来

演示文稿中的文字不仅可以三维旋转，还可以在平面弯曲显示，增添文字灵动性。

在打开的演示文稿中选中要设置的文本，❶在"绘图工具 - 格式"选项卡下单击"艺术字样式"组中的"文本效果"按钮，❷在展开的列表中单击"转换 > 停止"效果，如右图所示。也可根据实际情况选择其他合适的转换效果。

读书笔记

第5章 图片的插入和编辑

在幻灯片中添加图片能够使幻灯片的表现方式更加直观，内容更加丰富。本章不仅会讲解各种图片的插入方法，而且会讲解如何对插入的图片进行一些简单的美化处理，如设置图片的亮度、颜色、样式、大小、背景、效果等，或者利用裁剪功能来改变图片的外观，使图片看起来更加美观，与幻灯片的整体风格更加契合。

第161招 插入本地图片

在幻灯片中插入图片可以增强幻灯片的视觉效果，强化观点，促进信息的表达和传递。大多数情况下，用户在制作演示文稿前，会将需要使用的图片文件保存在计算机中，编辑时再插入即可。

步骤01 打开"插入图片"对话框

打开原始文件，在"插入"选项卡下单击"图像"组中的"图片"按钮，如下图所示。

步骤02 插入图片

弹出"插入图片"对话框，❶选择所需图片的存储路径，❷双击需要插入的图片即可，如下图所示。

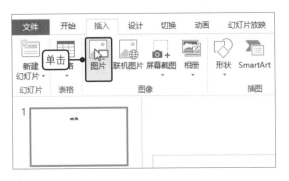

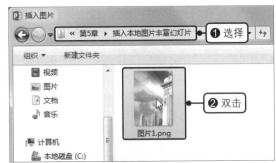

第162招 利用"插入和链接"避免重复修改图片

在幻灯片中插入图片后，若原来的图片和插入到幻灯片中的图片都需要修改，就可以利用插入和链接功能实现原图片被修改后幻灯片中的图片也自动修改。

在打开的演示文稿中启动"插入图片"对话框，❶选择要插入的图片，❷单击"插入"右侧的下三角按钮，❸在展开的列表中单击"插入和链接"选项即可，如右图所示。

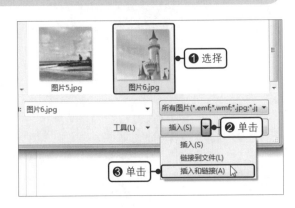

⏰ **提示**

利用"插入和链接"选项将选中的图片插入到演示文稿中，当原始图片内容发生变化（文件未被移动或重命名）时，重新打开插入图片的演示文稿，将看到图片已经更新。如果原始图片被移动或被重命名，则演示文稿中将保留最近的图片版本。如果在"插入"下拉菜单中选择"链接到文件"命令，则当原始图片被移动或被重命名时，演示文稿中将不显示图片。

第163招　插入联机图片

在网络连接正常的情况下，制作演示文稿时可以直接在 Power Point 搜索 Web 中的图片，将其插入到幻灯片中。

步骤01　打开"插入图片"对话框

打开原始文件，在"插入"选项卡下单击"图像"组中的"联机图片"按钮，如下图所示。

步骤02　搜索图片

弹出"插入图片"面板，❶在"必应图像搜索"右侧的文本框中输入关键字，如"水果"，❷单击右侧的搜索图标，如下图所示。

步骤03　插入图片

显示搜索到与关键字"水果"相关的图片，❶选择需要的图片，被选中的图片左上角显示勾选标记，❷单击"插入"按钮，如右图所示。

第164招　利用占位符图标插入联机图片

某些占位符中包含图片和联机图片的插入图标，可以直接单击这些图标来打开相应对话框，然后插入本地图片或联机图片。

在打开的演示文稿中单击占位符中的"联机图片"按钮，如右图所示，将弹出"插入图片"面板，接下来的操作和单击功能区中的"联机图片"按钮插入图片一样。

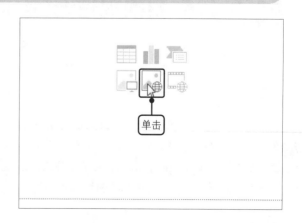

第165招 在幻灯片中插入窗口截图

用户还可以直接截取屏幕上的窗口插入幻灯片中，具体操作如下。

❶打开演示文稿，在"插入"选项卡下单击"图像"组中的"屏幕截图"按钮，❷在展开列表中的"可用的视窗"组中显示了当前所有未最小化的窗口，单击要插入的窗口，即可将该窗口截图并插入幻灯片中，如右图所示。

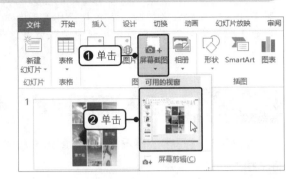

第166招 截取屏幕部分内容插入幻灯片

若想将屏幕中的某部分插入到幻灯片中，可以使用"屏幕剪辑"功能，在截取图片的过程中可根据需要调整截取的范围，具体操作如下。

步骤01 单击"屏幕剪辑"选项

打开原始文件，❶在"插入"选项卡下单击"图像"组中的"屏幕截图"按钮，❷在展开的列表中单击"屏幕剪辑"选项，如下图所示。

步骤02 截取图片

此时屏幕显示为灰白色，鼠标指针变为+形状，按住鼠标左键拖动选择屏幕中需要截取的部分，选中的区域变为正常显示，如下图所示。释放鼠标左键，即可在幻灯片中插入截取的图片。

第167招 更换现有图片

若在幻灯片中插入图片后需要更换图片，但又不希望改变图片的大小和位置，可通过更改图片功能来实现。

在打开的演示文稿中选中要更换的图片，在"图片工具-格式"选项卡下单击"调整"组中的"更改图片"按钮，如右图所示，弹出"插入图片"面板，在其中选择新的图片插入即可。

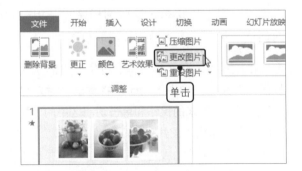

第168招　将图片文件设置为项目符号

为文本对象添加项目符号时，若对文本形式的项目符号不满意，可将图片文件设置为项目符号，具体操作如下。

步骤01　打开"项目符号和编号"对话框

打开原始文件，在幻灯片中选中要设置的文本，❶在"开始"选项卡下单击"项目符号"右侧的下三角按钮，❷在展开的列表中单击"项目符号和编号"选项，如下图所示。

步骤02　打开"插入图片"面板

弹出"项目符号和编号"对话框，单击对话框中的"图片"按钮，如下图所示。

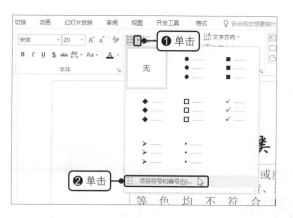

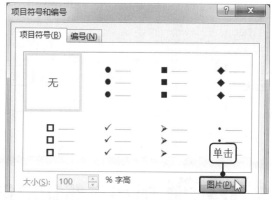

步骤03　单击"浏览"按钮

弹出"插入图片"面板，单击"来自文件"右侧的"浏览"按钮，如下图所示。

步骤04　插入图片

弹出"插入图片"对话框，❶在地址栏中选择要插入图片保存的位置，❷双击要插入的图片，如下图所示，即可将该图片设置为项目符号。

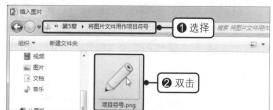

第169招　调整原始图片大小

用户可以重新调整插入幻灯片中的图片大小，以适应当前幻灯片，具体操作如下。

打开原始文件，在幻灯片中选中要调整的图片，在"图片工具 - 格式"选项卡下"大小"组中的"高度"或"宽度"数值框中输入合适的数值后，按下【Enter】键即可，如右图所示。

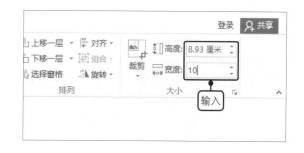

第170招 单独改变图片的高度或宽度

在上一招中，修改高度或宽度中的一个数值后，另一个数值会自动变化，以保持图片的宽高比例不变，若需单独改变高度或宽度，可取消"锁定纵横比"后再修改，具体操作如下。

步骤01 打开"设置图片格式"任务窗格

在打开的演示文稿中选中要调整的图片，在"图片工具-格式"选项卡下单击"大小"组的对话框启动器，如下图所示。

步骤02 取消锁定纵横比并修改宽度

打开"设置图片格式"任务窗格，❶在"大小与属性"选项卡下取消勾选"大小"选项组中的"锁定纵横比"复选框，❷在"宽度"数值框中输入合适的数值，如下图所示。

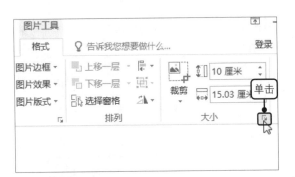

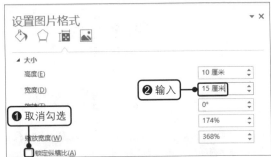

第171招 运用相册功能创建图片演示文稿

通过相册创建图片演示文稿，是指使用相册功能创建一个演示文稿，此演示文稿中的每一张幻灯片都默认包含一张图片，常用于产品介绍类、作品展示类等演示文稿的制作。

步骤01 打开"相册"对话框

打开原始文件，❶在"插入"选项卡下单击"图像"组中的"相册"按钮，❷在展开的列表中单击"新建相册"选项，如下图所示。

步骤02 单击"文件/磁盘"按钮

弹出"相册"对话框，单击"文件/磁盘"按钮，如下图所示。

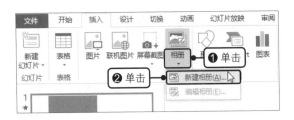

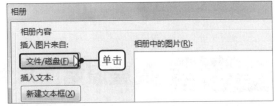

步骤03 选择图片

弹出"插入新图片"对话框，❶在地址栏中选择图片保存的位置，❷同时选择多张图片，如右图所示，单击"插入"按钮。

步骤04 创建相册

返回到"相册"对话框，此时可以预览插入的图片，单击"创建"按钮，如右图所示，即可创建相册。

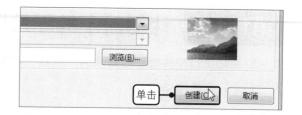

第172招 删除相册中不要的图片

创建相册后，在"相册"对话框的"相册中的图片"列表框中会一一显示添加的图片，用户可直接删除不需要的图片。

步骤01 编辑相册

打开原始文件，❶在"插入"选项卡下单击"图像"组中的"相册"按钮，❷在展开的列表中单击"编辑相册"选项，如下图所示。

步骤02 删除图片

弹出"编辑相册"对话框，❶在"相册中的图片"列表框中勾选要删除的图片，❷单击"删除"按钮，如下图所示。完成上述操作后，单击"更新"按钮即可。

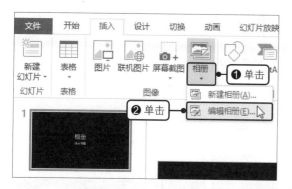
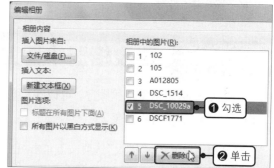

> **提示**
>
> 若已制作好相册，在编辑过程中发现某些图片需要删除，则在幻灯片中选中该图片，直接按下【Delete】键即可。

第173招 在相册中添加文本框

若需对创建的相册内容做解释说明，可在相册中添加文本框幻灯片。

打开原始文件，在"插入"选项卡下单击"图像"组中的"相册"按钮，在展开的列表中单击"编辑相册"选项，弹出"编辑相册"对话框，单击"新建文本框"按钮，此时可看到在"相册中的图片"列表框中添加了一个文本框，如右图所示。

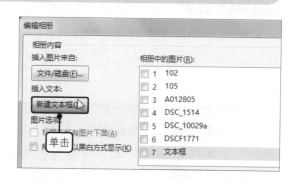

第174招 让相册中的图片以黑白方式显示

经典的黑白配色带有一种怀旧的气息，想要让图片带有独特的情感，可以将图片以黑白方式显示，具体操作如下。

步骤01 编辑相册

打开原始文件，❶在"插入"选项卡下单击"图像"组中的"相册"按钮，❷在展开的列表中单击"编辑相册"选项，如下图所示。

步骤02 设置图片以黑白方式显示

弹出"编辑相册"对话框，勾选"图片选项"选项组中的"所有图片以黑白方式显示"复选框，如下图所示。完成后单击对话框中的"更新"按钮即可应用设置。

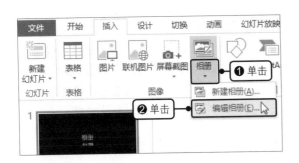

第175招 更改相册中图片的顺序

若要更改相册中图片的顺序，可以在"编辑相册"对话框中直接调整。

打开原始文件，在"插入"选项卡下单击"图像"组中的"相册"按钮，在展开的列表中单击"编辑相册"选项，弹出"编辑相册"对话框，❶在"相册中的图片"列表框中勾选需要调整顺序的图片，❷单击"上移"按钮或"下移"按钮，如右图所示。

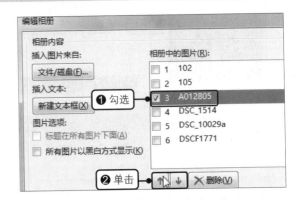

第176招 调整相册中图片的角度

对于使用相册功能添加的图片，可在"相册"或"编辑相册"对话框中进行简单、快速的旋转。

打开原始文件，在"插入"选项卡下单击"图像"组中的"相册"按钮，在展开的列表中单击"编辑相册"选项，弹出"编辑相册"对话框，❶在"相册中的图片"列表框中勾选图片，❷在"预览"下方单击需要的旋转方向按钮，如右图所示。

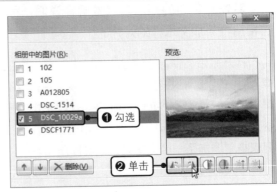

第177招　更改相册主题

默认情况下，创建的相册都是以黑色为背景，为了让背景与图片主题更加协调，可以重新选择相册主题。

步骤01　打开"编辑相册"对话框

打开原始文件，❶在"插入"选项卡下单击"图像"组中的"相册"按钮，❷在展开的列表中单击"编辑相册"选项，如下图所示。

步骤02　打开"选择主题"对话框

弹出"编辑相册"对话框，单击"相册版式"选项组中"主题"右侧的"浏览"按钮，如下图所示。

步骤03　选择主题

弹出"选择主题"对话框，❶在默认的路径下选择合适的主题，如"Facet.thmx"，❷单击"选择"按钮，如右图所示。返回"编辑相册"对话框，单击"更新"按钮即可。

⏰ **提示**

修改相册主题即修改演示文稿主题，因此也可以在"设计"选项卡的"主题"组中选择主题。

第178招　添加相册标题

创建的相册中默认的版式是没有标题的，想要让图片主题更加清晰，可为每张幻灯片添加标题。

打开原始文件，在"插入"选项卡下单击"图像"组中的"相册"按钮，在展开的列表中单击"编辑相册"选项，弹出"编辑相册"对话框，❶单击"图片版式"右侧的下三角按钮，❷在展开的列表中选择带标题的版式，如选择"2张图片（带标题）"，如右图所示。完成上述操作后，单击"更新"按钮即可。

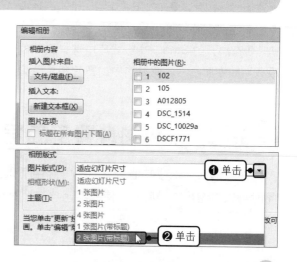

⏰ **提示**

若要为相册设置不带标题的版式，则在展开的列表中根据实际需求选择"1张图片""2张图片"或"4张图片"。

第179招 压缩图片为文件瘦身

当幻灯片中的图片过多时，会让演示文稿占用的空间变大，此时可通过压缩图片来减小文稿的大小。

步骤01 打开"压缩图片"对话框

打开原始文件，在幻灯片中选中要压缩的图片，在"图片工具 - 格式"选项卡下单击"调整"组中的"压缩图片"按钮，如下图所示。

步骤02 压缩图片

弹出"压缩图片"对话框，保持默认的压缩选项，单击"确定"按钮，如下图所示。

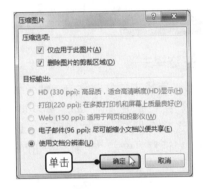

第180招 将图片更改为SmartArt版式

若需将图片修改为图文结合的版式，可以利用"图片版式"功能来实现。

打开原始文件，在幻灯片中选中多张需要更改版式的图片，❶在"图片工具 - 格式"选项卡下单击"图片样式"组中的"图片版式"按钮，❷在展开的 SmartArt 版式库中选择合适的版式，如右图所示。此时选中的图片将更改为 SmartArt 版式。

第181招 将图片置于底层

在已添加文本或其他对象的幻灯片中插入图片，图片就会遮挡先前的对象，影响阅读，此时可以将图片置于底层，使其不遮挡其他对象，具体操作如下。

步骤01　将图片置于底层

打开原始文件，在幻灯片中选中需要置于底层的图片，❶在"图片工具 - 格式"选项卡下单击"排列"组中"下移一层"右侧的下三角按钮，❷在展开的列表中单击"置于底层"选项，如下图所示。

步骤02　显示最终效果

此时所选图片被置于底层显示，被该图片遮挡的文本对象和图片对象都重新显示出来。

第182招　准确选中被遮挡的图片

若幻灯片中添加了较多的对象，有些对象难免会被遮挡，若不想移动上层对象，又要对被遮挡的对象进行设置，可以采用以下方法准确选中所需对象。

步骤01　打开"选择"任务窗格

打开原始文件，❶在"开始"选项卡下单击"排列"组中的"选择"按钮，❷再单击"选择窗格"选项，如下图所示。

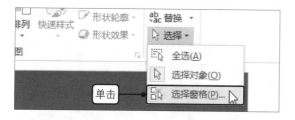

步骤02　选择对象

打开"选择"任务窗格，在其中显示了该幻灯片中的所有对象，单击对象名称即可选中相应对象，如下图所示。

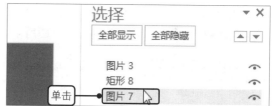

第183招　让被遮挡的图片重新显示

若不想移动置于顶层的图片，同时又想要显示被遮挡的图片或文字，则可通过置于顶层功能来实现。

打开原始文件，在幻灯片中选择顶层的图片，在"图片工具 - 格式"选项卡下单击"排列"组中的"选择窗格"按钮，在弹出的"选择"任务窗格中选中被遮挡的图片，❶单击"排列"组中"上移一层"右侧的下三角按钮，❷在展开的列表中单击"置于顶层"选项，如右图所示。

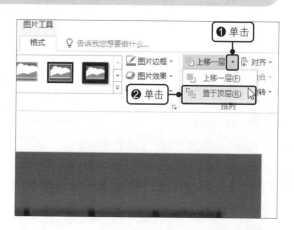

第184招 隐藏/显示幻灯片中的所有对象

当需要在幻灯中添加多个对象时，为了避免幻灯片中现有的对象干扰视线，可以将现有的对象全部隐藏，在需要时再显示出来。

在打开的演示文稿中选中要设置的图片，在"图片工具 - 格式"选项卡下单击"排列"组中的"选择窗格"按钮，在打开的"选择"任务窗格中单击"全部隐藏"按钮，此时对象名后面的眼睛图标都变为短横线，表示不可见，如右图所示。若要再次显示，则单击"全部显示"按钮即可。

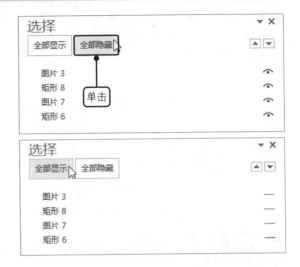

第185招 快速对齐多张图片

幻灯片中的多张图片需要统一对齐时，若用鼠标拖动对象进行手动对齐，费时费力而且往往效果不佳，下面介绍一种方法，可以快速、准确地对齐多张图片。

步骤01 选择对齐方式

打开原始文件，在幻灯片中选中需要对齐的图片对象，❶在"图片工具 - 格式"选项卡下单击"排列"组中的"对齐"按钮，❷在展开的列表中单击"底端对齐"选项，如下图所示。

步骤02 再次设置对齐方式

底端对齐后，❶再次单击"对齐"按钮，❷在展开的列表中单击"横向分布"选项，如下图所示。

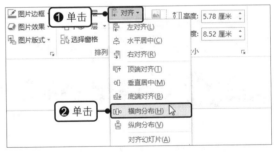

步骤03 显示排列后的效果

此时所选图片对象底端对齐，且横向均匀分布，如右图所示。

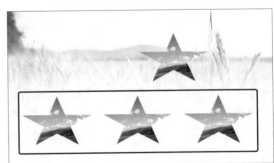

第186招 组合幻灯片中的图片

当一张幻灯片中图片较多，又需要一次性移动多张图片时，可将图片组合后再移动。

打开原始文件，在幻灯片中选中要进行组合的图片，❶在"图片工具 - 格式"选项卡下单击"排列"组中的"组合"按钮，❷在展开的列表中单击"组合"选项即可，如右图所示。

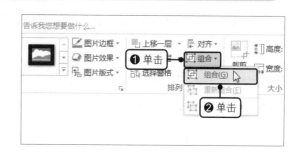

第187招 按需旋转图片角度

若发现图片角度不符合需求，可直接对图片进行旋转，具体操作如下。

在打开的演示文稿中选中要旋转的图片，❶在"图片工具 - 格式"选项卡下单击"排列"组中的"旋转"按钮，❷在展开的列表中单击合适的选项，如单击"向右旋转90度"选项，如右图所示。

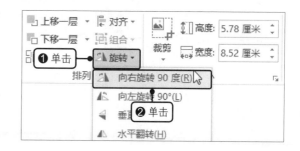

第188招 随心所欲裁剪图片

若需要的只是图片的一部分，可以使用裁剪功能来裁剪图片，具体操作如下。

步骤01 单击"裁剪"按钮

打开原始文件，在幻灯片中选中需裁剪的图片，在"图片工具 - 格式"选项卡下单击"大小"组中的"裁剪"按钮，如下图所示。

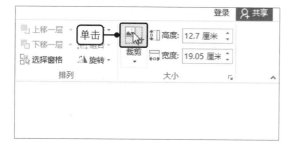

步骤02 显示裁剪控点

此时，在所选图片周围出现八个黑色的裁剪控点，如下图所示。

步骤03 裁剪图片

将鼠标指针移至图片右侧的控点，此时鼠标指针呈┣形，按住鼠标左键不放，向左侧拖动，被裁剪掉的部分呈灰色，如右图所示。裁剪后，单击图片外任意处，即可取消图片选中状态，退出裁剪。

第189招 将图片裁剪为特定形状

如果想制作一些不规则形状的图片以使版面更活泼，可以将图片裁剪为特殊形状，具体操作如下。

步骤01 选择裁剪形状

打开原始文件，在幻灯片中选中要裁剪的图片，❶在"图片工具 - 格式"选项卡下单击"大小"组中的"裁剪"下三角按钮，❷在展开的列表中单击"裁剪为形状 > 椭圆"选项，如下图所示。

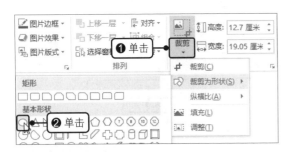

步骤02 显示裁剪后的图片

此时，所选图片被裁剪为椭圆形，如下图所示。

第190招 按特定纵横比裁剪图片

除了可以将图片裁剪为特殊形状外，还可以将图片按比例进行裁剪。

打开原始文件，在幻灯片中选中要裁剪的图片，❶在"图片工具 - 格式"选项卡下单击"大小"组中的"裁剪"下三角按钮，❷在展开的列表中单击"纵横比 >2：3"选项，如右图所示。

第191招 制作缩略图效果

在制作演示文稿时，常常会在一张幻灯片中放置多张图片，这样每张图片的尺寸就会相对较小，可能会影响观看效果。下面介绍一种方法，以缩略图的形式放置图片，让幻灯片中的每张图片都能清晰展示。

步骤01 打开"插入对象"对话框

打开原始文件，单击"插入"选项卡下"文本"组中的"对象"按钮，如右图所示。

步骤02 **选择插入对象**

　　弹出"插入对象"对话框，在"对象类型"列表框中选择"Microsoft PowerPoint 演示文稿"选项，如右图所示，然后单击"确定"按钮。

步骤03 **显示插入的演示文稿对象**

　　此时可看到在幻灯片中插入了"PowerPoint 演示文稿"对象，将对象更改为空白版式，如下图所示。

步骤04 **插入图片**

　　在"PowerPoint 演示文稿"对象中插入图片，如下图所示。

步骤05 **调整对象在幻灯片中的大小**

　　单击对象外任意处，返回幻灯片中，单击该对象，在对象周围出现控点，按图片对象的编辑方法改变图像大小并将其移动到合适的位置，如下图所示。

步骤06 **复制对象并更改对象中的图片**

　　在幻灯片中复制多个对象并整齐排列，双击需要更改图片的对象，激活"PowerPoint 演示文稿"对象，删除对象中的原有图片，然后插入其他图片，用相同方法更改另外两个对象中的图片，如下图所示。

步骤07 **播放缩略图**

　　进入幻灯片放映模式，将鼠标指针移至图片缩略图，待鼠标指针呈🖑形状时，单击即可放大图片，如右图所示。

第192招 删除图片背景

为了避免图片的背景颜色与幻灯片背景颜色不协调的情况，可以只保留图片中的主要图像，删除图片背景。

步骤01 单击"删除背景"按钮

打开原始文件，在幻灯片中选中要删除背景的图片，在"图片工具 - 格式"选项卡下单击"调整"组中的"删除背景"按钮，如下图所示。

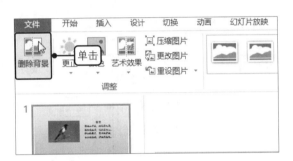

步骤02 调整背景的删除范围

此时系统自动识别出需要删除的区域，将鼠标指针移至图片左上角的控点上，按住鼠标左键，当鼠标指针变成+形状时，向外拖动鼠标，调整背景的删除范围，如下图所示。

步骤03 显示删除背景的效果

至最外围时释放鼠标，按照相同方法，将图片中其他地方的选框也调整到最大范围，单击图片外任意处即可完成删除图片背景的操作，删除图片背景后的效果如右图所示。

> ⏰ **提示**
>
> 也可以在"背景消除"选项卡下单击"保留更改"按钮来删除背景。

第193招 恢复删除的图片背景

将图片背景删除后若需要将其恢复，则直接放弃所有更改即可。

打开原始文件，在幻灯片中选中删除了背景的图片，在"图片工具-格式"选项卡下单击"调整"组中的"删除背景"按钮，在"背景消除"选项卡下单击"关闭"组中的"放弃所有更改"按钮，即可将删除的背景恢复，如右图所示。

第194招　手动标记图片背景

当图片的背景和前景中有部分颜色相同或相似时，单击"删除背景"按钮后，系统自动识别出的背景区域可能产生误差，此时可通过手动标记需要删除和保留的部分，来完成背景的删除。

步骤01　单击"删除背景"按钮

打开原始文件，在幻灯片中选中要删除背景的图片，在"图片工具 - 格式"选项卡下单击"调整"组中的"删除背景"按钮，如下图所示。

步骤02　单击"标记要删除的区域"按钮

系统自动切换至"背景消除"选项卡下，单击"优化"组中的"标记要删除的区域"按钮，如下图所示。

步骤03　标记要删除的区域

将鼠标指针移至图片上，当鼠标指针为 ✐ 形状时，按住鼠标左键在图片上拖动进行标记，如右图所示。标记完成后，单击图片外任意处，即可删除背景。

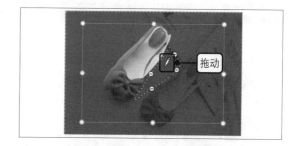

> ⏰ **提示**
>
> 若要标记需保留的背景区域，则在"背景消除"选项卡下单击"标记要保留的区域"按钮后进行标记即可。

第195招　调整图片的清晰度

图片的锐化能达到让图片看起来更清晰的效果，而柔化则相反，会使图片变得模糊。下面以设置柔化效果为例讲解具体操作。

步骤01　设置柔化效果

打开原始文件，在幻灯片中选中要设置的图片，❶在"图片工具 - 格式"选项卡下单击"调整"组中的"更正"按钮，❷在展开的列表中的"锐化 / 柔化"选项组中选择合适的效果，如选择"柔化：50%"，如右图所示。

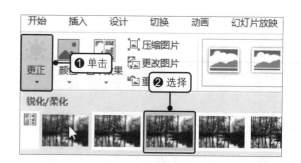

步骤02 显示效果

返回幻灯片中，此时可看到目标图片变得模糊，如右图所示。

第196招 调整图片的色彩

亮度是指图片的明亮程度，而对比度是指颜色与颜色之间的差异，在 Power Point 中可通过调整图片的亮度 / 对比度来改变图片的色彩。

步骤01 设置图片的亮度/对比度

打开原始文件，在幻灯片中选中要设置的图片，在"图片工具 - 格式"选项卡下单击"调整"组中的"更正"按钮，在展开的列表中的"亮度 / 对比度"选项组中选择合适的效果，如下图所示。

步骤02 显示设置后的图片效果

此时，幻灯片中第一张图片的亮度与对比度都有所增强，如下图所示。

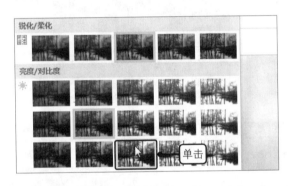

第197招 利用"图片更正选项"调整图片

若"更正"下拉列表中的效果选项不能满足需求，可以自定义更正效果，具体操作如下。

步骤01 打开"设置图片格式"任务窗格

打开原始文件，在幻灯片中选中要设置的图片，在"图片工具 - 格式"选项卡下单击"调整"组中的"更正"按钮，在展开的列表中单击"图片更正选项"选项，如右图所示。

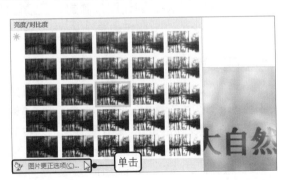

步骤02　自定义图片更正效果

　　打开"设置图片格式"任务窗格，❶在"图片更正"选项组中设置"清晰度"为"23%"、"亮度"为"19%"，❷拖动"对比度"右侧的滑块，设置其为"-26%"，如右图所示。

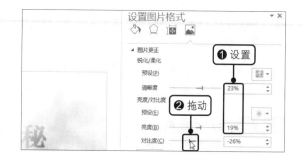

第198招　重置图片更正效果

　　若对当前图片的更正设置效果不满意，可以一键恢复到未进行更正的原始状态。

　　在打开的演示文稿中选中要重置的图片，在"图片工具 - 格式"选项卡下单击"调整"组中的"更正"按钮，在展开的列表中单击"图片更正选项"选项，打开"设置图片格式"任务窗格，单击"重置"按钮即可，如右图所示。

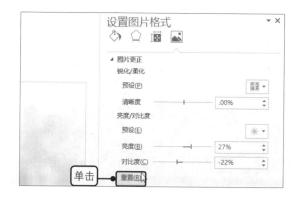

第199招　调整图片的鲜艳程度

　　图片的饱和度是指图片色彩的纯度，饱和度越高，图片颜色越鲜艳。下面介绍如何通过更改图片的饱和度来使图片更加鲜艳。

步骤01　选择要设置的图片

　　打开原始文件，在幻灯片中选择要设置的图片，如下图所示。

步骤02　选择颜色饱和度

　　❶在"图片工具 - 格式"选项卡下单击"调整"组中的"颜色"按钮，❷在展开的列表中单击"颜色饱和度"选项组中的"饱和度：100%"选项，如下图所示。

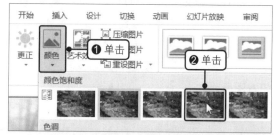

步骤03　显示调整饱和度后的图片效果

　　此时在幻灯片中可看到所选图片的饱和度增加，颜色更加艳丽，如右图所示。

第200招　调整图片的冷暖风格

图片的颜色会影响视觉感受，而图片的色调是图片颜色的重要属性，用户可通过调整图片的色调来改变图片的冷暖风格。

步骤01 选择要设置的图片

打开原始文件，在幻灯片中选择要设置的图片，如下图所示。

步骤02 调整图片色调

❶在"图片工具 - 格式"选项卡下单击"调整"组中的"颜色"按钮，❷在展开的列表中单击"色调"选项组中的"色温 :6500k"选项，如下图所示。

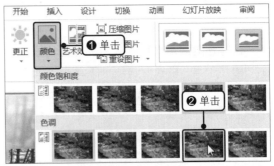

步骤03 查看调整图片后的效果

此时在幻灯片中可看到所选图片的色调发生了变化，如右图所示。

第201招　利用"重新着色"调整图片色彩

若对演示文稿中的图片颜色和色调不满意，则可通过"重新着色"功能来调整图片色彩。

打开原始文件，在幻灯片中选中要设置的图片，❶在"图片工具 - 格式"选项卡下单击"调整"组中的"颜色"按钮，❷在展开的列表中单击"重新着色"选项组中的预设颜色样式，如右图所示。

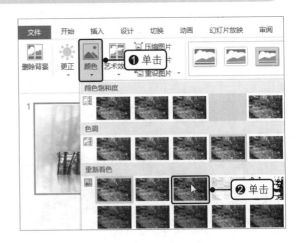

第202招　更换图片颜色

　　如果 PowerPoint 中预设的颜色效果无法满足需求，还可以选择其他颜色效果。

　　打开原始文件，在幻灯片中选中要设置的图片，在"图片工具 - 格式"选项卡下单击"调整"组中的"颜色"按钮，在展开的列表中单击"其他变体 > 茶色，背景 2，深色 50%"选项，如右图所示。

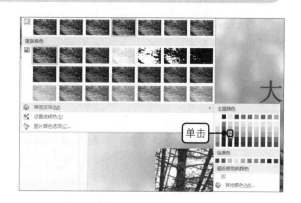

第203招　将图片背景设为透明色

　　如果图片背景色比较统一，为了让图片更好地融入背景中，可以通过将图片的背景设置为透明色来达到抠图的效果。

步骤01　选择目标图片

　　打开原始文件，选中目标图片，如下图所示。

步骤02　单击"设置透明色"选项

　　在"图片工具 - 格式"选项卡下单击"调整"组中的"颜色"按钮，在展开的列表中单击"设置透明色"选项，如下图所示。

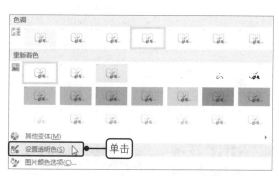

步骤03　设置透明图片背景

　　此时鼠标指针变为 形状，单击需要透明显示的颜色，如单击白色背景，如下图所示。

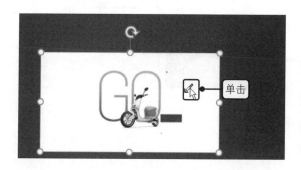

步骤04　显示最终效果

　　此时，图片中的白色背景被删除了，效果如下图所示。

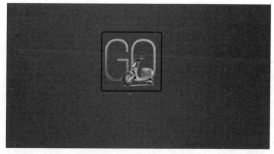

第204招 为图片添加艺术效果

为图片添加艺术效果可以使图片呈现不同的风格，用户可根据实际需求为图片添加艺术效果。

打开原始文件，在幻灯片中选中要设置的图片，❶在"图片工具-格式"选项卡下单击"调整"组中的"艺术效果"按钮，❷在展开的列表中选择需要的艺术效果即可，如右图所示。

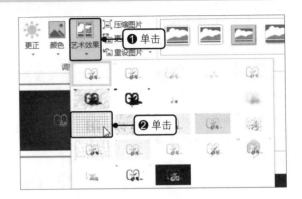

第205招 调整艺术效果的参数

若对添加的图片艺术效果不满意，可调整艺术效果的参数。

打开原始文件，在幻灯片中选中要设置的图片，在"图片工具-格式"选项卡下单击"调整"组中的"艺术效果"按钮，在展开的列表中单击"艺术效果选项"选项，打开"设置图片格式"任务窗格，在"艺术效果"选项组下设置"透明度"为"80%"、"压力"为"50"，如右图所示，此时可看到该图片的艺术效果发生了变化。

第206招 还原图片的本来色彩

若要取消图片样式效果，还原图片的原始色彩，可通过重设图片来实现。

打开原始文件，在幻灯片中选中要设置的图片，在"图片工具-格式"选项卡下单击"调整"组中的"重设图片"按钮即可，如右图所示。

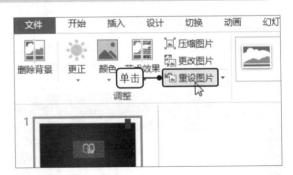

第207招　让图片恢复到初始状态

若要让图片恢复到初始状态，可通过重设图片和大小来实现。

打开原始文件，在幻灯片中选中要设置的图片，❶在"图片工具 - 格式"选项卡下单击"调整"组中"重设图片"右侧的下三角按钮，❷在展开的列表中单击"重设图片和大小"选项即可，如右图所示。

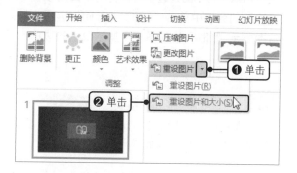

第208招　为图片套用预设样式

要美化幻灯片中的图片，除了为图片设计边框、阴影、映像、发光等效果外，还可以利用预设的图片样式，快速地更改图片的外观。

步骤01　选择图片样式

打开原始文件，在幻灯片中选中要设置的图片，在"图片工具 - 格式"选项卡下选择"图片样式"库中合适的样式，如下图所示。

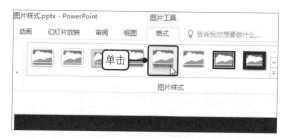

步骤02　显示图片效果

此时，幻灯片中的图片套用了所选的样式，效果如下图所示。

> ⏰ **提示**
>
> 单击"图片样式"组的快翻按钮，可展开更多的图片样式。

第209招　美化图片的边框

为幻灯片中的图片加上合适的边框，能够增强视觉效果，设置图片的边框包括设置边框的颜色、粗细、线形等。

步骤01　设置图片边框颜色

打开原始文件，在幻灯片中选中要设置的图片，❶在"图片工具 - 格式"选项卡下单击"图片样式"组中"图片边框"右侧的下三角按钮，❷在展开的列表中选择合适的颜色，如右图所示。

步骤02 设置图片边框线条的粗细

再次单击"图片边框"右侧的下三角按钮，在展开的列表中单击"粗细 >4.5 磅"选项，如右图所示，此时可看到图片添加了白色的边框。

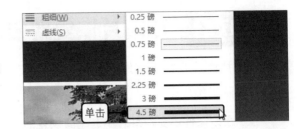

⏰ 提示

在展开的"粗细"列表中单击"其他线条"选项，在展开的"设置图片格式"任务窗格中可设置图片边框的线形。

第210招 为图片添加预设效果

若想要快速增强图片的立体感，可以直接套用图片的预设效果。

打开原始文件，在幻灯片中选中要设置的图片，❶在"图片工具 - 格式"选项卡下单击"图片样式"组中的"图片效果"按钮，❷在展开的列表中单击"预设 > 预设 5"选项，如右图所示。

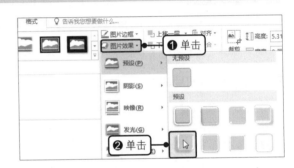

第211招 为图片添加阴影效果

为图片添加阴影可以增强图片的立体效果，具体操作如下。

打开原始文件，在幻灯片中选中要设置的图片，❶在"图片工具 - 格式"选项卡下单击"图片样式"组中的"图片效果"按钮，❷在展开的列表中单击"阴影 > 右下斜偏移"选项，如右图所示。

第212招 为图片添加倒影效果

图片的映像效果能使图片产生湖面倒影的效果，具体操作如下。

打开原始文件，在幻灯片中选中要设置的图片，❶在"图片工具 - 格式"选项卡下单击"图片样式"组中的"图片效果"按钮，❷在展开的列表中单击"映像 > 紧密映像，4 pt 偏移量"选项，如右图所示。

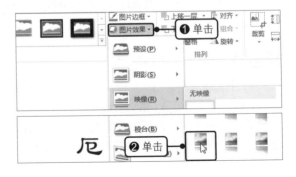

第213招 为图片添加发光效果

要想给图片快速添加发光效果，可以使用预设的发光样式，具体操作如下。

打开原始文件，在幻灯片中选中要设置的图片，在"图片工具 - 格式"选项卡下单击"图片样式"组中的"图片效果"按钮，在展开的列表中单击"发光 > 橙色，11 pt 发光，个性色2"选项，如右图所示。

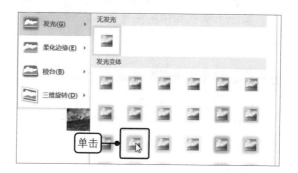

第214招 为图片添加边缘柔化效果

为图片添加边缘柔化效果，能让图片更为和谐地融入整张幻灯片。

打开原始文件，在幻灯片中选中要设置的图片，❶在"图片工具 - 格式"选项卡下单击"图片样式"组中的"图片效果"按钮，❷在展开的列表中单击"柔化边缘 >10 磅"选项，如右图所示。

第215招 为图片添加三维效果

若要使图片更立体，可以为图片设置棱台效果并对图片进行三维旋转，具体操作如下。

步骤01 设置棱台效果

打开原始文件，在幻灯片中选中要设置的图片，❶在"图片工具 - 格式"选项卡下单击"图片样式"组中的"图片效果"按钮，❷在展开的列表中单击"棱台 > 圆"选项，如下图所示。

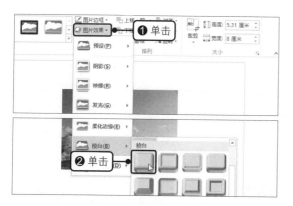

步骤02 设置图片的三维旋转

❶再次单击"图片效果"按钮，❷在展开的列表中单击"三维旋转 > 等轴右上"选项，如下图所示。完成上述操作后，可看到该图片更具有立体感。

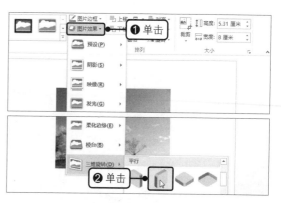

第216招 为图片添加自定义效果

若图片样式库中的图片效果不符合需求，可通过"设置图片格式"任务窗格自定义图片效果。

步骤01 单击"设置图片格式"命令

打开原始文件，❶在幻灯片中右击要设置的图片，❷在弹出的快捷菜单中单击"设置图片格式"命令，如下图所示。

步骤02 设置阴影和映像效果

打开"设置图片格式"任务窗格，❶在"阴影"选项组中设置"透明度""大小""模糊""角度"和"距离"，❷在"映像"选项组中设置"透明度"和"大小"，如下图所示。

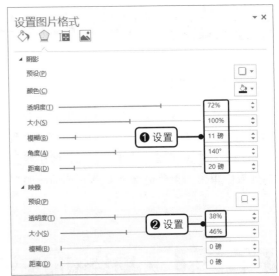

步骤03 设置三维格式效果

在"三维格式"选项组中设置"宽度""高度"和"角度"，如右图所示。返回幻灯片中，可看到该图片添加的自定义效果。

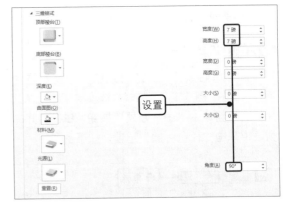

第6章　图形的插入和美化

在幻灯片中图形通常由形状和SmartArt图形构成。插入和美化形状时，可根据需要进行绘制、编辑形状，为形状添加文本，设置形状的层次和对齐方式、大小等操作；而使用SmartArt图形要比使用形状更简单，不需要做过多的设置，只需要在创建后进行一些美化外观的操作，包括更改样式、版式和颜色、调整布局和结构顺序等，因为它本就是一个拥有几乎完美布局的多个形状的组合。

第217招　插入基本形状

PowerPoint 程序预置了多种基本形状，可根据实际需求选择并绘制。

步骤01　选择形状

打开原始文件，❶在"插入"选项卡下单击"插图"组中的"形状"按钮，❷在展开的列表中选择合适的形状，如选择"菱形"，如下图所示。

步骤02　绘制形状

将鼠标指针移至幻灯片中，鼠标指针变为＋形状，按住鼠标左键进行拖动绘制，如下图所示，绘制完成后释放鼠标即可。

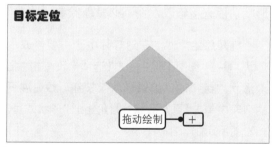

第218招　启用锁定绘图模式

在需要多次绘制某种形状时，若绘制一次就选择一次形状会比较麻烦，此时可以锁定绘图模式后再绘制图形。

打开演示文稿，❶在"插入"选项卡下单击"插图"组中的"形状"按钮，❷在展开的列表中右击要多次绘制的形状，❸在弹出的快捷菜单中单击"锁定绘图模式"命令，如右图所示。

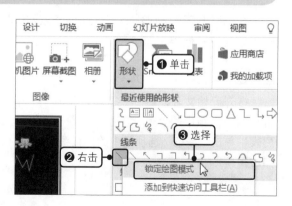

> ⏰ **提示**
>
> 若要解除形状的锁定状态，则再次展开"形状"列表，单击处于锁定状态的形状即可。

第219招 绘制圆形的技巧

PowerPoint 的形状库中没有正圆形，若要绘制正圆形，则需通过"椭圆"形状进行绘制。

打开原始文件，在"插入"选项卡下单击"插图"组中的"形状"按钮，在展开的列表中单击"椭圆"形状，此时，鼠标指针变为+形状，按住鼠标左键的同时按住【Shift】键在幻灯片中进行拖动绘制，如右图所示。绘制完成后释放鼠标左键即可。

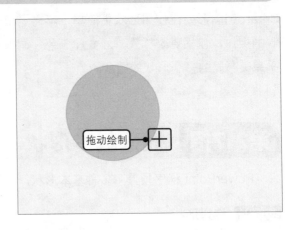

第220招 将直角矩形修改为圆角矩形

若发现幻灯片中的直角矩形换成圆角矩形会更加符合幻灯片主题内容，可通过更改形状功能直接修改，而不必重新绘制。

打开原始文件，在幻灯片中选中要修改的形状，❶在"绘图工具 - 格式"选项卡下单击"插入形状"组中的"编辑形状"按钮，❷在展开的列表中单击"更改形状 > 圆角矩形"形状即可，如右图所示。

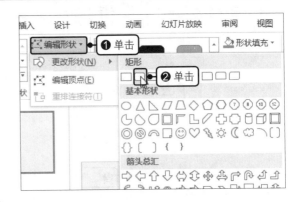

第221招 使用直线和菱形制作目录页

在幻灯片中绘制形状时，可以巧妙应用线条划分幻灯片的结构，而富有美感的菱形则可作为项目符号使用。

步骤01 选择"直线"形状

打开原始文件，❶在"插入"选项卡下单击"插图"组中的"形状"按钮，❷在展开的列表中单击"线条"选项组中的"直线"形状，如右图所示。

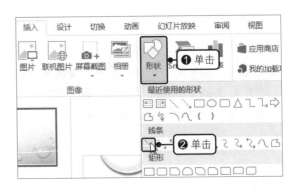

步骤02　绘制直线

此时鼠标指针呈＋形状，在幻灯片中的目录标题下按住鼠标左键拖动绘制直线，如下图所示。绘制完成后释放鼠标左键即可，按照上述方法再绘制3条直线。

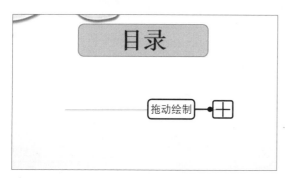

步骤03　选择"菱形"形状

❶再次单击"形状"按钮，❷在展开的列表中单击"基本形状"选项组中的"菱形"形状，如下图所示。

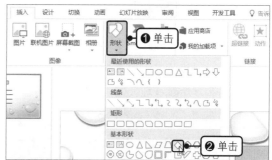

步骤04　绘制菱形

此时鼠标指针呈＋形状，在绘制的第1条直线左上方按住鼠标左键在适当的位置拖动绘制菱形，如下图所示。绘制完成后，释放鼠标左键即可。

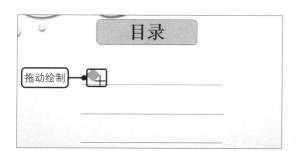

步骤05　完成目录幻灯片的制作

按照上述方法再在另外3条直线左上方绘制3个菱形，完成目录页的制作，效果如下图所示。

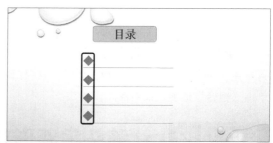

> **提示**
>
> 在幻灯片中若要拖动鼠标绘制水平或垂直的直线，可按住【Shift】键再绘制。

第222招　调整幻灯片中的形状对齐方式

在幻灯片中插入了较多的形状后，若想让内容显得丰富而不杂乱，可使用对齐功能来对形状进行有序的排列。

步骤01　选择要调整的形状

打开原始文件，在幻灯片中按住【Ctrl】键选中要调整的多个形状，如下左图所示。

步骤02　设置对齐方式

❶在"绘图工具-格式"选项卡下单击"排列"组中的"对齐"按钮，❷在展开的列表中单击"左对齐"选项，如下右图所示。

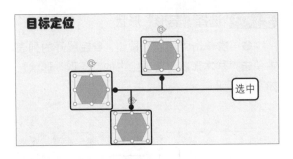

步骤03 查看最终效果

完成上述操作后，可看到选中的形状在幻灯片中以左对齐的方式显示，如右图所示。

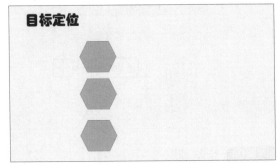

提示

若只需对幻灯片中的形状稍微进行左右或上下移动，可在选中该形状后，使用键盘上的 4 个方向键进行调整。

第223招 将多个形状组合成一个形状

将多个形状组合为一个形状不仅方便整体移动，而且可以创建更复杂的形状。

打开原始文件，在幻灯片中选中要组合的形状，❶在"绘图工具-格式"选项卡下单击"排列"组中的"组合"按钮，❷在展开的列表中单击"组合"选项，如右图所示。

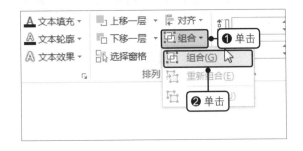

第224招 让箭头跟着形状一起移动

使用 PowerPoint 制作带有箭头的组织结构图时，若移动其中一个形状，箭头不会跟随该形状一起移动，使调整变得较为麻烦，此时可使用连接符功能来解决该问题。

步骤01 选择连接符

打开原始文件，❶在"插入"选项卡下单击"插图"组中的"形状"按钮，❷在展开的列表中选择合适的连接符，如下图所示。

步骤02 绘制连接符

此时鼠标指针呈+形状，在幻灯片中按住鼠标左键拖动绘制连接符，如下图所示。绘制时将鼠标指针移至形状内部即可查看到该图形的连接点。

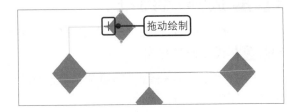

步骤03 移动形状

选择其中一个形状,然后向任意方向拖动,可看到此时连接符跟着形状一起移动,如右图所示。

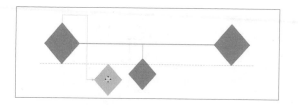

第225招　让连接符自动重排

在形状间添加连接符后,若想将形状间的最近顶点相连,可以让连接符自动重排,具体操作如下。

打开原始文件,在幻灯片中选中带有连接符的形状,❶在"绘图工具 - 格式"选项卡下单击"插入形状"组中的"编辑形状"按钮,❷在展开的列表中单击"重排连接符"选项即可,如右图所示。

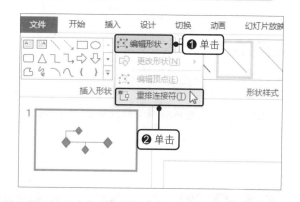

第226招　绘制任意形状的箭头

制作演示文稿时,常常使用箭头作标注,如果预设的箭头样式不能满足需求,可自行绘制任意形状的箭头。

步骤01 选择线条类型

打开原始文件,❶在"插入"选项卡下单击"插图"组中的"形状"按钮,❷在展开的列表中单击"线条"组中的"任意多边形"形状,如下图所示。

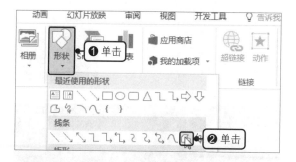

步骤02 绘制箭头形状

此时,鼠标指针呈+形状,在幻灯片中的图表上方箭头起点处单击鼠标,移动到下一转折点时单击鼠标,再移动到下一个转折点时单击鼠标,绘制出曲折的线条,如下图所示。在结束的位置双击鼠标即可完成绘制。

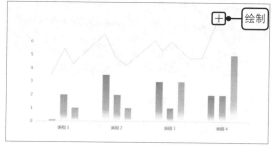

步骤03 打开"设置形状格式"任务窗格

❶右击该形状,❷在弹出的快捷菜单中单击"设置形状格式"命令,如下左图所示。

步骤04 设置箭头颜色和宽度

弹出"设置形状格式"任务窗格,设置"颜色"为"红色"、"宽度"为"3磅",如下右图所示。

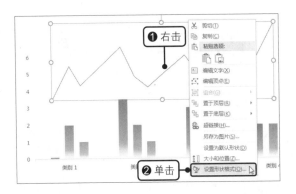

步骤05 设置箭头末端类型

❶单击"箭头末端类型"右侧的下三角按钮，❷在展开的列表中单击"燕尾箭头"选项，如右图所示，此时可看到幻灯片中的箭头效果。

第227招 快速更改线条样式

若绘制的线条与幻灯片的整体风格不统一或表达效果不明显，这时可以根据幻灯片的整体风格为线条套用内置的样式，快速美化线条。

步骤01 选择要更改的线条

打开原始文件，在幻灯片中选中要更改的线条，如下图所示。

步骤02 展开形状样式库

在"绘图工具 - 格式"选项卡下单击"形状样式"组的快翻按钮，在展开的库中选择合适的样式，如下图所示。

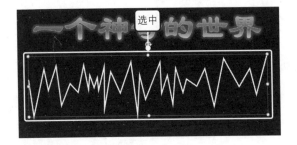

步骤03 显示应用效果

此时，幻灯片中的线条应用了所选的样式，如右图所示。

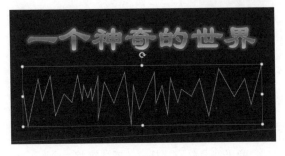

第228招　快速连接图形的首尾

　　想要让未闭合的线条首尾相连，形成一个封闭的图形，可以通过路径功能来实现，具体操作如下。

步骤01　显示图形顶点

　　打开原始文件，❶在幻灯片中右击要编辑的形状，❷在弹出的快捷菜单中单击"编辑顶点"命令，如下图所示。

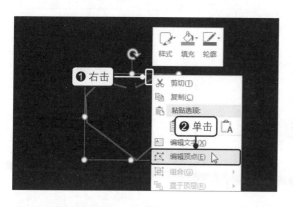

步骤02　连接首尾

　　将鼠标指针移至形状上，当鼠标指针变为✛形状时，右击该形状，在弹出的快捷菜单中单击"关闭路径"命令即可，如下图所示。

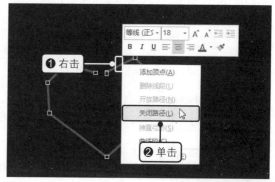

第229招　为形状添加顶点

　　增加形状顶点可以让形状调节变得更加细微，从而绘制更加复杂的形状。

　　打开原始文件，在幻灯片中右击要编辑的形状，在弹出的快捷菜单中单击"编辑顶点"命令，将鼠标指针移至形状轮廓上，鼠标指针变为✛形状，❶右击该形状，❷在弹出的快捷菜单中单击"添加顶点"命令即可，如右图所示。

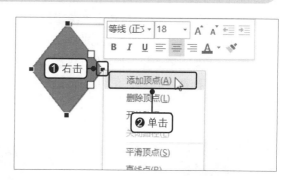

第230招　将直线段更改为曲线段

　　若要将绘制的形状中的某一直线段变为曲线段，可以通过快捷菜单中的"曲线段"命令实现。

　　打开原始文件，在幻灯片中右击要编辑的形状，在弹出的快捷菜单中单击"编辑顶点"命令，❶将鼠标指针移至要更改的线段上，当鼠标指针呈✛形时，右击该线段，❷在弹出的快捷菜单中单击"曲线段"命令即可，如右图所示。

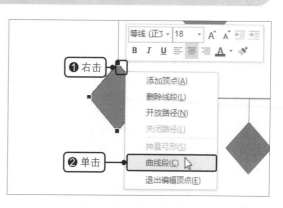

第231招 将两条直线更改为曲线

要将某顶点连接的两条直线同时更改为曲线，可通过快捷菜单中的"平滑顶点"命令来实现。

打开原始文件，在幻灯片中右击要编辑的形状，在弹出的快捷菜单中单击"编辑顶点"命令，❶将鼠标指针移至要更改的两条直线之间的顶点上，当鼠标指针呈✛形时，右击该顶点，❷在弹出的快捷菜单中单击"平滑顶点"命令即可，如右图所示。

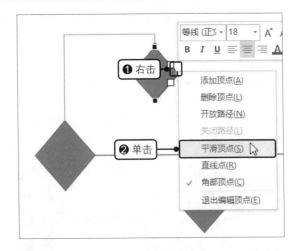

第232招 轻松将曲线变为直线

若想将绘制的形状中的某一段曲线更改为直线，可以利用快捷菜单中的"抻直弓形"命令来实现。

打开原始文件，在幻灯片中右击要编辑的形状，在弹出的快捷菜单中单击"编辑顶点"命令，❶将鼠标指针移至要更改的曲线上，当鼠标指针呈✛形时，右击该曲线，❷在弹出的快捷菜单中单击"抻直弓形"命令即可，如右图所示。

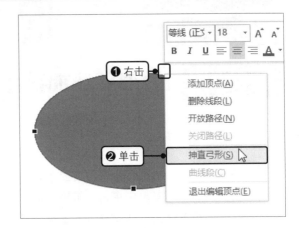

第233招 巧用控点修改形状外观

绘制的形状都有一个黄色圆形控点，用以改变形状外观，形状不同，黄色控点的数量与位置也不相同。下面以五角星形状为例，介绍利用控点改变形状外观的方法。

步骤01 定位控点

打开原始文件，在幻灯片中选中要编辑的形状，将鼠标指针移至形状的黄色控点上，如右图所示。

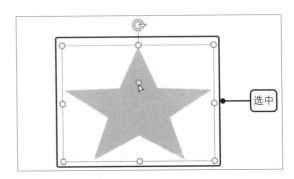

步骤02 改变形状

按住鼠标左键向形状内部拖动，拖动的同时可看到形状的变化，如右图所示。

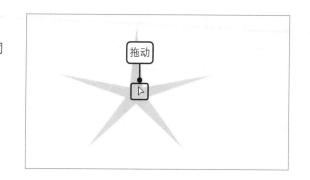

第234招 精确调整形状大小

若想让幻灯片中大小不同的形状排列出整齐递增或递减的感觉，可通过调整形状的大小来实现。

打开原始文件，在幻灯片中选中最上方的形状，在"绘图工具 - 格式"选项卡下的"大小"组中设置"形状高度"和"形状宽度"为"3.5厘米"即可，如右图所示。

第235招 启用"锁定纵横比"功能

若希望在调整形状大小的同时还能保持形状的原来形态，可启用"锁定纵横比"功能后再对形状进行调整。

在打开的演示文稿中选中要调整的形状，在"绘图工具 - 格式"选项卡下单击"大小"组中的对话框启动器，打开"设置形状格式"任务窗格，在"大小"选项组中勾选"锁定纵横比"复选框即可，如右图所示。

第236招 使用联合形状绘制复杂图形

若要将幻灯片中两个或两个以上具有重叠区域的形状合并成一个图形，可通过联合形状功能来实现，具体操作如下。

步骤01 选择要联合的形状

打开原始文件，在幻灯片中选择要联合的形状，如右图所示。

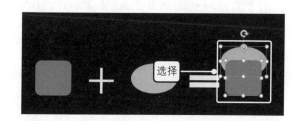

步骤02 联合形状

❶在"绘图工具 - 格式"选项卡下单击"插入形状"组中的"合并形状"按钮,❷在展开的列表中单击"联合"命令,如下图所示。

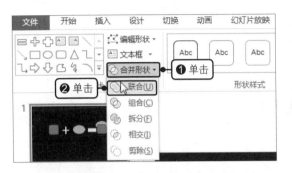

步骤03 查看最终效果

此时可看到选中的形状在幻灯片中联合在一起,如下图所示。

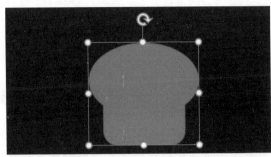

> ⏰ **提示**
>
> 联合后的形状颜色是由选择形状时第 1 个选中的形状颜色决定的。

第237招 使用组合形状绘制复杂形状

用户可以使用组合形状功能,将两个或两个以上具有重叠区域的形状组合成一个无重叠区域的形状,具体操作如下。

步骤01 组合形状

打开原始文件,在幻灯片中选中要组合的形状,❶在"绘图工具 - 格式"选项卡下单击"插入形状"组中的"合并形状"按钮,❷在展开的列表中单击"组合"命令,如下图所示。

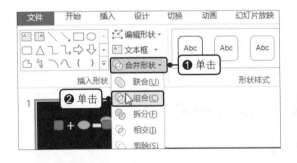

步骤02 显示效果

此时得到两个形状不相交的部分,且形状颜色为第 1 个选中的形状颜色,如下图所示。

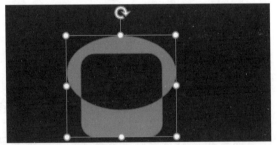

第238招 将重叠的形状拆分为多个形状

若要将两个或两个以上具有重叠区域的形状拆分为 3 个或 3 个以上形状,可通过拆分形状功能来实现。

步骤01 拆分形状

　　打开原始文件，在幻灯片中选中要拆分的形状，❶在"绘图工具 - 格式"选项卡下单击"插入形状"组中的"合并形状"按钮，❷在展开的列表中单击"拆分"命令，如下图所示。

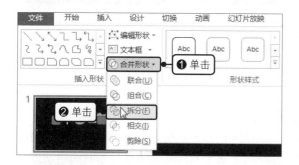

步骤02 显示效果

　　此时得到 3 个独立的形状，且形状颜色为第 1 个选中的形状的颜色，如下图所示。

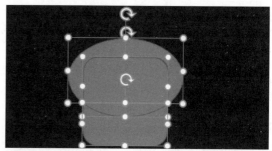

第239招　利用相交功能绘制特殊形状

　　用户可使用相交功能使两个或两个以上具有重叠区域的形状只保留相交的部分，具体操作如下。

步骤01 相交形状

　　打开原始文件，在幻灯片中选中要组合的形状，❶在"绘图工具 - 格式"选项卡下单击"插入形状"组中的"合并形状"按钮，❷在展开的列表中单击"相交"命令，如下图所示。

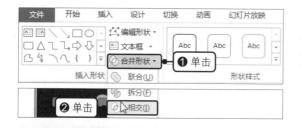

步骤02 显示效果

　　此时得到两个形状相交的部分，且形状颜色为第 1 个选中的形状的颜色，如下图所示。

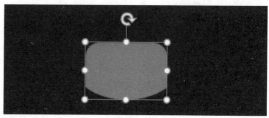

第240招　应用剪除功能制作特殊形状

　　使用剪除形状功能可以对两个或两个以上具有重叠区域的形状进行剪除，来得到想要的形状，具体操作如下。

步骤01 剪除形状

　　打开原始文件，在幻灯片中选中要剪除的形状，❶在"绘图工具 - 格式"选项卡下单击"插入形状"组中的"合并形状"按钮，❷在展开的列表中单击"剪除"命令，如下左图所示。

步骤02 显示效果

　　此时得到用第 2 个选择的形状剪除第 1 个选择的形状后的图形，如下右图所示。

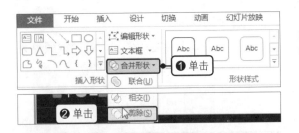

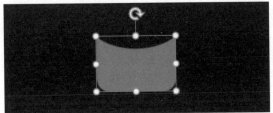

第241招 给形状添加文字

在形状中添加文本，可以使观众更好地理解图形的含义，具体操作如下。

步骤01 编辑文字

打开原始文件，❶右击要添加文字的形状，❷在弹出的快捷菜单中单击"编辑文字"命令，如下图所示。

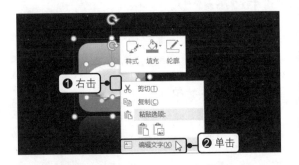

步骤02 输入文字

此时插入点定位至形状中，输入要添加的文字后单击形状外任意处取消形状选中状态，如下图所示。

第242招 让形状根据文字自动调整大小

在绘制的形状中输入文字后，若文字超出了形状的范围，可让形状根据文字的多少来自动调整大小。

步骤01 打开"设置形状格式"任务窗格

在打开的演示文稿中右击添加了文字的形状，在弹出的快捷菜单中单击"设置形状格式"命令，如下图所示。

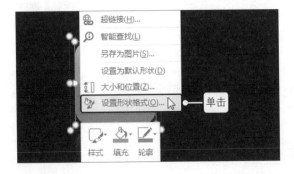

步骤02 设置形状的自动调整

打开"设置形状格式"任务窗格，在"文本选项"选项卡下单击"文本框"组中的"根据文字调整形状大小"单选按钮即可，如下图所示。

第243招　利用纯色填充形状

在 PowerPoint 中，插入到幻灯片中的形状会默认填充蓝色，用户可根据实际需求更改形状的填充色，具体操作如下。

步骤01　选中要更改填充色的形状

打开原始文件，在幻灯片中选中要更改填充色的形状，如下图所示。

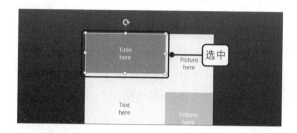

步骤02　更改填充色

❶在"绘图工具-格式"选项卡下单击"形状样式"组中"形状填充"右侧的下三角按钮，❷在展开的列表中单击合适的颜色，如下图所示。

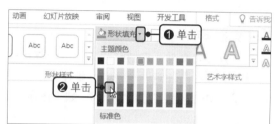

步骤03　显示效果

此时可看到该形状的填充色更改为了上一步骤中所选的颜色，如右图所示。

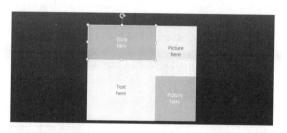

第244招　利用吸管工具填充形状颜色

若觉得某些颜色很漂亮，想要用来填充幻灯片中的形状，而又不知道该颜色的参数，且不能在"主题颜色"中找到时，可通过吸管工具来完成目标颜色的提取和填充。

步骤01　单击"取色器"选项

打开原始文件，在幻灯片中选中要填充颜色的形状，❶在"绘图工具-格式"选项卡下单击"形状样式"组中"形状填充"右侧的下三角按钮，❷在展开的列表中单击"取色器"选项，如下图所示。

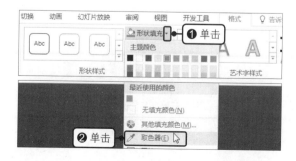

步骤02　选择要使用的颜色

此时鼠标指针变为🖊形状，将鼠标指针移至要取色的形状上，可看到该颜色的名称和 RGB 参数值，如下图所示。

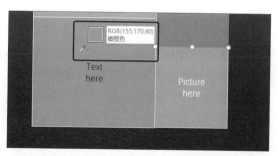

步骤03 查看效果

单击鼠标,可看到要填充颜色的形状的颜色更换为了鼠标单击处的颜色,如右图所示。

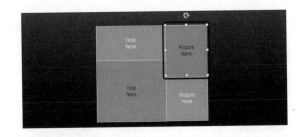

第245招 巧用形状制作九宫格图片

将一张大图分成几个小部分显示,可以使幻灯片更具有趣味性,具体方法如下。

步骤01 组合形状

打开原始文件,在幻灯片中选中全部矩形形状后,❶右击任意一个形状,❷在弹出的快捷菜单中单击"组合 > 组合"命令,如下图所示。

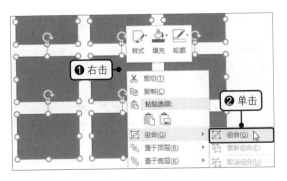

步骤02 填充形状

❶在"绘图工具 - 格式"选项卡下单击"形状样式"组中"形状填充"右侧的下三角按钮,❷在展开的列表中单击"图片"选项,如下图所示。

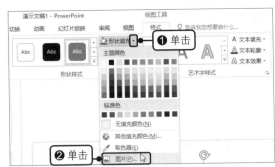

步骤03 打开"插入图片"面板

弹出"插入图片"面板,单击"来自文件"右侧的"浏览"按钮,如下图所示。

步骤04 插入图片

弹出"插入图片"对话框,❶在地址栏中选择要插入图片的保存位置,❷双击要插入的图片,如下图所示。

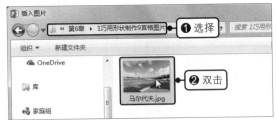

步骤05 显示最终效果

此时完整的图片被填充进九个矩形框内,如右图所示。

第246招　为形状应用渐变填充

用户可以为形状添加系统预设的或自定义的渐变填充，来增加形状的层次感和趣味感。

步骤01　选择目标形状

打开原始文件，在幻灯片中选中需要设置形状样式的形状，如下图所示。

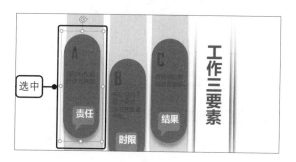

步骤02　打开"设置形状格式"任务窗格

在"绘图工具 - 格式"选项卡下单击"形状样式"组中的对话框启动器，如下图所示。

步骤03　设置填充方式

打开"设置形状格式"任务窗格，在"填充与线条"选项卡下单击"填充"选项组中的"渐变填充"单选按钮，如下图所示。

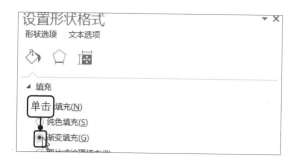

步骤04　删除多余光圈

默认情况下，渐变光圈有4个，可根据实际需要添加或删除。❶选中第2个光圈，❷单击"删除光圈"按钮，如下图所示。用同样的方法再删除一个光圈。

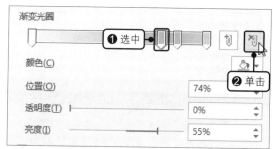

步骤05　设置光圈颜色

余下两个光圈的位置分别为"0%"和"100%"。❶选中第2个光圈，❷单击"颜色"右侧的下三角按钮，❸在展开的列表中选择合适的颜色，如下图所示。

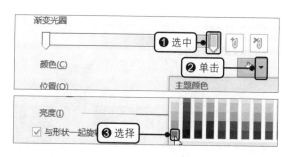

步骤06　选择渐变类型

❶单击"类型"右侧的下三角按钮，❷在展开的列表中选择"线性"类型，如下图所示。

步骤07 选择渐变方向

单击"方向"右侧的下三角按钮，在展开的列表中选择"线性向下"选项，如下图所示。

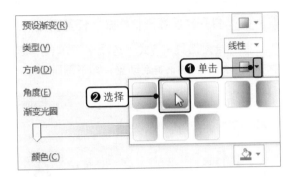

步骤08 选择其他形状

按住【Ctrl】键，在幻灯片中同时选中其他两个形状，如下图所示。

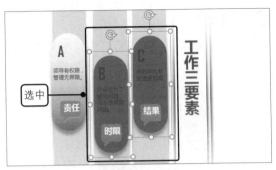

步骤09 再次选择填充方式

在"设置形状格式"任务窗格中再次单击"填充"选项组下的"渐变填充"单选按钮，如下图所示。

步骤10 显示最终效果

此时将自动应用上次设置的渐变样式。设置后的形状效果如下图所示。

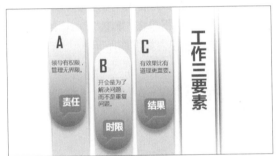

> **提示**
>
> 若要使用系统内置的渐变填充，则选中形状后在"绘图工具-格式"选项卡下单击"形状填充"右侧的下三角按钮，在展开的列表中指向"渐变"选项，再在展开的列表中选择合适的渐变填充选项。

第247招 应用纹理填充形状

纹理填充就是将作为纹理的图片平铺到形状中，系统内置了多种纹理图片，如水滴、大理石和木质材质等。

打开原始文件，在幻灯片中选中需要填充的形状或文本框，❶在"绘图工具 - 格式"选项卡下单击"形状样式"组中"形状填充"右侧的下三角按钮，❷在展开的列表中单击"纹理 > 栎木"选项，如右图所示。

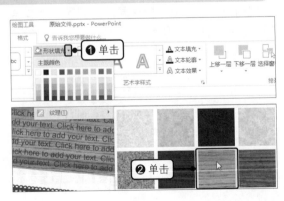

第248招　为形状轮廓更改颜色

为了让形状的轮廓更加分明，可以更改形状轮廓的颜色。

打开原始文件，在幻灯片中选中要设置的形状，❶在"绘图工具-格式"选项卡下单击"形状样式"组中"形状轮廓"右侧的下三角按钮，❷在展开的列表中选择轮廓颜色，如右图所示。

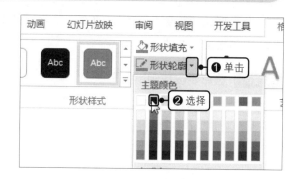

第249招　调整轮廓线形与粗细

若对当前形状轮廓的线形和粗细不满意，可对该形状轮廓的线形和粗细进行设置，具体操作如下。

步骤01 设置轮廓线形

打开原始文件，选中要设置的形状，❶在"绘图工具-格式"选项卡下单击"形状样式"组中"形状轮廓"右侧的下三角按钮，❷在展开的列表中单击"虚线 > 长画线"选项，如下图所示。

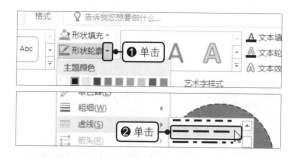

步骤02 设置轮廓粗细

❶再次单击"形状轮廓"右侧的下三角按钮，❷在展开的列表中单击"粗细 >3 磅"选项，如下图所示，此时可看到该形状的轮廓发生了变化。

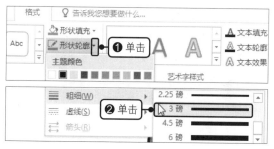

第250招　更改轮廓线为渐变线

形状的轮廓线一般都是实线，为了让形状更具特色，可以将轮廓线设置为渐变样式，具体操作如下。

打开原始文件，右击要设置的形状，在弹出的快捷菜单中单击"设置形状格式"命令，打开"设置形状格式"任务窗格，❶在"线条"选项组中单击"渐变线"单选按钮，❷删除中间两个渐变光圈，分别设置剩余两个渐变光圈的颜色，如右图所示。

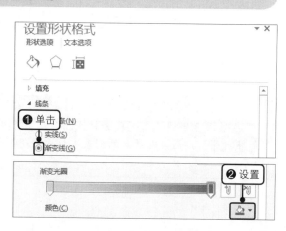

第251招 为形状添加阴影效果

设置形状的阴影效果可以使本来是平面的形状看起来更有立体感，下面介绍自定义设置形状阴影效果的方法。

步骤01 选择要设置阴影的形状

打开原始文件，在幻灯片中选择要设置阴影的形状，如下图所示。

步骤02 单击"阴影选项"选项

❶在"绘图工具 - 格式"选项卡下单击"形状样式"组中的"形状效果"按钮，❷在展开的列表中单击"阴影 > 阴影选项"选项，如下图所示。

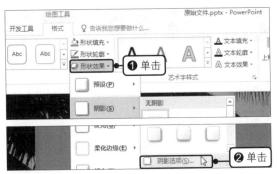

步骤03 设置阴影

在"阴影"选项组中设置"颜色"为"白色，背景 1，深色 50%"、"透明度"为"20%"、"大小"为"100%"、"模糊"为"8 磅"、"角度"为"45°"、"距离"为"20 磅"，如下图所示。

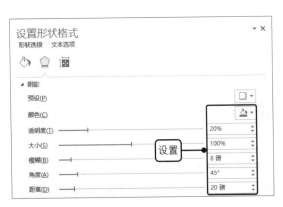

步骤04 显示效果

此时可看到为该形状设置阴影后的效果，如下图所示。

⏰ **提示**

若要使用系统内置的阴影样式，则在"绘图工具 - 格式"选项卡下单击"形状样式"组中的"形状效果"按钮，在展开的列表中指向"阴影"选项，再在展开的列表中单击合适的阴影效果即可。

第252招　为形状添加映像效果

为形状设置映像效果可以增加形状的感染力，用户可以使用系统内置的映像效果，也可以自定义映像效果。

打开原始文件，在幻灯片中选中要设置映像效果的形状，❶在"绘图工具 - 格式"选项卡下单击"形状样式"组中的"形状效果"按钮，❷在展开的列表中单击"映像＞全映像，4 pt 偏移量"效果，如右图所示。

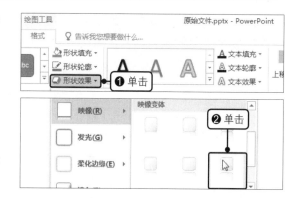

第253招　为形状添加发光效果

为形状添加发光效果可以使形状边缘产生模糊发光的效果。在设置形状的发光效果时，要充分考虑形状本身的颜色和幻灯片的背景颜色之间的搭配关系。

打开原始文件，在幻灯片中选中要设置发光效果的形状，❶在"绘图工具 - 格式"选项卡下单击"形状样式"组中的"形状效果"按钮，❷在展开的列表中单击"发光＞蓝色，8 pt 发光，个性色 5"效果，如右图所示。

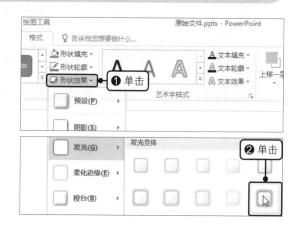

第254招　将形状融入背景中

为形状添加柔化边缘效果可使其更好地融入背景中。用户既可应用系统内置的柔化边缘效果，也可自定义添加效果，具体操作如下。

打开原始文件，在幻灯片中选中要设置柔化边缘效果的形状，❶在"绘图工具 - 格式"选项卡下单击"形状样式"组中的"形状效果"按钮，❷在展开的列表中单击"柔化边缘＞10 磅"选项，如右图所示。

> ⏰ **提示**
>
> 若选中的形状是一个组合形状，则无法对其使用"柔化边缘"功能。

第255招 使形状更具立体效果

　　为形状添加棱台效果，是指对形状的边缘进行厚度方向的设置，它可以有效地让平面图形具有立体感。主要操作如下。

　　打开原始文件，在幻灯片中选中要设置棱台效果的形状，❶在"绘图工具 - 格式"选项卡下单击"形状样式"组中的"形状效果"按钮，❷在展开的列表中单击"棱台 > 圆"选项，如右图所示。

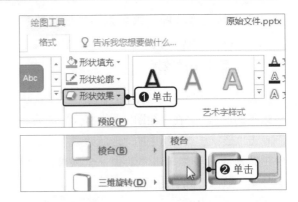

⏰ 提示

　　若要自定义棱台效果，可在展开的列表中单击"三维选项"选项后进行设置。

第256招 为形状添加三维效果

　　为了让形状更具有空间感，可以为其添加三维效果，具体操作如下。

　　打开原始文件，在幻灯片中选中要设置三维效果的形状，❶在"绘图工具 - 格式"选项卡下单击"形状样式"组中的"形状效果"按钮，❷在展开的列表中单击"三维旋转 > 等轴右上"效果，如右图所示。

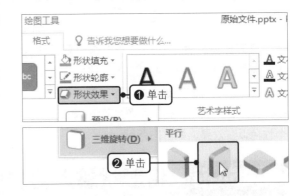

⏰ 提示

　　若要自定义三维旋转效果，可在展开的列表中单击"三维选项"选项后进行设置。

第257招 形状的复制和移动

　　想要在幻灯片中添加多个相同形状，可以复制形状，然后有序排列形状，下面介绍复制和移动形状的具体方法。

步骤01 复制形状

　　打开原始文件，❶右击形状，❷在弹出的快捷菜单中单击"复制"命令，如下左图所示。

步骤02 粘贴形状

　　❶右击任意处，❷在弹出的快捷菜单中单击"粘贴选项"组中的"使用目标主题"命令，如下右图所示。

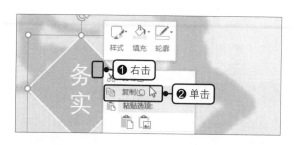

步骤03　移动形状

此时粘贴的形状呈选中状态，将鼠标指针移至粘贴的形状上，鼠标指针呈形，按住鼠标左键拖动形状至合适的位置，如右图所示。完成拖动后释放鼠标左键即可。

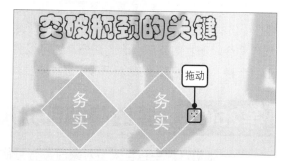

> ⏰ **提示**
>
> 利用【Ctrl】键可快速移动并复制形状，方法是选中需要复制的形状，按住鼠标左键不放的同时按住【Ctrl】键，然后移动鼠标将形状拖动到合适的位置再释放鼠标左键和【Ctrl】键。若要水平或垂直方向复制形状，则按住【Ctrl+Shift】组合键，然后再按住鼠标左键不放拖动形状。

第258招　精确调整形状位置

用户可以通过拖动鼠标改变形状位置，但不容易准确定位，若需要对形状精确定位，可以直接设置水平位置和垂直位置的坐标，具体操作如下。

步骤01　打开"设置形状格式"任务窗格

打开原始文件，在幻灯片中选中要调整的形状，在"绘图工具 - 格式"选项卡下单击"大小"组中的对话框启动器，如下图所示。

步骤02　设置形状位置

打开"设置形状格式"任务窗格，在"大小与属性"选项卡下设置"位置"选项组中的"水平位置"与"垂直位置"分别为"11.2 厘米"和"5.5 厘米"，如下图所示。

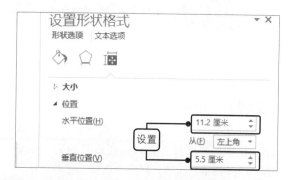

> ⏰ **提示**
>
> 若要对形状位置进行微调，可以选中形状，然后利用键盘上的方向键移动形状。

第259招 调整形状层次

在幻灯片中插入的形状，系统会根据添加的先后顺序由后到前依次排列，用户可根据实际需求更改形状层次。

打开原始文件，❶右击要调整层次的形状，❷在弹出的快捷菜单中单击"置于底层 > 置于底层"命令，如右图所示。除此之外，还可以将形状上移一层，也可以将形状下移一层或多层。

第260招 暂时隐藏部分形状

当一张幻灯片中包含太多对象时，有可能干扰对象的准确选择或设置，为了让页面更加整洁，可以暂时隐藏不需要设置的形状，具体操作如下。

步骤01 打开"选择"任务窗格

打开原始文件，❶在"开始"选项卡下单击"编辑"组中的"选择"按钮，❷在展开的列表中单击"选择窗格"选项，如下图所示。

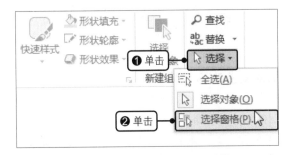

步骤02 隐藏形状

打开"选择"任务窗格，在该窗格中显示了当前幻灯片中的所有对象，单击需要隐藏的对象右侧的眼睛状图标，单击后图标变为短横线，表示不可见，如下图所示。

第261招 自定义对象名称

给对象设置一个直观的名称，可以方便用户在对象很多的幻灯片中准确选取需要的对象，具体操作如下。

步骤01 选中形状

打开原始文件，在"开始"选项卡下单击"编辑"组中的"选择"按钮，在展开的列表中单击"选择窗格"选项，打开"选择"任务窗格，选中要设置的对象，如右图所示。

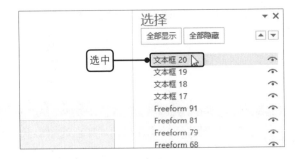

步骤02 修改对象名称

再次单击选中对象以激活名称文本框，输入适当的名称即可，如右图所示。

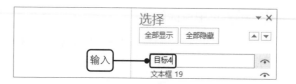

第262招　以固定角度旋转形状

若发现绘制的形状的方位不符合幻灯片的实际情况，可以将形状旋转一定角度，具体操作如下。

步骤01 插入形状

打开原始文件，在幻灯片中插入一个六边形，如下图所示。

步骤02 旋转形状

❶在"绘图工具 - 格式"选项卡下单击"排列"组中的"旋转"按钮，❷在展开的列表中单击"向右旋转 90 度"选项，如下图所示。

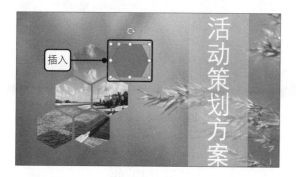

步骤03 复制并粘贴形状

选择插入的形状，复制并粘贴多个形状并调整形状位置，最后同时选中所有新添加的形状，如下图所示。

步骤04 填充形状

组合新添加的形状，然后填充图片，最后效果如下图所示。

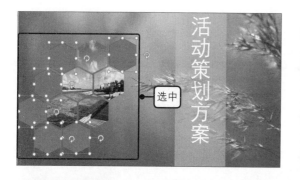

第263招　以任意角度旋转形状

若要对幻灯片中的形状进行任意角度的旋转，可以利用形状的旋转控制柄，方便快捷地旋转形状。

步骤01 选中目标对象

打开原始文件,选中对象,将鼠标指针移至旋转按钮,此时鼠标指针呈⟳状,如下图所示。

步骤02 旋转对象

按住鼠标左键移动鼠标即可旋转对象,此时鼠标指针呈⟳状,如下图所示。旋转到合适位置后释放鼠标左键即可。

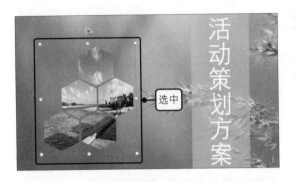

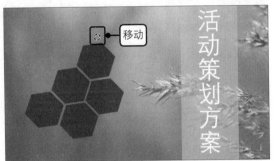

⏰ **提示**

利用旋转控制柄旋转形状,在移动鼠标时,鼠标指针离所选形状越远,旋转的增量就越小。

第264招 快速创建循环图

循环图是 SmartArt 图形的一种,SmartArt 图形是一种非常标准、专业的图示,利用 SmartArt 图形制作示意图,可以更准确地表达幻灯片的内容。

步骤01 插入SmartArt图形

打开一个空白演示文稿,在"插入"选项卡下单击"插图"组中的"SmartArt"按钮,如下图所示。

步骤02 选择SmartArt图形

弹出"选择 SmartArt 图形"对话框,❶在左侧列表框中选择"循环"类型,❷在右侧的列表框中单击"文本循环"选项,如下图所示,最后单击"确定"按钮即可。

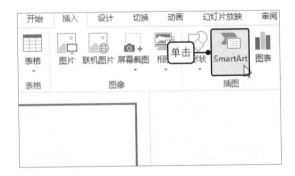

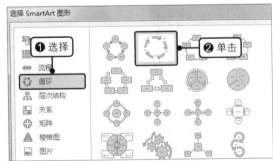

第265招 利用占位符图标插入SmartArt图形

除了利用功能区命令插入 SmartArt 图形,还可使用幻灯片中的占位符图标插入 SmartArt 图形。

当幻灯片版式中包含 SmartArt 图标时，直接单击该图标，如右图所示，就会弹出"选择 SmartArt 图形"对话框，然后选择合适的 SmartArt 图形即可。

第266招　为SmartArt图形添加形状

在幻灯片中添加的 SmartArt 图形都有默认的形状数量，当默认形状数量不足时，可添加形状。

打开原始文件，❶右击 SmartArt 图形，❷在弹出的快捷菜单中单击"添加形状 > 在后面添加形状"命令，如右图所示。根据绘制的 SmartArt 图形的类型，也可以在形状的上方或下方添加形状。

第267招　为图形添加文本内容

在插入的 SmartArt 图形中可以添加合适的文字，使形状更具有意义。

打开原始文件，可看到 SmartArt 图形中含有文字占位符，单击图中的"[文本]"，激活文本框，如右图所示，然后输入合适的文本即可。按照相同的方法为其他文本框添加文字。

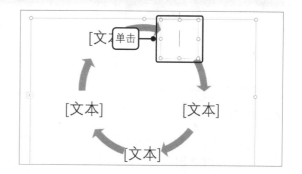

> ⏰ **提示**
>
> 还可以通过右键快捷菜单中的"编辑文字"命令来添加文本。

第268招　为新增的形状添加文本

若要为新增的形状添加文本，可使用"文本窗格"，具体操作如下。

打开原始文件，选中 SmartArt 图形，单击左侧的"文本窗格"按钮，在左侧展开的文本窗格中空白的文本框中输入合适的文本即可，如右图所示。

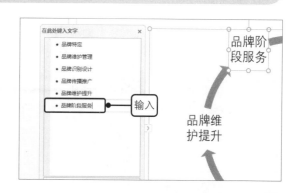

第269招 删除多余的形状

SmartArt 图形中的形状可以按需增加或减少，对于多余的形状可以选择性删除，具体操作如下。

步骤01 选中形状

打开原始文件，在幻灯片中选中要删除的形状，如下图所示。

步骤02 删除形状

按下【BackSpace】键，即可删除形状，并且此时自动选中被删除形状的前一个形状，如下图所示。

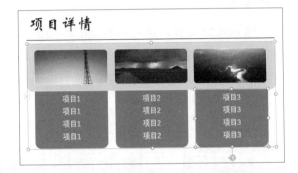

> ⏰ **提示**
>
> 还可在选中形状后，按下【Delete】键删除形状。也可以右击形状，在弹出的快捷菜单中单击"剪切"命令删除形状。

第270招 美化SmartArt图形中的形状

SmartArt 图形中的形状同样可以单独美化，即可以对其进行填充、轮廓、效果等的设置。用户可以直接套用预设的形状样式，快速美化形状。

步骤01 展开形状样式库

打开原始文件，在幻灯片中选中 SmartArt 图形中要设置样式的形状，在"SmartArt 工具 - 格式"选项卡下单击"形状样式"组中的快翻按钮，如下图所示。

步骤02 选择合适的样式

在展开的列表中选择合适的样式即可，如下图所示。

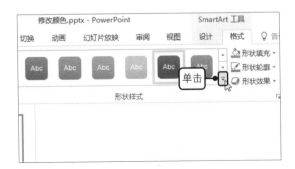

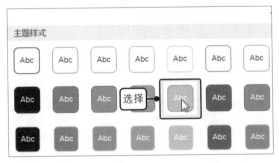

第271招　更改SmartArt图形中的单个形状

如果对插入的 SmartArt 图形中的形状不满意，可将其更改为其他形状，具体操作如下。

打开原始文件，在幻灯片中选中 SmartArt 图形中要更改的形状，❶在 "SmartArt 工具 - 格式"选项卡下单击"形状"组中的"更改形状"按钮，❷在展开的列表中选择需要的形状即可，如右图所示。

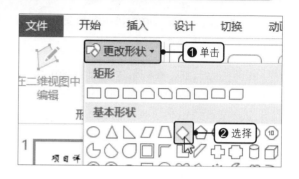

第272招　更改SmartArt图形版式

若幻灯片中添加的 SmartArt 图形版式不符合实际需求，可以将其更改为其他类型的版式，具体操作如下。

步骤01　选中SmartArt图形

打开原始文件，在幻灯片中选中 SmartArt 图形，如下图所示。

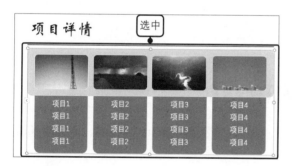

步骤02　展开更多版式

在"SmartArt 工具 - 设计"选项卡下单击"版式"组中的快翻按钮，如下图所示。

步骤03　选择版式

在展开的版式库中显示了与当前 SmartArt 图形类型相同的其他版式，选择合适的版式，如下图所示。

步骤04　显示效果

此时，幻灯片中选中的 SmartArt 图形应用了上一步骤中所选的版式，效果如下图所示。

> ⏰ **提示**
>
> 如需将 SmartArt 图形的版式更改为其他类型，在展开的版式库中单击"其他布局"选项，将弹出"选择 SmartArt 图形"对话框，在对话框中进行选择即可。

第273招 让SmartArt图形色彩缤纷

若想要让制作的 SmartArt 图形更加绚丽多彩，可通过更改主题颜色实现。

打开原始文件，在幻灯片中选中 SmartArt 图形，❶在 "SmartArt 工具 - 设计"选项卡下单击"样式"组中的"更改颜色"按钮，❷在展开的列表中选择需要的颜色样式即可，如右图所示。

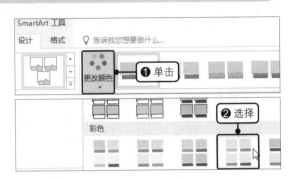

第274招 对SmartArt图形中的图片重新着色

更改 SmartArt 图形中的形状颜色后，为了使图片与形状更加协调，可以一键完成对所有图片的重新着色。

在打开的演示文稿中选中 SmartArt 图形，❶在 "SmartArt 工具 - 设计"选项卡下单击"样式"组中的"更改颜色"按钮，❷在展开的列表中单击"重新着色 SmartArt 图中的图片"选项即可，如右图所示。

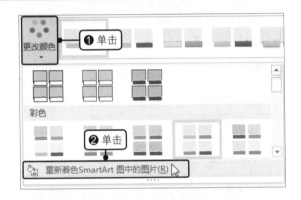

第275招 更改SmartArt图形样式

如果用户不具备一定的设计功底，又想要制作精美、专业的 SmartArt 图形，可以套用预设的 SmartArt 图形样式，快速美化图形。

步骤01 展开SmartArt样式库

打开原始文件，在幻灯片中选中 SmartArt 图形，在 "SmartArt 工具 - 设计"选项卡下单击 "SmartArt 样式"组中的快翻按钮，如下图所示。

步骤02 选择SmartArt样式

在展开的 SmartArt 样式库中选择合适的图形样式即可，如下图所示。

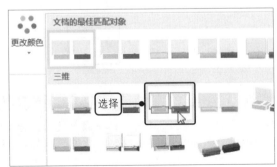

第276招　调整SmartArt图形布局

在 SmartArt 图形中，组织结构图布局是比较特殊的一类，只有这一类的 SmartArt 图形能够直接利用功能区中的"布局"按钮来更改所选形状的分支布局。

打开原始文件，选中需要更改布局的形状，❶在"SmartArt 工具 - 设计"选项卡下单击"创建图形"组中的"布局"按钮，❷在展开的列表中单击"两者"选项，如右图所示。

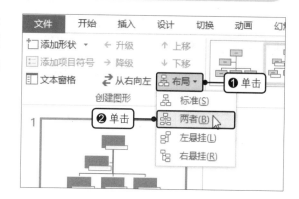

第277招　调整结构图的级别

当 SmartArt 图形中的层次结构类型图的排列顺序有误时，可直接将形状升级或降级来轻松改变图形结构。

打开原始文件，在幻灯片中选中 SmartArt 图形中的"生产部"形状，在"SmartArt 工具 - 设计"选项卡下单击"创建图形"组中的"升级"按钮即可，如右图所示。

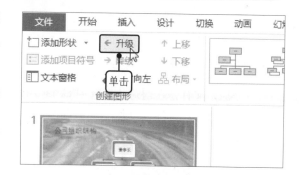

⏰ **提示**

还可以打开文本窗格，右击需要调节层级关系的形状，在弹出的快捷菜单中单击"升级"或"降级"命令来调整层级关系。

第278招　上移/下移形状更改形状排列

组织结构图中同一级别的形状有前后顺序的差别，要想更改同一级别中形状的先后顺序，可通过"上移"或"下移"命令来实现。

打开原始文件，在幻灯片中选中 SmartArt 图形中的"生产部"形状，在"SmartArt 工具 - 设计"选项卡下单击"创建图形"组中的"上移"按钮即可，如右图所示。

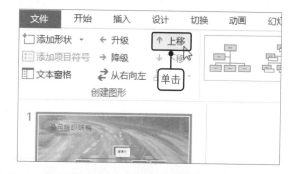

⏰ **提示**

还可以打开文本窗格，右击需要更改排列顺序的形状，在弹出的快捷菜单中单击"上移"或"下移"命令来更改形状排列顺序。

第279招 更改形状的结构顺序

要想让创建的 SmartArt 图形的结构顺序左右交换，可通过"从右向左"命令实现。

打开原始文件，在幻灯片中选中 SmartArt 图形，在"SmartArt 工具 - 设计"选项卡下单击"创建图形"组中的"从右向左"按钮即可，如右图所示。

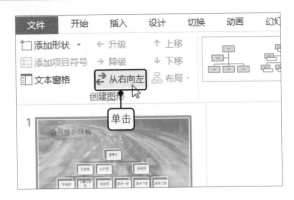

第280招 在形状中添加项目符号

若 SmartArt 图形中的文本需要添加项目符号，可以直接使用功能区命令进行添加，但个别布局不支持带项目符号的文本。

打开原始文件，在幻灯片中选中 SmartArt 图形中需要添加项目符号的形状，在"SmartArt 工具 - 设计"选项卡下单击"创建图形"组中的"添加项目符号"按钮，如右图所示。完成上述操作后，在项目符号后输入文本即可。

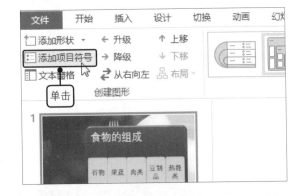

> 🕐 **提示**
>
> 也可以打开文本窗格，将插入点定位至需要添加项目符号的文本末端，按下【Enter】键增加同级项目后，右击文本，在弹出的快捷菜单中单击"降级"命令。

第281招 合理改变形状大小突出重点

SmartArt 图形中形状大小的改变不仅可以突出表现重点内容，还会影响幻灯片的美观度，用户可以通过"增大"或"减小"命令改变形状大小。

步骤01 选中目标形状

打开原始文件，在幻灯片中选中 SmartArt 图形中要更改大小的形状，如右图所示。

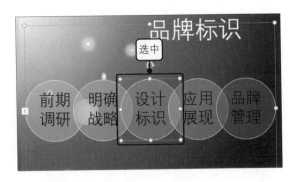

步骤02 增大形状

在"SmartArt 工具 - 格式"选项卡下单击"形状"组中的"增大"按钮，如下图所示，多次单击直到增大至合适大小。

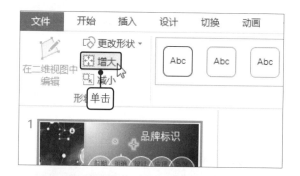

步骤03 显示最终效果

此时选中的形状增大了，再调整形状中的文本字体大小，突出显示，达到强调目的，如下图所示。

第282招 重设SmartArt图形

若调整后的 SmartArt 图形样式及颜色等没达到预期效果，想要恢复到默认的样式，可通过重设图形来实现。

在打开的演示文稿中选中 SmartArt 图形，在"SmartArt 工具 - 设计"选项卡下单击"重置"组中的"重设图形"按钮即可，如右图所示。

第283招 将SmartArt图形转换为文本

调整好 SmartArt 图形且添加了文本后，若又想要以纯文本的形式显示，可以使用 SmartArt 图形"转换为文本"的功能，快速实现形状与文本之间的转换。

打开原始文件，在幻灯片中选中 SmartArt 图形，❶在"SmartArt 工具 - 设计"选项卡下单击"重置"组中的"转换"按钮，❷在展开的列表中单击"转换为文本"选项即可，如右图所示。

第284招 将SmartArt图形转换为形状

若想使 SmartArt 图形中的任意形状都可以独立于其他形状进行编辑，如移动、调整大小或删除等，可以将 SmartArt 图形转换为形状，具体操作如下。

打开原始文件，在幻灯片中选中 SmartArt
图形，❶在"SmartArt 工具 - 设计"选项卡下单
击"重置"组中的"转换"按钮，❷在展开的列
表中单击"转换为形状"选项即可，如右图所示。

第285招 向形状添加复制的图片

若需要向 SmartArt 图形的形状中填充相同的图片，不需要为每个形状依次设置图片填充，
可以通过对图片进行复制和粘贴来快速填充图片。

步骤01 复制图片

打开原始文件，选中 SmartArt 图形中填充
的图片，❶右击该图片，❷在弹出的快捷菜单中
单击"复制"命令，或按下【Ctrl+C】组合键
复制图片，如下图所示。

步骤02 粘贴图片

❶选中需要填充相同图片的形状，右击该
形状，❷在弹出的快捷菜单中单击"粘贴选项"
中的"图片"命令，或按下【Ctrl+V】组合键，
如下图所示。

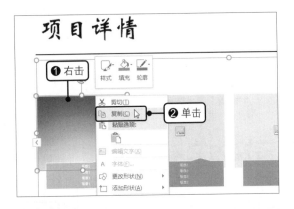

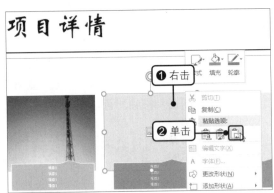

第286招 应用填充颜色隐藏图片占位符

需要使用带有图片版式的 SmartArt 图形
但并不需要插入图片时，可以通过纯色填充
将图片占位符覆盖。

打开原始文件，在幻灯片中选中 SmartArt
图形，❶右击图片占位符形状，❷在弹出的快捷
菜单中单击"填充"右侧的下三角按钮，❸在展
开的列表中选择合适的颜色即可，如右图所示。

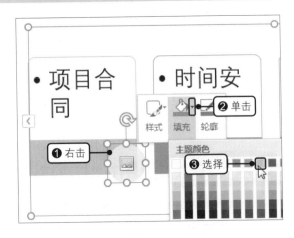

第287招 将SmartArt图形另存为图片

若不希望设计好的 SmartArt 图形被其他人修改，可以将其另存为图片，然后在需要的时候插入幻灯片中展示即可，具体操作方法如下。

步骤01 打开"另存为图片"对话框

打开原始文件，❶右击 SmartArt 图形，❷在弹出的快捷菜单中单击"另存为图片"命令，如下图所示。

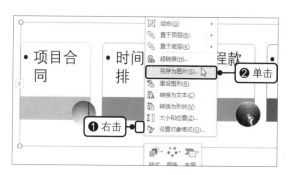

步骤02 另存图片

弹出"另存为图片"对话框，❶在地址栏中选择图片保存的路径，❷输入文件名，如下图所示，单击"保存"按钮即可。

读书笔记

第7章　表格的制作

在幻灯片中创建表格是为了更系统地展示数据信息，多用于年终总结和销售报告等。要创建专业的表格幻灯片，需要了解并掌握创建、编辑和美化表格的操作，包括插入、移动和编辑表格数据，美化表格样式和背景效果等内容。本章将详细介绍上述知识，帮助用户快速上手，制作出专业且美观的表格幻灯片。

第288招　快速插入表格

若需要插入的表格行数不多于 8 行、列数不多于 10 列，可通过快速插入表格功能来创建表格，具体操作如下。

打开原始文件，❶在"插入"选项卡下单击"表格"组中的"表格"按钮，❷在展开的列表中选择需要插入的单元格数，如选择"2×4 表格"，如右图所示。

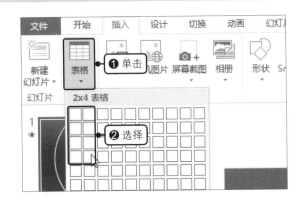

第289招　插入更多行列的表格

使用"插入表格"对话框插入表格，能保证插入的表格行与行、列与列之间有均匀的间隔，但插入的行、列数不能超过 75。

步骤01 打开"插入表格"对话框

打开原始文件，❶在"插入"选项卡下单击"表格"组中的"表格"按钮，❷在展开的列表中单击"插入表格"选项，如下图所示。

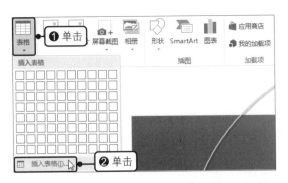

步骤02 创建表格

弹出"插入表格"对话框，❶在"列数""行数"数值框中分别输入合适的数字，❷单击"确定"按钮，如下图所示。

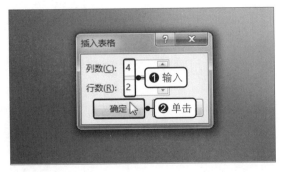

第290招　利用占位符插入表格

当幻灯片版式中带有插入表格的图标时，可以直接使用占位符中的表格图标创建表格，具体操作如下。

打开原始文件，单击幻灯片中的"插入表格"占位符图标，如右图所示。在弹出的"插入表格"对话框中输入表格的行数和列数后，单击"确定"按钮即可。

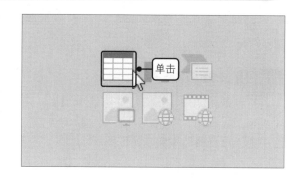

第291招　手动绘制表格

若要创建不规则表格，可以使用手动绘制的方法，按照实际需求绘制任意行高或列宽的表格，具体操作如下。

步骤01　单击"绘制表格"选项

打开原始文件，❶在"插入"选项卡下单击"表格"组中的"表格"按钮，❷在展开的列表中单击"绘制表格"选项，如下图所示。

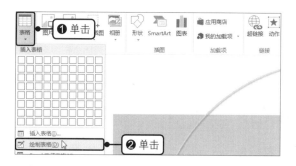

步骤02　绘制表格

此时鼠标指针呈 ⌀ 形状，按住鼠标左键在幻灯片中适当的位置拖动绘制，如下图所示，至合适的大小时释放鼠标左键即可。

步骤03　单击"绘制表格"按钮

如需再次绘制，则在"表格工具 - 设计"选项卡下单击"绘制边框"组中的"绘制表格"按钮，如下图所示。

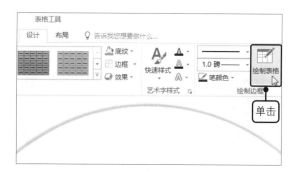

步骤04　显示最终效果

按相同方法操作，绘制多个单元格，最终效果如下图所示。

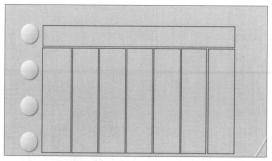

第292招 巧用橡皮擦修改表格

如对创建好的表格的行数或列数不满意，可以使用橡皮擦工具删除表格中不需要的行线或列线。

步骤01 单击"橡皮擦"按钮

打开原始文件，在幻灯片中选中表格，在"表格工具-设计"选项卡下单击"绘制边框"组中的"橡皮擦"按钮，如下图所示。

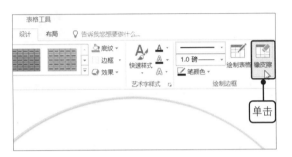

步骤02 擦除表格行线

此时，鼠标指针呈 ⌀ 形状，将鼠标指针移动到需要删除的行线上，然后单击鼠标即可删除该行线，如下图所示。

步骤03 显示删除部分行线后的效果

使用同样的方法，删除表格中其他不需要的行线，可发现删除行线后，相邻的行自动合并为一个单元格，如右图所示。

第293招 插入Excel电子表格

还可以在幻灯片中插入 Excel 电子表格，该表格是一个嵌入式的 Excel 工作簿，它具有 Excel 电子表格的部分功能，可以完成一些基本的数据处理工作。

步骤01 插入Excel电子表格

打开原始文件，在"插入"选项卡下单击"表格"组中的"表格"按钮，在展开的列表中单击"Excel 电子表格"选项，如下图所示。

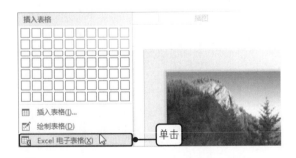

步骤02 显示插入的Excel表格

此时在幻灯片中插入了 Excel 表格，如下图所示。单击表格外任意处，即可退出表格编辑状态。

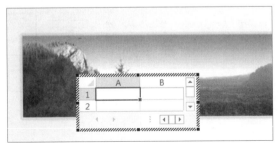

第294招 灵活调用外部Excel文件

若需要在幻灯片中插入创建好的 Excel 表格，可以直接将 Excel 文件插入到幻灯片中，从而避免再次制作表格的麻烦。

步骤01 打开"插入对象"对话框

打开原始文件，在"插入"选项卡下单击"文本"组中的"对象"按钮，如下图所示。

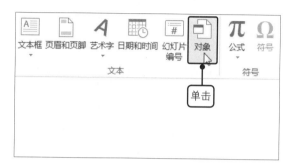

步骤02 打开"浏览"对话框

弹出"插入对象"对话框，❶单击"由文件创建"单选按钮，❷单击"浏览"按钮，如下图所示。

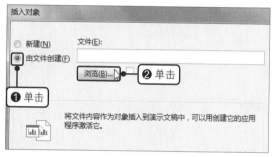

步骤03 选择Excel文件

弹出"浏览"对话框，❶在地址栏中选择 Excel 文件保存的地址，❷选择需要插入的 Excel 文件，如下图所示。最后单击"打开"按钮。

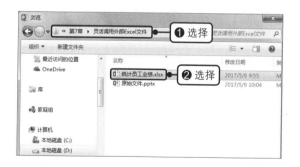

步骤04 插入Excel文件

返回"插入对象"对话框，此时在"文件"文本框中显示了待插入的 Excel 文件的路径，单击"确定"按钮即可，如下图所示。

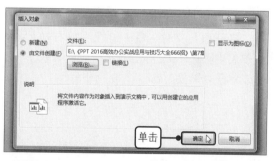

⏰ 提示

如果觉得导入整个 Excel 表格比较麻烦，可以仅将有数据的表格部分插入到幻灯片中，方法是打开一个 Excel 工作表，拖动鼠标框选需要的数据部分，然后按【Ctrl+C】组合键复制数据，再打开目标幻灯片，按【Ctrl+V】组合键粘贴数据。

第295招 以图标显示Excel表格

有时由于幻灯片的结构安排，并不希望表格数据占据太多空间，而是在必要时才显示，这时可以将插入的 Excel 电子表格以图标的形式显示，当需要显示具体数据时，双击 Excel 图标即可。

步骤01 设置显示为图标

打开原始文件，在"插入"选项卡下单击"文本"组中的"对象"按钮，弹出"插入对象"对话框，设置好 Excel 文件路径后，❶勾选"显示为图标"复选框，❷单击"确定"按钮，如下图所示。

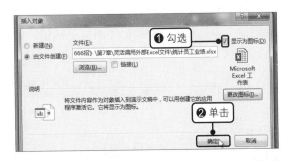

步骤02 调整图标大小

此时在幻灯片中插入了 Excel 电子表格图标，拖动图标周围的控点可改变图标大小，如下图所示。

> **提示**
>
> 在"插入对象"对话框中勾选"链接"复选框，若源表格中的数据发生变化，则插入幻灯片中的 Excel 表格中的数据也随之改变。

第296招 更改Excel电子表格图标

为了让插入的 Excel 图标含义更加清晰明了，可以根据表格内容更改图标和图标标题。

步骤01 打开"转换"对话框

打开原始文件，❶在幻灯片中右击 Excel 电子表格图标，❷在弹出的快捷菜单中单击"工作表对象 > 转换"命令，如下图所示。

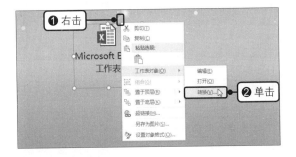

步骤02 打开"更改图标"对话框

弹出"转换"对话框，单击"更改图标"按钮，如下图所示。

步骤03 更改图标和标题

弹出"更改图标"对话框，❶在"图标"列表框中选择合适的图标，❷在"标题"文本框中输入图标的含义，如输入"员工业绩详情"，如右图所示。连续单击"确定"按钮，即可完成图标和标题的更改。

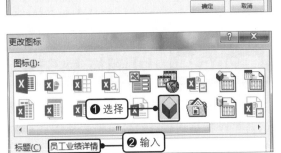

第297招　在表格中添加文本

创建表格后还需要输入文本，才能让表格发挥应有的作用。为表格添加文本的具体操作如下。

步骤01　输入文本

打开原始文件，单击表格中的第 3 行，将插入点定位至单元格中，然后输入合适的文本，如输入"价格定位"，如下图所示。

步骤02　显示最终效果

配合使用键盘上的方向键，将插入点定位到下一行的单元格中继续输入文本。完成表格文本的输入后，单击表格外任意处，取消表格的选中状态，如下图所示。

第298招　合理调整表格大小

直接插入的表格若大小不符合要求，可根据需要适当调整。需要注意的是，设置表格的尺寸大小时，表格中的单元格大小也会随之改变。

步骤01　调整表格宽度

打开原始文件，在幻灯片中选中表格，将鼠标指针移至表格左侧中间的控点上，待鼠标指针呈形状时，按住鼠标左键不放向右拖动，如下图所示，拖动至合适位置释放鼠标左键。拖动表格右侧控点也可改变表格大小。

步骤02　调整表格高度

将鼠标指针移至表格下方中间的控点上，待鼠标指针呈形状时，按住鼠标左键不放向下拖动，如下图所示，拖动至合适位置释放鼠标左键即可。

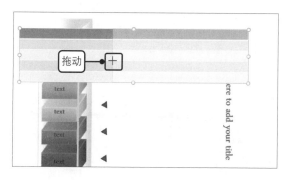

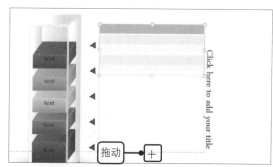

第299招　轻松移动表格位置

在幻灯片中插入的表格，若默认位置不符合要求，可以将其移动到合适的位置。

打开原始文件，在幻灯片中选中表格，将鼠标指针移至表格外边框，此时鼠标指针呈斜状，按住鼠标左键拖动鼠标，如右图所示，拖动至合适位置，释放鼠标左键即可。

第300招　准确选择表格的行、列及单元格

要对表格中整行、整列或某些单元格进行编辑时，先要准确地选择所要操作的对象，具体操作如下。

步骤01 选择表格中的行

打开原始文件，将鼠标指针移至需要选择的行开头的单元格前（或行结束的单元格后），待鼠标指针呈 → （或 ←）形状时，单击即可选中整行，如下图所示。

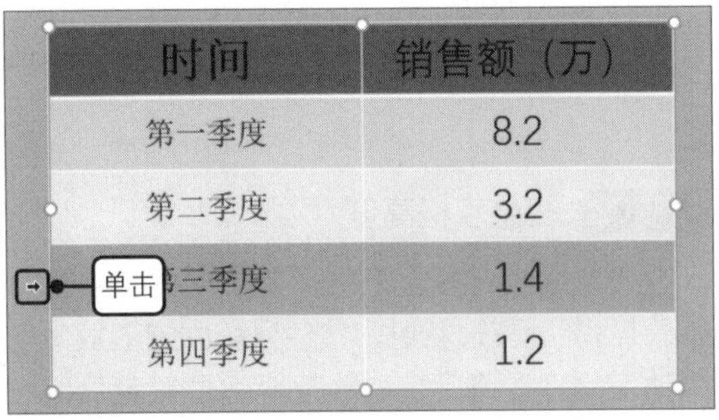

步骤02 选择表格中的列

将鼠标指针移至需要选择的列开头的单元格上方（或列结束的单元格下方），待鼠标指针呈 ↓（或 ↑）形状时，单击即可选中整列，如下图所示。

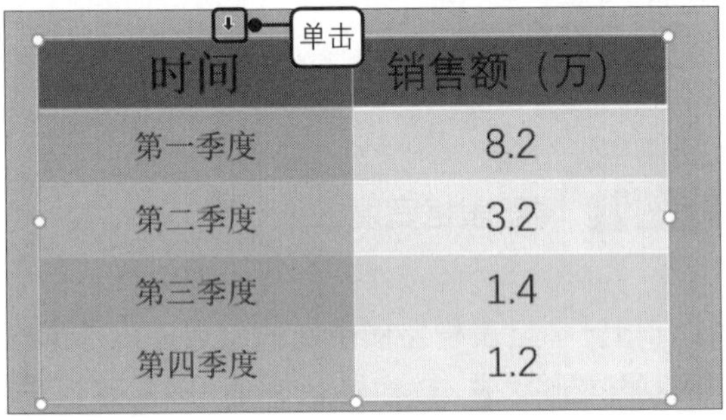

步骤03 选择连续单元格

将鼠标指针移至目标连续单元格区域左上角的单元格后，按住鼠标左键不放向右下角拖动至单元格区域最后一个单元格，释放鼠标左键即可，如下图所示。

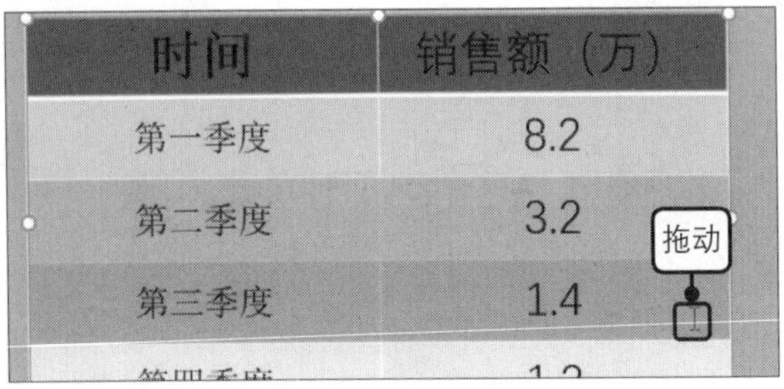

步骤04 选择单个单元格

将鼠标指针移至目标单元格左侧的边框线上，待鼠标指针呈 ↗ 形状时，单击鼠标即可选中该单元格，如下图所示。

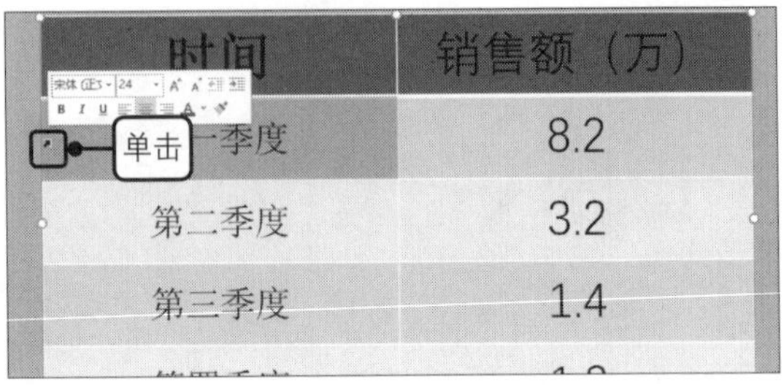

第301招　利用功能区命令选择行、列

若要对处于表格中间位置的单元格所在的行或列进行编辑，为了操作方便，可以利用功能区中的命令来选择行或列。

打开原始文件，将插入点定位到要选择列中的任意单元格，❶在"表格工具 - 布局"选项卡下单击"表"组中的"选择"按钮，❷在展开的列表中单击"选择列"选项，如右图所示，即可选中插入点所在单元格所属的整列。

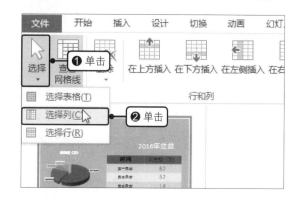

第302招　快速选中全部单元格

若要快速选中全部单元格，可以通过"选择表格"命令来实现，具体操作如下。

打开原始文件，将插入点定位到任意单元格中，❶在"表格工具 - 布局"选项卡下单击"表"组中的"选择"按钮，❷在展开的列表中单击"选择表格"选项，如右图所示，即可选中整个表格。

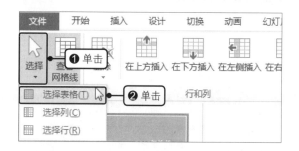

第303招　删除行或列

为了更加简洁明了地展示数据，可通过功能区中的命令来删除表格中多余的行或列。

打开原始文件，将插入点定位至要删除的行的任意单元格中，❶在"表格工具 - 布局"选项卡下单击"行和列"组中的"删除"按钮，❷在展开的列表中单击"删除行"选项即可，如右图所示。

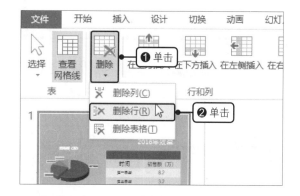

> ⏰ **提示**
>
> 若要删除插入点所在的列，在展开的列表中单击"删除列"选项即可。

第304招　添加行或列

若在编辑表格过程中发现需要更多的行或列，可以通过功能区中的命令来添加。

打开原始文件，将插入点定位至表格最右边的单元格中，在"表格工具 - 布局"选项卡下单击"行和列"组中的"在右侧插入"按钮即可，如右图所示。

> ⏰ **提示**
>
> 还可根据实际需求在功能区中单击"在上方插入""在下方插入""在左侧插入"按钮。

第305招 快速合并多个单元格

合并单元格就是将相邻的两个或两个以上的单元格合并为一个单元格，多用于表格中标题的制作，具体操作如下。

步骤01 选择单元格

打开原始文件，在幻灯片中选择需要合并的单元格，如选择第 1 行的前 5 个相邻的单元格，如下图所示。

步骤02 合并单元格

在"表格工具 - 布局"选项卡下单击"合并"组中的"合并单元格"按钮即可，如下图所示。

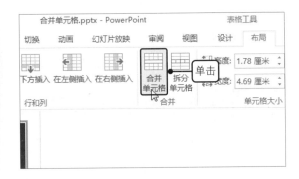

> ⏰ **提示**
>
> 也可通过右击选中的单元格区域，在弹出的快捷菜单中单击"合并单元格"命令来合并单元格。

第306招 将单元格拆分为多个

拆分单元格与合并单元格相反，是将选中的单元格拆分为多个单元格，具体操作如下。

步骤01 选择单元格

打开原始文件，在幻灯片中选择需要拆分的单元格，如选择第 2 行第 1 列的单元格，如右图所示。

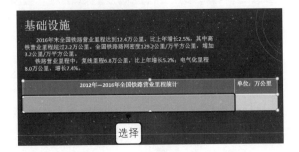

步骤02 打开"拆分单元格"对话框

在"表格工具 - 布局"选项卡下单击"合并"组中的"拆分单元格"按钮，如下图所示。

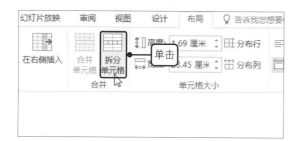

步骤03 拆分单元格

弹出"拆分单元格"对话框，❶在"行数"和"列数"数值框中分别输入需要的行列数，❷单击"确定"按钮即可，如下图所示。

提示

右击选中的单元格或单元格区域，在弹出的快捷菜单中单击"拆分单元格"命令，也可拆分单元格。

第307招 手动调整行高和列宽

表格中不同的单元格所输入的内容大部分不同，为了表格的美观，可根据单元格中内容的多少来调整表格的行高和列宽。

步骤01 调整行高

打开原始文件，在幻灯片中选中表格，将鼠标指针移至第3行第1列的单元格的下边线上，当鼠标指针变为÷形状时，按住鼠标左键不放，向上拖动鼠标调整该行的高度，如下图所示。

时间	销售额（万）
第一季度	8.2
第二季度	3.2
第三季度	1.4

步骤02 调整列宽

将鼠标指针移至第2行第1列的单元格的右边线上，当鼠标指针变成↔形状时，按住鼠标左键不放，向右移动鼠标调整该列的宽度，如下图所示。

时间	销售额（万）
第一季度	2
第二季度	3.2
第三季度	1.4
第四季度	1.2

第308招 精确调整行高或列宽

如需将行高或列宽设置为精确值，可以直接输入数值或利用微调按钮来调整。

打开原始文件，将插入点定位至第3行第2个单元格中，在"表格工具 - 布局"选项卡下的"单元格大小"组中输入"高度"和"宽度"的数值，如右图所示，按下【Enter】键即可。

第309招 均匀分布表格中的行和列

若想让单元格看起来更加整齐，可以使用 PowerPoint 中让表格行列均匀分布的命令进行设置。

步骤01 均匀分布行

打开原始文件，在幻灯片中选中表格，在"表格工具 - 布局"选项卡下单击"单元格大小"组中的"分布行"按钮，如下图所示。

步骤02 均匀分布列

再次单击"单元格大小"组中的"分布列"按钮，如下图所示，此时可看到选中的表格的行高和列宽呈均匀分布。

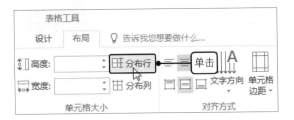

第310招 固定表格的宽高比例

设置好表格的样式后，如果需要在调整表格的大小时不改变表格的宽高比例，可以锁定表格纵横比。

在打开的演示文稿中选中表格，在"表格工具 - 布局"选项卡下勾选"表格尺寸"组中的"锁定纵横比"复选框即可，如右图所示。

提示

勾选"锁定纵横比"复选框后，在"表格尺寸"组中的"高度"或"宽度"右侧的数值框中输入尺寸，按下【Enter】键，表格的高宽会按照原始比例自动调整。若通过拖动表格控点改变表格尺寸，则锁定纵横比没有作用。

第311招 快速美化表格样式

为了使插入到幻灯片中的表格匹配幻灯片的主题，可应用系统预设的样式快速完成表格的美化，具体操作如下。

步骤01 展开更多表格样式

打开原始文件，在幻灯片中选中表格，在"表格工具 - 设计"选项卡下单击"表格样式"组中的快翻按钮，如右图所示。

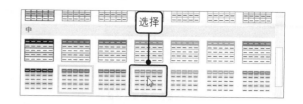

步骤02 选择表格样式

在展开的表格样式库中选择合适的样式，如右图所示，此时幻灯片中的表格就会套用所选的预设样式。

第312招 清除表格所有样式

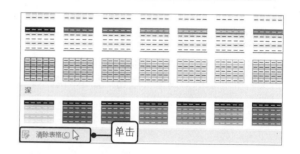

若所设置的表格样式不符合实际需求，可一键清除表格的所有样式，具体操作如下。

打开原始文件，在幻灯片中选中表格，在"表格工具-设计"选项卡下单击"表格样式"组中的快翻按钮，在展开的表格样式库中单击"清除表格"选项即可，如右图所示。

第313招 为单元格添加底纹填充效果

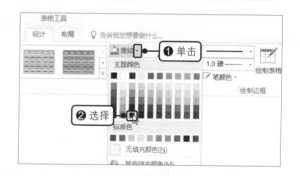

为单元格添加底纹填充效果能使单元格更加醒目，内容更加突出。

打开原始文件，在幻灯片中选中表格中要设置的单元格，❶在"表格工具-设计"选项卡下单击"表格样式"组中"底纹"右侧的下三角按钮，❷在展开的列表中选择合适的颜色，如右图所示。

⏰ 提示

设置单元格底纹时，除了可以添加单一的色彩外，还可以在"底纹"下拉列表中单击"图片""纹理""渐变"选项，将图片、纹理或渐变颜色作为单元格的底纹。

第314招 将图片设置为表格背景

将图片、纹理、渐变色、图案设置为表格背景，可以丰富表格的样式、增加层次感，下面以将图片设置为表格背景为例介绍具体操作。

步骤01 取消表格填充色

打开原始文件，选中表格，❶在"表格工具-设计"选项卡下单击"底纹"右侧的下三角按钮，❷在展开的列表中单击"无填充颜色"选项，如下左图所示。即可取消表格填充色。

步骤02 打开"插入图片"面板

❶再次单击"底纹"右侧的下三角按钮，❷在展开的列表中单击"表格背景>图片"选项，如下右图所示。

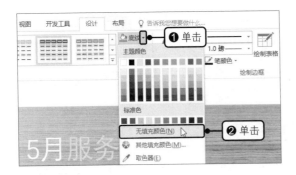

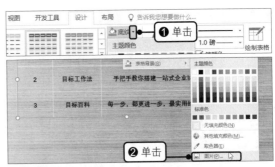

步骤03 单击"浏览"按钮

弹出"插入图片"面板，在其中单击"来自文件"右侧的"浏览"按钮，如下图所示。

步骤04 插入图片

弹出"插入图片"对话框，❶在地址栏中选择要插入的图片所在的位置，❷双击要插入的图片，如下图所示。

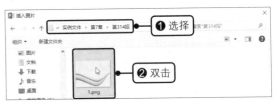

步骤05 查看最终效果

返回幻灯片中，此时可看到幻灯片中的表格背景应用了上一步骤中选择的图片，如右图所示。

第315招　更改表格边框线条样式

默认的表格边框线条为实线，用户可将边框线条设置为其他样式，具体操作如下。

步骤01 选择边框线条样式

打开原始文件，在幻灯片中选中表格，❶在"表格工具 - 设计"选项卡下单击"绘制边框"组中"笔样式"右侧的下三角按钮，❷在展开的列表中选择需要的边框线条样式，如下图所示。

步骤02 单击"所有框线"选项

❶单击"表格样式"组中"边框"右侧的下三角按钮，❷在展开的列表中单击"所有框线"选项，如下图所示，此时可看到表格中所有的边框线条都更换为上一步骤中所选的样式。

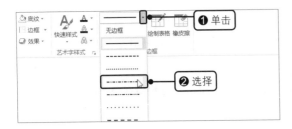

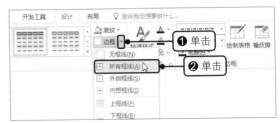

> ⏰ **提示**
>
> 　　若要为不同的边框设置不同的线条样式，则在选择样式后，在展开的"边框"列表中选择不同的边框即可。

第316招　调整表格边框线条粗细

　　表格边框线条的粗细不同，所呈现的效果也有所差异，用户可以根据实际需求选择合适的边框线条粗细。

步骤01 选择边框线条粗细

　　打开原始文件，在幻灯片中选中表格，❶在"表格工具 - 设计"选项卡下单击"绘制边框"组中"笔画粗细"右侧的下三角按钮，❷在展开的列表中选择合适的笔画粗细，如下图所示。

步骤02 单击"所有框线"选项

　　❶单击"表格样式"组中"边框"右侧的下三角按钮，❷在展开的列表中单击"所有框线"选项，如下图所示，此时可看到表格中所有的边框线条粗细都发生了变化。

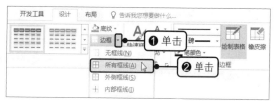

> ⏰ **提示**
>
> 　　若要为不同的边框设置不同的线条粗细，则在选择笔画粗细后，在展开的"边框"列表中选择不同的边框即可。

第317招　设置表格边框线条颜色

　　为表格边框线条设置颜色能够使表格更好地融入幻灯片背景，用户可根据实际需求选择合适的颜色。

步骤01 选择边框线条颜色

　　打开原始文件，在幻灯片中选中表格，❶在"表格工具 - 设计"选项卡下单击"绘制边框"组中"笔颜色"右侧的下三角按钮，❷在展开的列表中选择合适的颜色，如下图所示。

步骤02 单击"所有框线"选项

　　❶单击"表格样式"组中"边框"右侧的下三角按钮，❷在展开的列表中单击"所有框线"选项，如下图所示，此时可看到表格中所有的边框线条都应用了上一步骤所选的颜色。

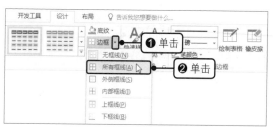

⏰ **提示**

　　若要为不同的边框设置不同的颜色，则在选择颜色后，在展开的"边框"列表中选择不同的边框即可。

第318招　快速隐藏表格所有框线

　　在幻灯片中绘制的表格，默认情况下会显示所有框线，若想要隐藏表格中的所有框线，可通过"无框线"命令实现。

　　打开原始文件，在幻灯片中选中表格，❶在"表格工具 - 设计"选项卡下单击"表格样式"组中"边框"右侧的下三角按钮，❷在展开的列表中单击"无框线"选项即可，如右图所示。

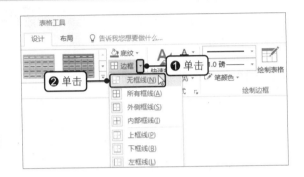

⏰ **提示**

　　若要在表格中绘制斜线表头，可以选择表头单元格，在展开的"边框"下拉列表中选择"斜下框线"选项，然后在单元格中输入文本并调整文本间距即可。

第319招　设置单元格的凹凸效果

　　系统默认的表格效果是平面的，为了增强立体效果，可以为单元格设置凹凸效果，具体操作如下。

步骤01　选择单元格凹凸效果

　　打开原始文件，在幻灯片中选中要设置的单元格，❶在"表格工具 - 设计"选项卡下单击"表格样式"组中的"效果"按钮，❷在展开的列表中单击"单元格凹凸效果 > 圆"效果，如下图所示。

步骤02　显示效果

　　使用同样的方法，分别为表格中的第 1 行、第 3 行和第 5 行设置单元格凹凸效果，得到的最终效果如下图所示。

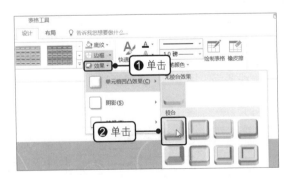

季度	销售额（万）
第一季度	8.2
第二季度	3.2
第三季度	1.4
第四季度	1.2

⏰ **提示**

　　若要取消单元格的凹凸效果，则选中单元格，然后单击"单元格凹凸效果"级联列表下"无棱台效果"组中的"无"选项即可。

第320招　为表格添加阴影效果

　　设置单元格的凹凸效果仅能突出显示单元格，要想突出表格整体的立体感，可以为表格设置阴影效果，具体操作如下。

步骤01 打开"设置形状格式"任务窗格

　　打开原始文件，在幻灯片中选中表格，❶在"表格工具 - 设计"选项卡下单击"表格样式"组中的"效果"按钮，❷在展开的列表中单击"阴影 > 阴影选项"选项，如下图所示。

步骤02 设置阴影参数

　　弹出"设置形状格式"任务窗格，在展开的"阴影"选项组中分别设置"颜色""透明度""大小""模糊""角度""距离"的参数，如下图所示。

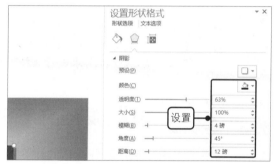

⏰ **提示**

　　也可在展开的列表中选择系统内置的阴影效果，快速完成阴影效果的添加。

第321招　为表格添加映像效果

　　为表格添加映像效果能使表格更具有空间感和层次感，具体操作如下。

　　打开原始文件，在幻灯片中选中表格，❶在"表格工具 - 设计"选项卡下单击"表格样式"组中的"效果"按钮，❷在展开的列表中单击"映像 > 紧密映像，4 pt 偏移量"效果，如右图所示。也可单击"映像选项"选项，展开"设置形状格式"任务窗格，自定义映像效果。

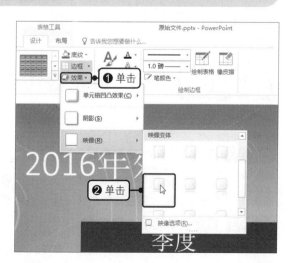

第322招 让表格内容居中对齐

默认情况下，表格中的文本在水平方向上左对齐，在垂直方向上顶端对齐，但实际应用中，更多时候需要将文本内容居中排列，让文本居中对齐的具体操作如下。

步骤01 设置文本水平居中

打开原始文件，在幻灯片中选中表格，在"表格工具 - 布局"选项卡下单击"对齐方式"组中的"居中"按钮，如下图所示。

步骤02 设置文本垂直居中

单击"对齐方式"组中的"垂直居中"按钮，如下图所示。

> **提示**
>
> 表格中文本的对齐方式共6种，分别是"左对齐""居中""右对齐""顶端对齐""垂直居中"及"底端对齐"，可根据实际需求进行选择。

第323招 设置表格文本的方向

表格中文字的方向除了可以在"开始"选项卡中设置外，还可以在"表格工具 - 布局"选项卡中设置，具体操作如下。

打开原始文件，在幻灯片中选中表格中第2行第1列的单元格，❶在"表格工具 - 布局"选项卡下单击"对齐方式"组中的"文字方向"按钮，❷在展开的列表中单击"竖排"选项即可，如右图所示。

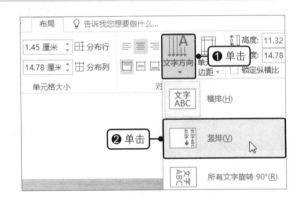

第324招 设置单元格边距

单元格边距即文本与单元格边框的距离，适当调整可以让文本更加清晰，具体操作如下。

步骤01 打开"单元格文本布局"对话框

在打开的演示文稿中选中要设置的单元格，❶在"表格工具 - 布局"选项卡下单击"对齐方式"组中的"单元格边距"按钮，❷在展开的列表中单击"自定义边距"选项，如下左图所示。

步骤02 自定义单元格边距

弹出"单元格文本布局"对话框，❶在"内边距"选项组中设置各个参数，❷单击"确定"按钮，如下右图所示。设置好参数后，可以单击"预览"按钮，预览效果。

 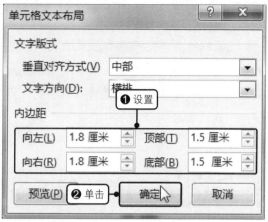

第325招　让表格在幻灯片中居中显示

在幻灯片中调整表格的对齐方式和调整图片、形状等的对齐方式类似，下面以让表格在幻灯片中居中显示为例，介绍具体的操作方法。

步骤01　水平居中表格

打开原始文件，在幻灯片中选中整个表格，❶在"表格工具 - 布局"选项卡下单击"排列"组中的"对齐"按钮，❷在展开的列表中单击"水平居中"选项，如下图所示。

步骤02　垂直居中表格

❶再次单击"排列"组中的"对齐"按钮，❷在展开的列表中单击"垂直居中"选项，如下图所示，此时可看到表格位于幻灯片正中间位置。

第326招　使用表格样式选项显示或隐藏特殊项

在 PowerPoint 中，通过设置表格样式选项可以进一步控制应用表格样式后表格的外观。

打开原始文件，在幻灯片中选中应用了表格样式的表格，在"表格工具 - 设计"选项卡下勾选"表格样式选项"组中的"标题行"和"镶边行"复选框，如右图所示，即让所选表格的标题行和相邻行都采用特定的格式。

第8章 图表的制作

图表的特点是能够直观形象地展示数据之间的关系，一张优秀的图表是综合考虑了字体的排版设计、颜色的搭配、数据的选择及图表类型等内容后的完美应用结果。好的图表不需要太多的说明文字，却能表达出大量的数据信息。根据不同的数据合理选择图表类型，有效使用图表语言表达数据，是本章所要讲解的要点。

第327招 利用功能区命令插入图表

借助图表可以将统计数据中蕴含的错综复杂、变化万千的信息直观地展示在观众面前，更易于观众理解。下面介绍利用功能区命令插入图表的方法。

步骤01 打开"插入图表"对话框

打开一个空白演示文稿，在"插入"选项卡下单击"插图"组中的"图表"按钮，如下图所示。

步骤02 选择图表类型

弹出"插入图表"对话框，❶在左侧列表中选择"柱形图"，❷在右侧选择"簇状柱形图"，如下图所示，单击"确定"按钮。

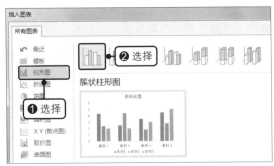

步骤03 查看最终效果

弹出数据表编辑窗口，保持默认数据不变，关闭数据表窗口，返回幻灯片中，可看到插入的柱形图效果，如右图所示。

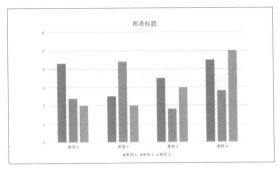

第328招 利用占位符图标插入图表

当幻灯片中含有图表占位符时，可利用占位符图标快速创建图表，具体操作如下。

步骤01 单击"图表"占位符

打开原始文件,单击幻灯片中的"图表"占位符,如下图所示。

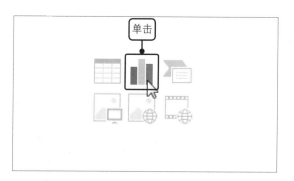

步骤02 选择图表类型

弹出"插入图表"对话框,❶在左侧列表中选择"折线图",❷在右侧选择"折线图",如下图所示,单击"确定"按钮。

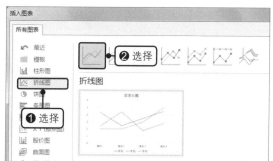

步骤03 查看最终效果

弹出数据表编辑窗口,保持默认数据不变,关闭数据表窗口,返回幻灯片中,可看到插入的折线图效果,如右图所示。

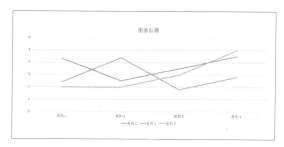

第329招 创建复合图表

复合图表是指由不同类型图表组合成的图表,在信息量多且杂的情况下,可使用复合图表来表现数据之间的关系。

步骤01 打开"插入图表"对话框

新建一个空白演示文稿,在"插入"选项卡下单击"插图"组中的"图表"按钮,如下图所示。

步骤02 创建复合图表

弹出"插入图表"对话框,❶在左侧列表中选择"组合"选项,❷在右侧选择"簇状柱形图 - 折线图"选项,如下图所示,单击"确定"按钮。

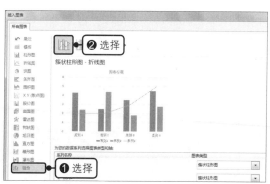

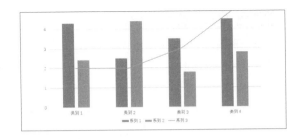

步骤03　显示最终效果

弹出数据表编辑窗口，保持默认的数据不变，关闭数据表窗口，返回幻灯片中，可看到插入的组合图表效果，如右图所示。

第330招　重新编辑图表的数据源

插入图表后，如果发现图表中显示的数据不对，可以将数据表展开进行编辑，具体操作如下。

在打开的演示文稿中选中图表，❶在"图表工具-设计"选项卡下单击"数据"组中的"编辑数据"按钮，❷在展开的列表中单击"编辑数据"选项，如右图所示。此时将弹出"Microsoft PowerPoint 中的图表"窗口，在窗口中编辑数据即可。

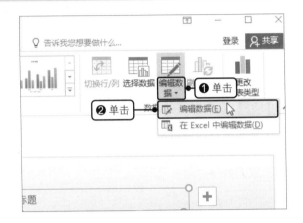

> ⏰ **提示**
>
> 也可单击"在 Excel 中编辑数据"选项来重新编辑数据源。

第331招　在图表中新增数据系列

想要在已有图表的基础上再添加一些数据系列，可先打开数据表窗口，再输入要添加的数据系列。

步骤01　选择数据区域

打开原始文件，在幻灯片中选中图表，在"图表工具-设计"选项卡下单击"数据"组中的"编辑数据"按钮，在展开的列表中单击"编辑数据"选项，弹出数据表窗口，将鼠标指针移至单元格 D3 的右下角，此时鼠标指针呈↖状，按住鼠标左键，向右拖动至单元格 E3，如下图所示。

步骤02　输入新数据系列

在单元格区域 E1:E3 中输入新增的数据系列，如下图所示。关闭数据表窗口，此时可看到幻灯片中的图表中新增了一项数据系列。

	A	B	C	D	E	F
1		产品1	产品2	产品3		
2	2015年	56	78	80		
3	2016年	59	80	78		
4						

拖动

	A	B	C	D	E	F
1		产品1	产品2	产品3	产品4	
2	2015年	56	78	80	80	
3	2016年	59	80	78	90	
4						

第332招　重新选择图表的数据源

如果想取消已有图表中某些数据项的显示，可以重新选择图表的数据源，而不必重新制作图表。

步骤01　打开"选择数据源"对话框

打开原始文件，在幻灯片中选中图表，在"图表工具-设计"选项卡下单击"数据"组中的"选择数据"按钮，如下图所示。

步骤02　选择数据源

弹出"选择数据源"对话框，❶在"图例项（系列）"列表框中取消勾选"系列 3"复选框，❷在"水平（分类）轴标签"列表框中取消勾选"2014 年"复选框，如下图所示。

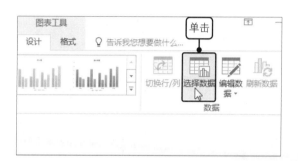

第333招　重新选择数据区域

重新选择数据区域即不修改图表中的单个数据点，仅更改图表显示数据的情况。可通过折叠按钮，在数据表格中拖动鼠标重新选择数据区域，具体操作如下。

步骤01　单击折叠按钮

打开原始文件，在幻灯片中选中图表，在"图表工具-设计"选项卡下单击"数据"组中的"选择数据"按钮，弹出"选择数据源"对话框，单击"图表数据区域"右侧的折叠按钮，如下图所示。

步骤02　选择数据区域

❶利用鼠标在工作表窗口中拖动选择单元格区域 A1:C5，❷单击"选择数据源"对话框中的折叠按钮，如下图所示，此时可看到该图表的数据发生了变化。

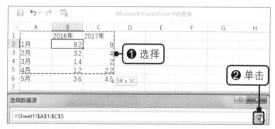

第334招　调整数据系列显示顺序

若要更改图表的数据系列显示顺序，可通过"选择数据源"对话框进行调整，具体操作如下。

打开原始文件,在幻灯片中选中图表,在"图表工具 - 设计"选项卡下单击"数据"组中的"选择数据"按钮,弹出"选择数据源"对话框,❶在"图例项(系列)"列表框中勾选"系列 3"复选框,❷单击"上移"按钮即可,如右图所示。

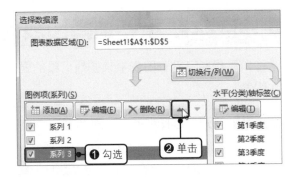

第335招 切换图表的行和列

对图表的行和列进行切换即对图表中的系列项和分类项进行切换,通过切换进行对比,可选出较为符合实际情况的数据显示。

打开原始文件,在幻灯片中选中图表,在"图表工具 - 设计"选项卡下单击"数据"组中的"选择数据"按钮,弹出"选择数据源"对话框,单击"切换行 / 列"按钮,如右图所示,然后单击"确定"按钮即可。

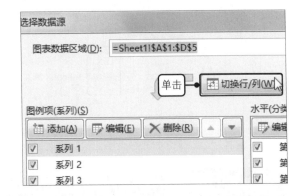

> ⏰ **提示**
>
> 还可在选中要切换的系列项和分类项后,在"图表工具 - 设计"选项卡下单击"数据"组中的"切换行 / 列"按钮来切换图表的行和列。

第336招 快速添加图表标题

为了更准确地表现图表的内容,可以为图表添加标题,下面介绍添加图表标题的方法,该方法同样适用于添加其他图表元素。

步骤01 添加图表标题占位符

打开原始文件,在幻灯片中选中图表,❶单击图表右上角的"图表元素"按钮,❷在展开的列表中勾选"图表标题"复选框,如下图所示。

步骤02 输入图表标题

此时添加了图表标题占位符,删除占位符中的默认文本,输入合适的标题内容,如下图所示。

⏰ 提示

还可以在幻灯片中选中图表后，单击"图表工具 - 设计"选项卡下"图表布局"组中的"添加图表元素"按钮，在展开的下拉列表中单击"图表标题＞图表上方"选项来添加图表标题占位符。

第337招 为图表标题添加背景色

若想要图表主题更加鲜明，则可以为图表标题添加合适的背景色，具体操作如下。

步骤01 选中图表标题占位符

打开原始文件，在幻灯片中单击图表标题占位符边框，边框变为实线即表示选中，如下图所示。

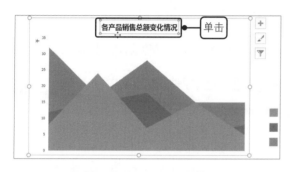

步骤02 设置形状填充

❶在"图表工具 - 格式"选项卡下单击"形状样式"组中"形状填充"右侧的下三角按钮，❷在展开的列表中选择合适的颜色，如下图所示。

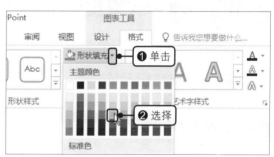

⏰ 提示

还可通过设置"形状轮廓"和"形状效果"来丰富图表标题效果。

第338招 快速套用图表标题样式

若希望获得更加醒目的图表标题效果，又想省去分别设置背景色、轮廓和效果的麻烦，则可以快速为图表标题套用样式。

步骤01 选中图表标题占位符

打开原始文件，在幻灯片中单击图表标题占位符边框，边框变为实线即表示选中，如下图所示。

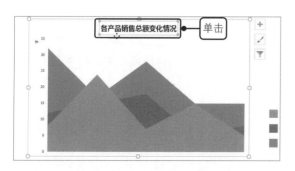

步骤02 选择合适的样式

在"图表工具 - 格式"选项卡下单击"形状样式"组中的快翻按钮，在展开的样式库中选择合适的样式即可，如下图所示。

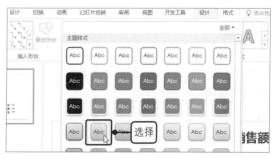

第339招 按需显示或隐藏坐标轴

根据实际需求可选择显示或隐藏图表坐标轴，下面以隐藏主要横坐标轴为例，介绍具体的操作方法。

打开原始文件，在幻灯片中选中图表，❶单击"图表元素"按钮，❷在展开的列表中取消勾选"坐标轴 > 主要横坐标轴"复选框，如右图所示。若要隐藏主要纵坐标轴，则在展开的列表中取消勾选对应的复选框即可。

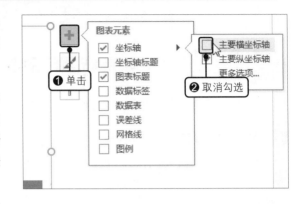

第340招 添加坐标轴标题

为图表添加坐标轴标题能使坐标轴的数值或文字代表的意义更加清晰明确，具体操作如下。

步骤01 添加坐标轴占位符

打开原始文件，在幻灯片中选中图表，❶单击"图表元素"按钮，❷在展开的列表中勾选"坐标轴标题"复选框，如下图所示。

步骤02 在坐标轴占位符中输入标题

在纵坐标轴占位符中删除默认的文字后，输入合适的文字。再按照上述操作添加横坐标轴标题，如下图所示。

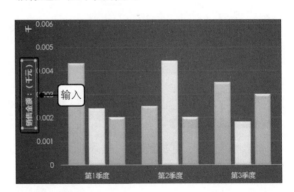

第341招 更改纵坐标轴标题文字方向

纵坐标轴标题默认以"所有文字旋转270°"方式显示，这样并不符合阅读习惯，为了增强图表的可视化，可以重新设置纵坐标轴标题文字的方向。

步骤01 打开任务窗格

打开原始文件，❶在幻灯片中右击主要纵坐标轴标题，❷在弹出的快捷菜单中单击"设置坐标轴标题格式"命令，如下左图所示。

步骤02 更改文字方向

打开"设置坐标轴标题格式"任务窗格，❶在"文本选项"选项卡下单击"文本框"选项组中"所有文字"右侧的下三角按钮，❷在展开的列表中单击"竖排"选项，如下右图所示。

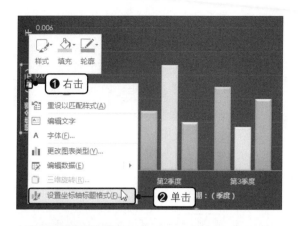

第342招　添加数据标签

数据标签用于显示数据系列中数据点的值、系列或类别名称，方便查看图表。添加数据标签对于无坐标轴显示的图表来说尤为重要。

步骤01　添加数据标签

打开原始文件，在幻灯片中选中图表，❶单击"图表元素"按钮，❷在展开的列表中单击"数据标签＞数据标注"选项，如下图所示。

步骤02　显示最终效果

此时幻灯片中的图表显示了数据标签，且显示了数据标注效果，如下图所示。

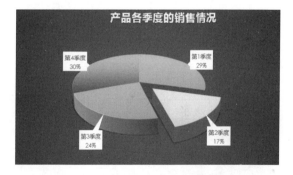

> **提示**
>
> 数据标签分为普通数据标签和数据标注，其中，数据标注是以注释形式添加的数据标签图形，它包含的内容与普通数据标签相同，只是在外形上以注释框形式显示，而普通数据标签是以文本框形式显示的。

第343招　设置数据标签显示项目

数据标签显示的内容有很多种，默认包含"值"和"类别名称"，可以根据实际需要设置数据标签的显示项目，具体操作如下。

步骤01 打开任务窗格

打开原始文件，❶在幻灯片中右击图表中的数据标签，❷在弹出的快捷菜单中单击"设置数据标签格式"命令，如下图所示。

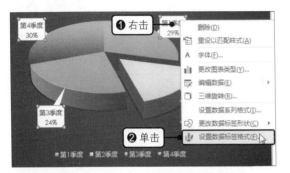

步骤02 勾选标签选项

弹出"设置数据标签格式"任务窗格，在"标签选项"选项卡下的"标签选项"选项组中取消勾选"类别名称"复选框，如下图所示。

第344招 添加图例项

图例与图表中数据系列的颜色、图案和内容一一对应，方便观众一目了然地掌握图表中某个数据系列具体包含的数据点。添加图例项的具体操作如下。

步骤01 选择图例位置

打开原始文件，在幻灯片中选中图表，❶单击"图表元素"按钮，❷在展开的列表中单击"图例 > 右"选项，如下图所示。

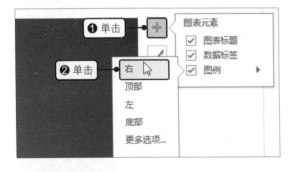

步骤02 拖动改变图例位置

如将图例移动到图表右侧，但默认位置不理想，还可以选中图例，按住鼠标左键，拖动改变其位置，鼠标指针移动到的位置会出现一个提示框，如下图所示。

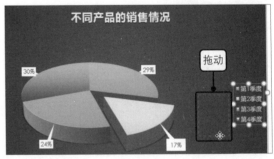

第345招 更改图例轮廓颜色

图例是准确识图的重要工具，可对其进行适当美化，从而达到强调的作用。

打开原始文件，❶在幻灯片中右击图表中的图例，在弹出的快捷菜单中单击"轮廓"右侧的下三角按钮，❷在展开的列表中选择合适的主题颜色，如右图所示。

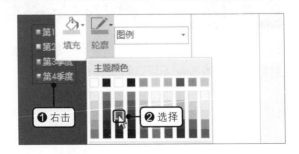

第346招　添加数据表

在 ppt 中创建图表后，为了使图表中的数据更加清晰明了、易于理解，可以在图表中添加数据表，并显示图例项标示。其具体操作如下。

步骤01 添加数据表

打开原始文件，在幻灯片中选中图表，❶单击图表右侧的"图表元素"按钮，❷在展开的列表中单击"数据表 > 显示图例项标示"选项，如下图所示。

步骤02 查看最终效果

此时可看到图表中添加了带有图例项标示的数据表，如下图所示。

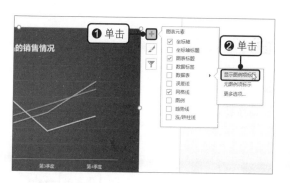

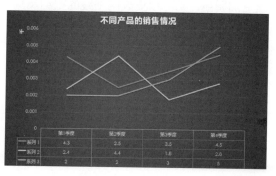

第347招　添加网格线

为了便于阅读图表中的数据，可以在图表的绘图区中显示水平轴和垂直轴延伸的水平和垂直网格线，在三维图表中还可以显示竖网格线，具体操作如下。

打开原始文件，在幻灯片中选中图表，❶在"图表工具 - 设计"选项卡下单击"图表布局"组中的"添加图表元素"按钮，❷在展开的列表中单击"网格线 > 主轴主要水平网格线"选项，如右图所示。

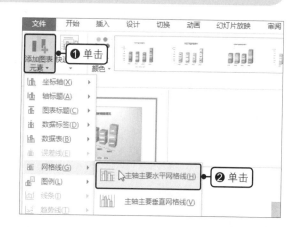

> ⏰ **提示**
>
> 使用图表右侧的"图表元素"按钮添加网格线，可以在现有网格线的基础上累加；而使用功能区的"添加图表元素"按钮添加的网格线，则将先清除图表中的网格线，再重新添加新的网格线。

第348招　准确选中图表中的对象

在编辑图表之前，首先需准确选择要编辑的对象，选择图表中的对象的具体操作如下。

在打开的演示文稿中选中图表，❶在"图表工具 - 格式"选项卡下单击"当前所选内容"组中"当前所选内容"右侧的下三角按钮，❷在展开的列表中选择"垂直（值）轴 主要网格线"选项，如右图所示，即可选中"垂直（值）轴主要网格线"。

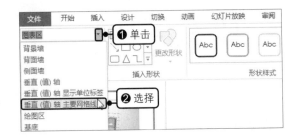

第349招 调整网格线粗细及颜色

默认情况下，创建的图表都会自动生成默认的深灰色主轴主要水平网格线，要想使网格线更加明显，则可以更改网格线的粗细及颜色。

步骤01 展开更多形状样式

打开原始文件，在幻灯片中选中图表中的网格线，在"图表工具 - 格式"选项卡下单击"形状样式"组的对话框启动器，如下图所示。

步骤02 设置网格线颜色

弹出"设置主要网格线格式"任务窗格，❶在"线条"选项组中单击"颜色"右侧的下三角按钮，❷在展开的列表中选择合适的颜色，如下图所示。

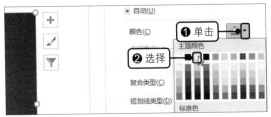

步骤03 设置网格线宽度

单击"宽度"数值框右侧的数字调节按钮，至宽度值为"2.5 磅"，如下图所示。

步骤04 显示设置后的网格线效果

返回幻灯片中，可以看到图表中的网格线的颜色及粗细都发生了变化，效果如下图所示。

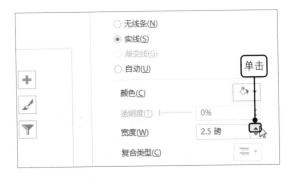

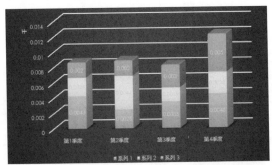

第350招 在图表中添加误差线

在实际工作中，实际数据和预设的数据可能存在一定的差距，这时可以通过添加误差线了解数据的变化是否在预设的误差范围内。

打开原始文件，在幻灯片中选中图表，❶单击"图表元素"按钮，❷在展开的列表中勾选"误差线"复选框，如右图所示，此时即可在原图表中的数据点添加标准误差线。

⏰ **提示**

误差线用于标示每个数据点的不确定性范围与偏差，每个数据都可以显示一条误差线，标示数据点的实际值可能是误差线范围内的任何一点。在 Office 图表中，柱形图、条形图、折线图、XY 散点图、面积图及气泡图都支持误差线的添加。

第351招　设置误差线方向

误差线方向分为正负偏差、负偏差和正偏差，是指误差线发生在数据点正数侧还是负数侧。若只想查看某侧偏差量，可设置对应误差线方向。

步骤01 打开任务窗格

打开原始文件，在幻灯片中选中图表，❶单击"图表元素"按钮，❷在展开的列表框中单击"误差线 > 更多选项"选项，如下图所示。

步骤02 设置误差线方向

打开"设置误差线格式"任务窗格，在"误差线选项"选项卡下的"垂直误差线"选项组中单击"正偏差"单选按钮即可，如下图所示。

第352招　设置误差线末端样式

误差线的末端样式是指误差线的线条末端格式，分为无线端和线端两种，具体设置方法如下。

在打开的演示文稿中选中图表后，单击"图表元素"按钮，在展开的列表框中单击"误差线 > 更多选项"选项，打开"设置误差线格式"任务窗格，单击"垂直误差线"选项组中"末端样式"组中的"线端"单选按钮，如右图所示。

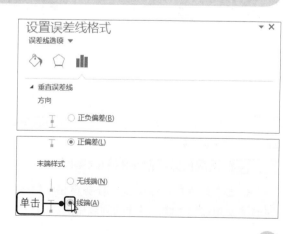

第353招 添加垂直线标记折线趋势数据点

图表中的垂直线是指通过数据点向坐标轴绘制的角度呈 90° 的线条，在图表中添加垂直线，能让数据点与横坐标轴连线更明确。

打开原始文件，在幻灯片中选中图表，❶在"图表工具 - 设计"选项卡下单击"图表布局"组中的"添加图表元素"按钮，❷在展开的列表中单击"线条 > 垂直线"选项即可，如右图所示。

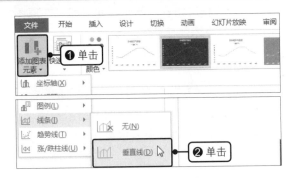

第354招 显示高低点连线查看数据差异程度

高低点连线是折线图中具有两个或两个以上数据系列时，用于连接第一个数据系列和最后一个数据系列的每一个相应类别的数据点连线，表示两个数据点之间差异的距离。通过高低点连线可以分析两个数据系列的差距，具体操作如下。

步骤01 添加高低点连线

打开原始文件，在幻灯片中选中图表，❶在"图表工具 - 设计"选项卡下单击"图表布局"组中的"添加图表元素"按钮，❷在展开的列表中单击"线条 > 高低点连线"选项，如下图所示。

步骤02 显示添加高低点连线后的效果

此时，图表中的数据系列的对应数据点之间添加了连线的效果，如下图所示。

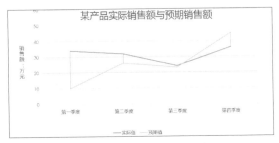

第355招 设置垂直线箭头让图表更生动

若要在折线图中以箭头表明数据上涨的方向，可以更改折线图中垂直线的线端箭头样式，具体操作如下。

步骤01 打开任务窗格

打开原始文件，❶在幻灯片中右击图表中的垂直线，❷在弹出的快捷菜单中单击"设置垂直线格式"命令，如下左图所示。

步骤02 设置垂直线箭头的前端类型

弹出"设置垂直线格式"任务窗格，❶在"填充与线条"选项卡下单击"箭头前端类型"右侧的下三角按钮，❷在展开的列表中选择合适的"箭头"样式，如下右图所示。

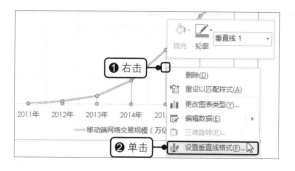

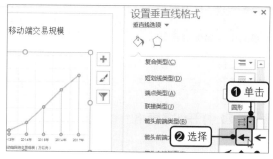

步骤03 设置垂直线箭头前端大小

❶单击"箭头前端大小"右侧的下三角按钮，❷在展开的列表中选择"左箭头 8"，如下图所示。

步骤04 显示最终效果

此时，图表中的垂直线的前端更改为箭头样式，效果如下图所示。

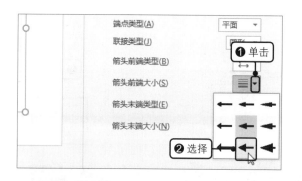

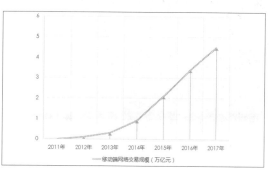

第356招　添加涨/跌柱线反映数据点差异

涨/跌柱线常用于在多数据系列折线图中指示第一个数据系列和最后一个数据系列的数据点之间的差异，添加涨/跌柱线的具体操作如下。

步骤01 添加涨/跌柱线

打开原始文件，在幻灯片中选中图表，❶单击"图表元素"按钮，❷在展开的列表中勾选"涨/跌柱线"复选框，如下图所示。

步骤02 最终效果

此时在图表中添加了涨/跌柱线，效果如下图所示。

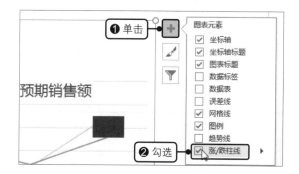

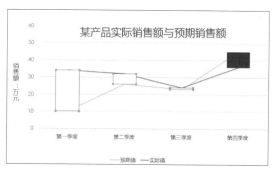

第357招 添加趋势线并设置格式

趋势线是以图形的方式表示数据系列的趋势的一条线，默认的趋势线样式为主题颜色，若想让趋势线更加醒目，可自定义趋势线格式。

步骤01 打开任务窗格

打开原始文件，在幻灯片中选中图表，❶单击"图表元素"按钮，❷在展开的列表中单击"趋势线 > 更多选项"选项，如下图所示。随后将弹出"设置趋势线格式"任务窗格。

步骤02 设置趋势线格式

❶在"填充与线条"选项卡下单击"线条"选项组中的"实线"单选按钮，❷设置"颜色"为"红色"、"透明度"为"50%"、"宽度"为"2.5磅"，如下图所示。

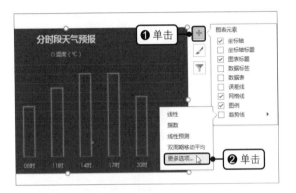

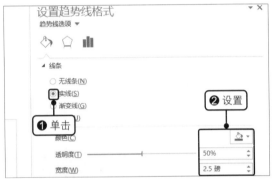

> ⏰ **提示**
>
> 若图表中有多个数据系列，在添加趋势线前没有选定具体的数据系列，则会弹出"添加趋势线"对话框，要求用户在"添加基于系列的趋势线"列表框中选择要添加趋势线的数据系列。

第358招 根据现有数据预测未来变动趋势

当需要根据现有销量来预测未来销量的变动趋势时，可以使用趋势线来推演得到销量未来变动趋势。下面以现有月销量趋势预测未来3个月销量变动趋势为例，介绍具体操作方法。

步骤01 单击"更多选项"选项

打开原始文件，在幻灯片中选中图表，单击"图表元素"按钮，在展开的列表中单击"趋势线 > 更多选项"选项，如下图所示。

步骤02 设置趋势线选项

弹出任务窗格，❶在"趋势线选项"选项卡下"趋势预测"选项组设置"向前"为"3"，❷勾选"显示公式"复选框，如下图所示。

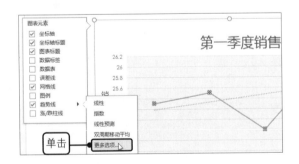

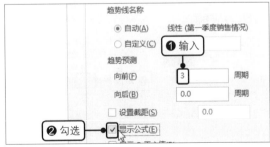

> ⏰ **提示**
>
> 趋势线中的 R 平方值可用来判断选择的趋势线是否符合要求，当 R 平方值为 1 或接近 1 时，趋势线最准确，反之则选择的趋势线不能准确反映数据趋势。

第359招　调整数据系列分类间距

系列重叠与分类间距是柱形图和条形图特有的选项，它们可以改变图表中柱形或条形的显示位置，例如调整图表中的系列重叠和分类间距，可以让图表更加直观。

步骤01 选择要设置的内容

打开原始文件，在幻灯片中选中图表，❶在"图表工具-格式"选项卡下的"当前所选内容"组中选择"系列'系列1'"，❷单击"设置所选内容格式"按钮，如下图所示。

步骤02 设置系列格式

弹出"设置数据系列格式"任务窗格，在"系列选项"选项组中设置"系列重叠"为".00%"、"分类间距"为"100%"，如下图所示。

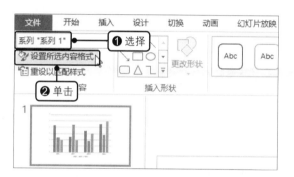
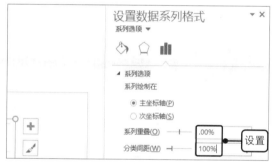

第360招　绘制次坐标轴系列生成双轴线

若图表中包含两个或两个以上的数据系列且系列数值相差太大，可采用双轴图表将其清晰地显示出来，一般情况下是将数值较小的数据系列绘制在次坐标轴上。

步骤01 打开任务窗格

打开原始文件，在幻灯片中选中图表，❶在"图表工具-格式"选项卡下的"当前所选内容"组中选择"系列'失业率（%）'"系列，❷单击"设置所选内容格式"按钮，如下图所示。

步骤02 设置系列绘制位置

弹出"设置数据系列格式"任务窗格，在"系列选项"选项组中单击"次坐标轴"单选按钮，如下图所示。

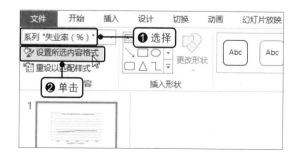

第361招 设置纵坐标数据不以0为起点

图表中的坐标轴是根据图表数据表中的值自动生成的，如果图表中的数据差异不大，可以通过调整坐标轴边界的最小值使纵坐标轴数值不以 0 开始。

步骤01 打开任务窗格

打开原始文件，❶在幻灯片中右击图表中的纵坐标轴，❷在弹出的快捷菜单中单击"设置坐标轴格式"命令，如下图所示。

步骤02 设置边界最小值

弹出"设置坐标轴格式"任务窗格，在"坐标轴选项"选项组中设置"最小值"为"1000.0"，如下图所示。

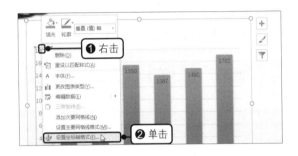

第362招 指定时间间隔显示日期数据点

在包含日期的图表中，如果横坐标中的日期数据点太多，会影响图表美观度与清晰度，这时可以重新设置日期数据点的时间间隔，具体操作如下。

步骤01 打开任务窗格

打开原始文件，在幻灯片中双击图表中的横坐标轴，如下图所示。

步骤02 选择坐标轴类型

弹出"设置坐标轴格式"任务窗格，在"坐标轴选项"选项组中单击"坐标轴类型"组中的"日期坐标轴"单选按钮，如下图所示。

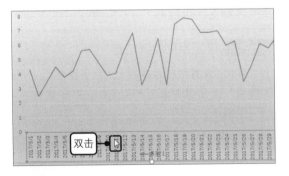

步骤03 设置时间间隔

在"单位"组中设置"主要"为"5 天"、"次要"为自动的天数，如下左图所示。

步骤04 显示设置后的效果

此时横坐标轴上的日期间隔 5 天显示，效果如下右图所示。

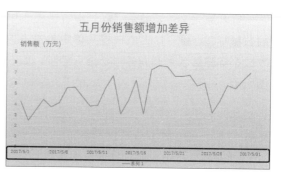

第363招　指定坐标轴标签位置

默认情况下，添加的折线图都是从刻度线之间的位置开始显示，想要折线从 Y 轴开始，则可以设置坐标轴位置。

打开原始文件，在幻灯片中右击图表的横坐标轴，在弹出的快捷菜单中单击"设置坐标轴格式"命令，打开"设置坐标轴格式"任务窗格，在"坐标轴选项"选项组中的"坐标轴位置"下单击"在刻度线上"单选按钮，如右图所示。

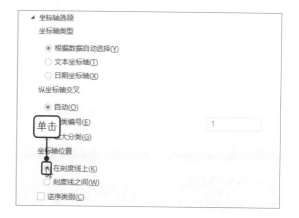

第364招　让坐标轴数字简洁明了

若坐标轴显示类型不符合图表需求，则可以设置其格式，让坐标轴更加简明。

打开原始文件，在幻灯片中右击图表的横坐标轴，在弹出的快捷菜单中单击"设置坐标轴格式"命令，打开"设置坐标轴格式"任务窗格，在"坐标轴选项"选项卡下设置"类别"为"日期"、"类型"为"3 月 14 日"，如右图所示。

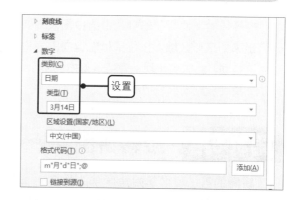

> ⏰ 提示
>
> "数字"组中的"类型"会根据设置的"类别"不同而发生变化。

第365招　自定义数据标签形状

默认数据标签以文本框形式显示，为了让图表数据标签注释指向更明确，可以根据需要设置数据标签的形状。

打开原始文件，❶在幻灯片中右击图表中的数据标签，❷在弹出的快捷菜单中单击"更改数据标签形状 > 圆角矩形标注"选项，如右图所示。

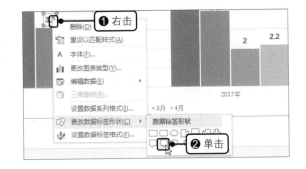

第366招 适当调整图表的大小

若需要在幻灯片中插入必要的说明文字，则可以适当缩小图表，让图文更加合理地放置。

打开原始文件，在幻灯片中选中图表，将鼠标左键移至图表右下角的控点，按住鼠标左键向左上方拖动即可缩小图表，如右图所示。若要放大图表，则按住鼠标左键向右下方拖动。

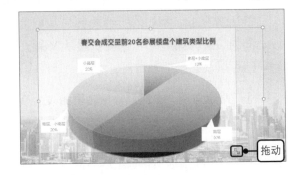

第367招 制作分离型饼图

将饼图中的某部分扇形区域独立突出显示，可增强图表的表达效果。

打开原始文件，在幻灯片中选中图表中要分离出来的扇形区域，按住鼠标左键向图表中心点外拖动，此时会出现参考线，如右图所示，拖动完成后释放鼠标左键即可。

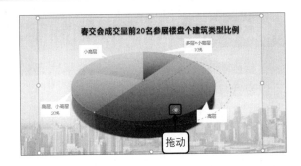

第368招 旋转饼图

饼图的第一扇区起始角度默认为 0°，若要将已有饼图旋转一定角度来使其更符合视觉要求，可以调整第一扇区的起始角度，具体操作如下。

步骤01 打开任务窗格

打开原始文件，双击饼图中的任意扇形区，如双击半圆区，如下左图所示。

步骤02 设置起始角度

弹出"设置数据点格式"任务窗格，在"系列选项"选项组中设置"第一扇区起始角度"为"135°"，如下右图所示。

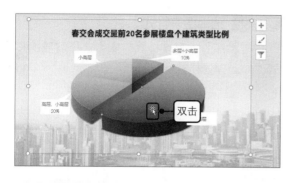 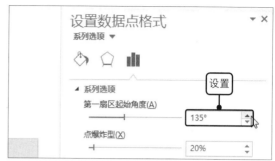

第369招　快速更改图表布局

快速布局是 PowerPoint 提供的快速更改图表元素摆放位置的布局样式，通过套用预设布局样式可快速更改图表布局。

打开原始文件，在幻灯片中选中图表，❶在"图表工具 - 设计"选项卡下单击"图表布局"组中的"快速布局"按钮，❷在展开的列表中选择"布局7"样式，如右图所示。

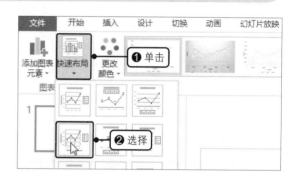

第370招　轻松更改图表类型

当现有图表类型不能充分展示数据关系或是需要更换现有图表呈现内容的重点时，可以更换图表类型，具体操作如下。

步骤01 打开"更改图表类型"对话框

打开原始文件，在幻灯片中选中图表，在"图表工具 - 设计"选项卡下单击"类型"组中的"更改图表类型"按钮，如下图所示。

步骤02 选择图表类型

弹出"更改图表类型"对话框，❶在对话框左侧选择"柱形图"，❷在右侧双击子类型"簇状柱形图"，如下图所示。

第371招　快速套用图表样式

设置图表样式可使图表更加美观，为了避免手动进行大量的格式设置，提高工作效率，可以直接套用系统预设的样式。

步骤01 展开更多的图表样式

打开原始文件，在幻灯片中选中图表，在"图表工具 - 设计"选项卡下单击"图表样式"组中的快翻按钮，如下图所示。

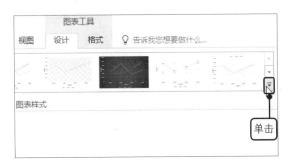

步骤02 选择图表样式

在展开的"图表样式"库中选择需要的样式，如选择"样式 6"，如下图所示。

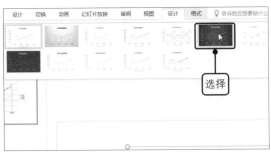

第372招　快速更改样式颜色

默认情况下，图表样式是使用演示文稿的当前主题颜色来显示的，若想更改图表样式的颜色，可以使用预设的颜色快速完成对所有数据系列颜色的更改。

打开原始文件，在幻灯片中选中图表，❶在"图表工具 - 设计"选项卡下单击"图表样式"组中的"更改颜色"按钮，❷在展开的列表中选择合适的彩色或单色，如右图所示。

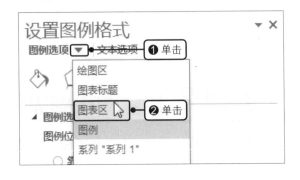

> ⏰ **提示**
>
> 彩色就是由多个颜色渐变组成的配色方案，单色就是由一种颜色渐变组成的配色方案。

第373招　精准快速切换编辑区

若图表中的元素很多，又要选中其中某一个元素进行设置时，可以通过"设置图例格式"任务窗格来进行切换。

在打开的演示文稿中双击任意图例，打开"设置图例格式"任务窗格，❶单击"图例选项"右侧的下三角按钮，❷在展开的列表中单击"图表区"选项，如右图所示。

第374招　设置填充色区分图表区

图表区是整个图表的外围区域，为了美化图表，可以为图表区添加填充颜色。

打开原始文件，❶在幻灯片中右击图表区，❷在弹出的快捷菜单中单击"填充"右侧的下三角按钮，❸在展开的列表中选择"灰度-50%，个性色3，淡色80%"选项，如右图所示。

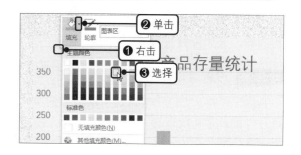

第375招　将图表另存为图片

若需要将图表转换为图片形式保存，则可以将图表另存为图片，具体操作如下。

打开原始文件，❶在幻灯片中右击图表区，❷在弹出的快捷菜单中单击"另存为图片"命令即可，如右图所示。随后在弹出的"另存为图片"对话框中选择要保存图片的位置后，单击"保存"按钮即可。

第376招　自定义绘图区格式

若对默认的绘图区的格式不太满意，则可以手动设置填充颜色及效果，具体操作如下。

步骤01 设置绘图区填充颜色

打开原始文件，右击绘图区，在弹出的快捷菜单中单击"设置绘图区格式"命令，打开"设置绘图区格式"任务窗格，❶在"填充"选项卡下单击"纯色填充"单选按钮，❷单击"颜色"右侧的下三角按钮，❸在展开的列表中选择合适的颜色，如右图所示。

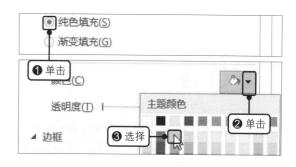

步骤02 设置填充颜色透明度

选中"透明度"右侧的调节滑块，按住鼠标左键向右拖动，设置透明度为"35%"，如下图所示。

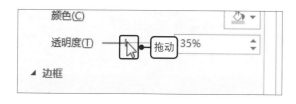

步骤03 设置绘图区边缘柔化度

❶在"效果"选项卡下单击"柔化边缘"左侧的三角按钮，❷拖动"大小"右侧的滑块，设置柔化"大小"为"6磅"，如下图所示。

第377招 合理设置背景墙

背景墙是指包围在许多三维图表中的数据系列、坐标轴周围的区域，用于显示图表维度和边界，合理设置背景墙格式能让图表立体效果更明显。

步骤01 设置填充方式

打开原始文件，在幻灯片中双击背景墙，打开"设置背景墙格式"任务窗格，在"填充与线条"选项卡下单击"填充"选项组中的"渐变填充"单选按钮，如下图所示。

步骤02 设置第2个光圈的渐变颜色

❶首先删除一个光圈，然后选中第2个光圈，❷单击"颜色"右侧的下三角按钮，❸在展开的列表中选择"白色，背景1，深色5%"，如下图所示。

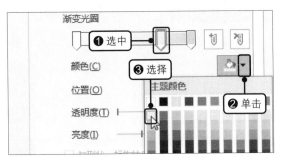

步骤03 设置第3个光圈的渐变颜色

❶选中第3个光圈，❷单击"颜色"右侧的下三角按钮，❸在展开的列表中选择"白色，背景1，深色15%"，如右图所示。

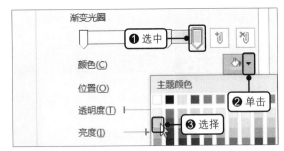

第378招 更改基底样式增强立体效果

基底是指三维图表数据系列下方（底部）的区域，相当于图表的地基，其设置方法与设置图表背景格式设置一样，具体操作如下。

步骤01 设置基底填充方式

打开原始文件，在幻灯片中双击图表中的基底，打开"设置基底格式"任务窗格，在"填充与线条"选项卡下单击"填充"选项组中的"图片或纹理填充"单选按钮，如右图所示。

步骤02 选择填充纹理

❶单击"纹理"右侧的下三角按钮，❷在展开的列表中选择"新闻纸"纹理样式，如右图所示。

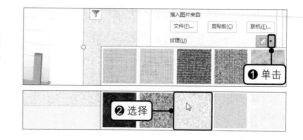

第379招　更改数据系列形状

若想让图表更加独特，可以为图表的数据系列设置形状，具体操作如下。

打开原始文件，在幻灯片中双击任意数据系列，打开"设置数据系列格式"任务窗格，在"系列选项"选项组中的"柱体形状"下单击"完整棱锥"单选按钮，如右图所示。

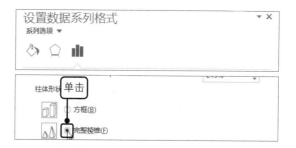

第380招　让图表进行三维旋转

对于创建的三维图表，可以灵活调节三维视觉角度，获得不同的视觉效果。

打开原始文件，在幻灯片中双击绘图区，打开"设置图表区格式"任务窗格，在"效果"选项卡下的"三维旋转"选项组中设置"X旋转"为"20°"、"Y旋转"为"30°"，如右图所示。

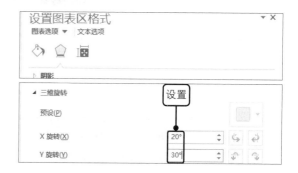

第381招　让数据系列更分明

为了方便图表的查看，使数据系列更为分明，可以将其更改为直角坐标轴显示。

打开原始文件，在幻灯片中双击绘图区，打开"设置图表区格式"任务窗格，在"效果"选项卡下的"三维旋转"选项组中勾选"直角坐标轴"复选框即可，如右图所示。

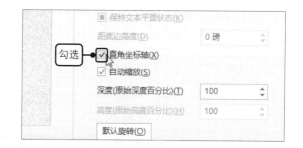

第382招　将图表保存为模板

图表创建好后，若希望以后能再次使用此图表的样式和格式，可以将图表保存为模板，具体操作如下。

步骤01 打开"保存图表模板"对话框

打开原始文件，❶右击绘图区，❷在弹出的快捷菜单中单击"另存为模板"命令，如下图所示。

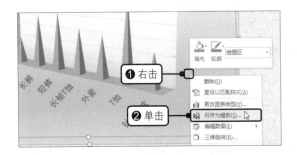

步骤02 保存图表模板

弹出"保存图表模板"对话框，保持默认的保存地址不变，设置"文件名"为"个性图表"，如下图所示。完成上述操作后，单击"保存"按钮即可。

提示

需要使用保存的图表模板时，只需打开"更改图表类型"对话框或"插入图表"对话框，单击左边列表框中的"模板"选项，在"我的模板"列表框中双击保存的模板即可。

第383招 显示或隐藏数据表边框

默认情况下添加的数据表包含所有的表边框，如表格的水平、垂直、分级线条等，可根据图表的实际情况选择显示或隐藏表边框。

步骤01 单击"更多选项"选项

打开原始文件，在幻灯片中选中图表，❶单击"图表元素"按钮，❷在展开的列表中单击"数据表 > 更多选项"选项，如下图所示。

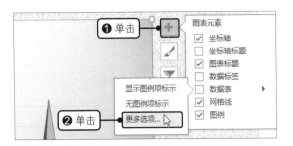

步骤02 设置模拟运算表格式

打开"设置模拟运算表格式"任务窗格，在"模拟运算表选项"选项组中取消勾选"分级显示"复选框，如下图所示。

步骤03 显示设置后的数据表格式

此时，图表中添加的数据表中分级显示线条消失，效果如右图所示。

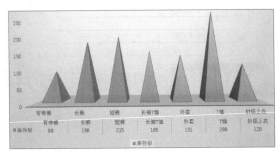

第384招　将现有Excel图表导入幻灯片

除了可以使用创建图表功能在幻灯片中创建图表外，也可以将现有的 Excel 图表直接导入幻灯片使用，具体操作如下。

步骤01　打开"插入对象"对话框

新建一个空白演示文稿，在"插入"选项卡下单击"文本"组中的"对象"按钮，如下图所示。

步骤02　打开"浏览"对话框

弹出"插入对象"对话框，❶单击"由文件创建"单选按钮，❷单击"浏览"按钮，如下图所示。

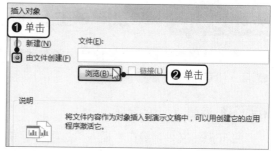

步骤03　插入图表文件

弹出"浏览"对话框，❶在地址栏中选择图表保存的位置，❷选择需要插入的 Excel 图表，如下图所示。连续单击"确定"按钮，返回幻灯片中。

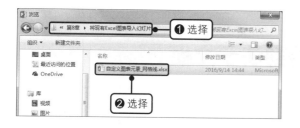

步骤04　显示导入的图表效果

此时，在幻灯片中导入了文件中包含的 Excel 电子表格和图表，如下图所示。

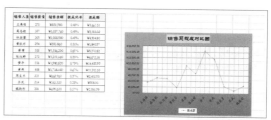

第385招　重设图表格式以匹配样式

若图表与幻灯片的整个主题不匹配，则可以对图表中所有自定义格式进行清除，将其还原到默认的格式。

打开原始文件，在幻灯片中选中图表，在"图表工具 - 格式"选项卡下单击"当前所选内容"组中的"重设以匹配样式"按钮即可，如右图所示。

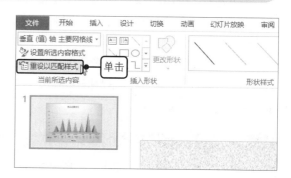

第9章　媒体文件的插入和编辑

媒体文件是指音频文件和视频文件。在制作演示文稿时，尤其是制作用于产品展示、新品推广或培训课程等的演示文稿时，插入媒体文件能达到事半功倍的传播效果。让演示文稿本身图文并茂的同时，加入听觉和更强烈的视觉效果可以吸引观众的注意力，给观众留下更深刻的印象，从而提高演示文稿的演示效率。

第386招　添加PC上的音频

声音是用来传递信息最便捷、最熟悉的方式之一。在演示文稿中插入音频能营造舒适的氛围，能更加高效地传递信息。

步骤01　添加PC上的音频

打开原始文件，❶在"插入"选项卡下单击"媒体"组中的"音频"按钮，❷在展开的列表中单击"PC上的音频"选项，如下图所示。

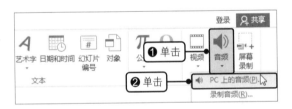

步骤02　插入音频

弹出"插入音频"对话框，❶在地址栏中选择音频文件的存储路径，❷选择合适的音频文件，如下图所示，单击"插入"按钮即可。

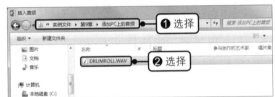

第387招　将音频文件链接到演示文稿

为了使插入到演示文稿的音频文件能随着源文件的改变而自动更新，可以将音频文件链接到演示文稿中。

打开演示文稿，在"插入"选项卡下单击"媒体"组中的"音频"按钮，在展开的列表中单击"PC上的音频"选项，弹出"插入音频"对话框，选中插入的音频文件后，❶单击"插入"右侧的下三角按钮，❷在展开的列表中单击"链接到文件"选项，如右图所示。

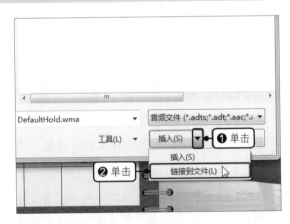

> ⏰ **提示**
>
> 本地视频文件也可通过链接的方式插入到幻灯片中，其操作方法与链接音频文件相同。

第388招 为幻灯片录制声音

若需要在播放演示文稿时，同时播放相应的解说文字，则可以为幻灯片录制声音，具体操作如下。

步骤01 打开"录制声音"对话框

打开原始文件，❶在"插入"选项卡下单击"媒体"组中的"音频"按钮，❷在展开的列表中单击"录制音频"选项，如下图所示。

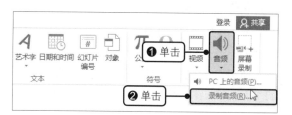

步骤02 录制音频

弹出"录制声音"对话框，❶在"名称"文本框中输入名称，❷单击"开始录制"按钮，如下图所示。最终单击"确定"按钮即可。

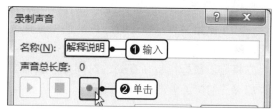

第389招 录制期间的暂停操作

若在录制音频的过程中遇到一些突发状况，则可以暂停录制，稍作调整后继续。

单击"录制声音"对话框中的"暂停"按钮即可暂停录制，如右图所示。再次单击该按钮则可以继续录制。

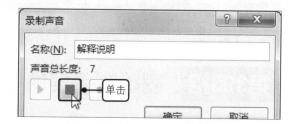

第390招 快速删除不需要的音频

若幻灯片中有不需要的音频，可以将其删除，具体操作如下。

打开原始文件，在幻灯片中选中音频图标，如右图所示，按下【Delete】键即可。

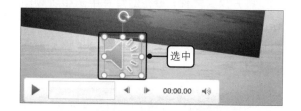

第391招 播放音频

在幻灯片中插入音频后，可通过功能区命令播放音频，具体操作如下。

打开原始文件，在幻灯片中选中音频图标，在"音频工具-播放"选项卡下单击"预览"组中的"播放"按钮，如右图所示。

⏰ **提示**

还可以在幻灯片中选中音频图标后，直接单击音频图标下方进度条左侧的"播放"按钮进行试听。

第392招 巧用书签做标记

使用书签可以快速找到音频中的特定点，有利于对音频进行剪辑和放映演示文稿时快速切换到相应位置。

步骤01 确定书签位置

打开原始文件，❶在幻灯片中选中音频图标，❷将鼠标指针移至音频进度条上，进度条上方将显示鼠标指针所在处的时间点，在需要添加书签的位置单击，如下图所示。

步骤02 添加书签

在"音频工具 - 播放"选项卡下单击"书签"组中的"添加书签"按钮，如下图所示。此时，音频进度条上鼠标单击处将显示一个黄色圆形的书签标志。

第393招 删除不需要的书签

若添加的书签不合适或不再需要该书签，可以将其删除，具体操作如下。

步骤01 选中书签

打开原始文件，❶在幻灯片中选中音频图标，❷单击音频进度条中的小圆点，此时鼠标指针呈👆形状，并显示书签所在的时间点，如下图所示。

步骤02 删除书签

在"音频工具 - 播放"选项卡下单击"书签"组中的"删除书签"按钮即可，如下图所示。

⏰ **提示**

若音频进度条中添加了不止一个书签，播放时按【Alt+Home】组合键，播放进度将跳转到上一个书签处；按【Alt+End】组合键，播放进度将跳转到下一个书签处。

第394招　剪裁音频多余部分

为了添加的音频能更好地修饰演示文稿，可以通过指定音频的开始时间和结束时间，删除音频中多余的首尾部分，具体操作如下。

步骤01 打开"剪裁音频"对话框

打开原始文件，在幻灯片中选中音频图标，在"音频工具 - 播放"选项卡下单击"编辑"组中的"剪裁音频"按钮，如下图所示。

步骤02 设置音频开始时间

弹出"剪裁音频"对话框，向右拖动音频进度条左侧的绿色滑块，设置音频的开始时间，如下图所示。

步骤03 设置音频结束时间

向左拖动音频进度条右侧的红色滑块，设置音频的结束时间，如下图所示。

步骤04 完成音频剪裁

设置好音频的开始时间和结束时间后，可以试听剪裁后的音频，确认无误则单击"确定"按钮，如下图所示。

第395招　设置音频缓冲时间

若要使幻灯片中的声音更有特点，可以设置声音的淡入、淡出时间，让声音缓慢增大至标准音量或音量逐渐减小至消失。

步骤01 设置淡入时间

打开原始文件，在幻灯片中选中音频图标，在"音频工具 - 播放"选项卡下单击"编辑"组中"淡入"数值框右侧的数字调节按钮，调节淡入时间为 0.5 秒，如右图所示。

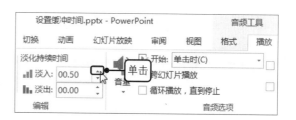

步骤02 设置淡出时间

在"编辑"组中的"淡出"数值框中输入"00.25",即设置淡出时间为 0.25 秒,如右图所示。

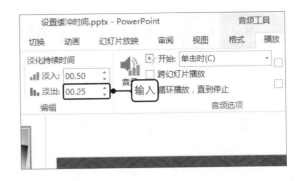

第396招 调节播放的音量大小

在幻灯片中添加声音后,可以根据演示文稿播放的场合适当调节音量。

在打开的演示文稿中选中音频图标,❶在"音频工具-播放"选项卡下单击"音频选项"组中的"音量"按钮,❷在展开的列表中单击"中"选项,如右图所示。

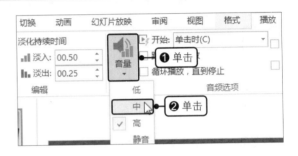

第397招 让音频自动开始播放

若要在放映演示文稿时,自动播放插入的音频文件,则可以通过功能区命令来设置,具体操作如下。

在打开的演示文稿中选中音频图标,❶在"音频工具-播放"选项卡下单击"音频选项"组中"开始"右侧的下三角按钮,❷在展开的列表中单击"自动"选项,如右图所示。

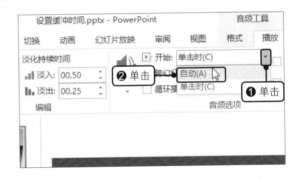

第398招 让音频跨幻灯片播放

若在幻灯片中插入的音频过长,则可以让该音频跨幻灯片播放。

在打开的演示文稿中选中音频图标,在"音频工具-播放"选项卡勾选"音频选项"组中的"跨幻灯片播放"复选框即可,如右图所示。

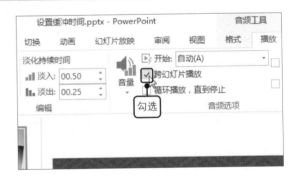

第399招　让音频在幻灯片中循环播放

若要使插入幻灯片中的音频循环播放，直到音频所在幻灯片放映结束为止，可通过功能区的命令来实现。

在打开的演示文稿中选中音频图标，在"音频工具 - 播放"选项卡下勾选"音频选项"组中的"循环播放，直到停止"复选框即可，如右图所示。

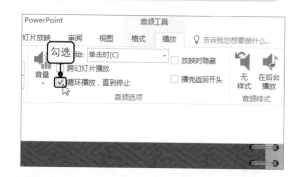

第400招　放映时隐藏音频图标

默认情况下，在幻灯片中插入音频后会显示音频图标，若不想显示该图标，可将其隐藏。

在打开的演示文稿中选中音频图标，在"音频工具 - 播放"选项卡下勾选"音频选项"组中的"放映时隐藏"复选框即可，如右图所示。

第401招　音频播放完毕直接返回开头

若插入的音频过短，演示文稿还没有放映完毕，音频文件就已经播放完成，则可设置音频播完后返回开头继续播放。

在打开的演示文稿中选中音频图标，在"音频工具 - 播放"选项卡下勾选"音频选项"组中的"播完返回开头"复选框即可，如右图所示。

第402招　重置音频播放方式

若想重新设置音频选项，则需要先将音频选项的设置恢复到默认状态。

在打开的演示文稿中选中音频图标，在"音频工具 - 播放"选项卡下单击"音频样式"组中的"无样式"按钮即可，如右图所示。

第403招 在后台播放音频

　　若要将插入的音频作为演示文稿的背景音乐，可通过"音频样式"组中的功能来实现。

　　在打开的演示文稿中选中音频图标，在"音频工具 - 播放"选项卡下单击"音频样式"组中的"在后台播放"按钮即可，如右图所示。

第404招 单击某一对象开始播放

　　想要实现单击幻灯片中的某一对象即可播放幻灯片中的音频，则可以为音频文件添加触发条件和触发对象，具体操作如下。

步骤01 设置播放动画

　　打开原始文件，在幻灯片中选中音频图标，切换至"动画"选项卡下，可看到选中的音频文件自动选中"动画"框中的"播放"效果，如下图所示。

步骤02 设置触发对象

　　❶单击"高级动画"组中的"触发"按钮，❷在展开的列表中单击"单击 > 圆角矩形 27"选项，如下图所示。进入放映模式，单击"开始"矩形即可播放音频。

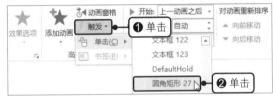

第405招 单击某一对象暂停播放

　　想要单击幻灯片中的某一对象实现暂停播放音频，再次单击可继续播放的效果，可按照如下方法操作。

步骤01 设置暂停动画

　　打开原始文件，在幻灯片中选中音频图标，在"动画"选项卡下单击"添加动画"按钮，在展开的列表中单击"暂停"效果，如下图所示。

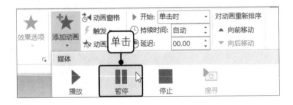

步骤02 设置触发对象

　　❶单击"高级动画"组中的"触发"按钮，❷在展开的列表中单击"单击 > 圆角矩形 99"选项，如下图所示。进入放映模式，单击"暂停"矩形即可暂停播放音频。

第406招　单击某一对象停止播放

除了已经介绍的单击幻灯片中的对象可完成播放和暂停效果外，同样可以实现单击某一对象停止播放音频的效果，具体设置如下。

步骤01　设置停止动画

打开原始文件，在幻灯片中选中音频图标，在"动画"选项卡下单击"添加动画"按钮，在展开的列表中单击"停止"效果，如下图所示。

步骤02　设置触发对象

❶单击"高级动画"组中的"触发"按钮，❷在展开的列表中单击"单击 > 圆角矩形102"选项，如下图所示。进入放映模式，单击"结束"矩形即可停止播放音频。

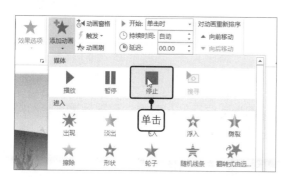

第407招　多段音频的添加与播放衔接

若在同一演示文稿中添加了多段音频，且需要这些音频能够自动连续播放，则需要进行音频播放衔接的设置，具体操作如下。

步骤01　打开动画窗格

打开原始文件，在"动画"选项卡下单击"高级动画"组中的"动画窗格"按钮，如下图所示。

步骤02　设置开始方式

打开"动画窗格"任务窗格，❶单击第1个音频对象右侧的下三角按钮，❷在展开的列表中单击"从上一项开始"选项，如下图所示。其余各项按相同方法设置开始方式为"从上一项之后开始"即可。

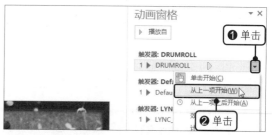

第408招　更改音频图标

插入的音频文件图标默认是喇叭形状，若希望图标更具个性，可对其进行更改。

打开原始文件，❶在幻灯片中右击音频文件图标，❷在弹出的快捷菜单中单击"更改图片"命令，如右图所示。弹出"插入图片"面板，然后按照插入图片的方法选择合适的图片即可。

⏰ **提示**

选中音频文件后，单击"音频工具-格式"选项卡下"调整"组中的"更改图片"按钮，同样可以弹出"插入图片"面板。

第409招 美化音频图标

音频文件插入到幻灯片中后，其图标是以图片的形式存在的，若想让该图标更符合幻灯片背景或主题，则可以像设置图片格式一样对其进行美化。

步骤01 展开图片样式库

打开原始文件，在幻灯片中选中音频图标，在"音频工具-格式"选项卡下单击"图片样式"组的快翻按钮，如下图所示。

步骤02 选择图片样式

在展开的"图片样式"列表中选择合适的样式，如选择"金属椭圆"样式，如下图所示。

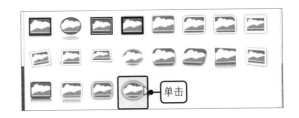

第410招 嵌入PC上的视频

除了在多媒体幻灯片中插入文字、图片、音频等内容，还可以在幻灯片中添加视频文件，为了能让演示文稿移动后仍然可以播放视频，则需要以"嵌入"的方式插入视频，具体操作如下。

步骤01 打开"插入视频文件"对话框

打开原始文件，❶在"插入"选项卡下单击"媒体"组中的"视频"按钮，❷在展开的列表中单击"PC上的视频"选项，如右图所示。

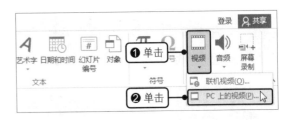

步骤02 插入视频文件

弹出"插入视频文件"对话框，❶在地址栏中选择视频文件保存的路径，❷双击需要插入的视频文件即可，如右图所示。

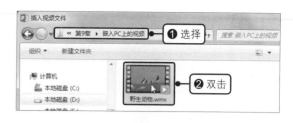

步骤03 调整视频窗口大小

选中插入到幻灯片中的视频文件，在"视频工具 - 格式"选项卡下的"大小"组中设置高度为"14 厘米"，如下图所示，然后按下【Enter】键即可。

步骤04 查看最终效果

此时插入幻灯片的视频画面为黑色，如下图所示。

第411招　链接网站上的视频

除了插入 PC 上的视频外，还可以将网站上的视频链接到演示文稿中，下面以用"Windows Media Player"视频控件插入网站上的视频为例，来介绍具体的操作方法。

步骤01 打开"其他控件"对话框

打开原始文件，在"开发工具"选项卡单击"控件"组中的"其他控件"按钮，如下图所示。

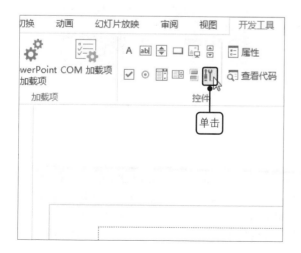

步骤02 选择控件

弹出"其他控件"对话框，❶在控件列表框中选择"Windows Media Player"控件，❷单击"确定"按钮，如下图所示。

步骤03 绘制视频播放窗口

此时鼠标指针呈+形状，按住鼠标左键在幻灯片中拖动绘制一个适当大小的视频窗口，如下图所示。绘制完成后释放鼠标左键即可。

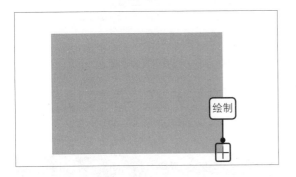

步骤04 打开属性表

❶右击绘制的视频窗口，❷在弹出的快捷菜单中单击"属性表"命令，如下图所示，将弹出"属性"对话框。

步骤05 复制视频地址

打开某视频网站并播放所需视频，在视频的下方单击"更多"按钮，在"分享给好友"选项卡下单击需要复制的代码右侧的"复制"按钮，如下图所示。

步骤06 粘贴视频地址

在"属性"对话框中的"URL"右侧文本框中粘贴网站视频的代码，如下图所示。最后关闭该对话框。

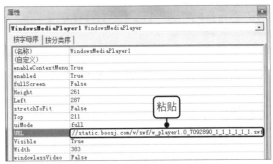

步骤07 查看最终效果

按下【F5】键，进入放映视图，单击视频播放窗口下方的"播放"按钮即可播放视频，效果如右图所示。

⏰ **提示**

单击"视频"列表中的"联机视频"选项，也可以插入联机视频。在弹出的"插入视频"选项面板中的"YouTube"右侧文本框中输入视频关键字，然后单击搜索结果中的某个视频，再单击"插入"按钮；或在"来自视频嵌入代码"文本框中粘贴视频代码插入相关视频。

第412招 一键开始播放视频

插入视频文件后预览视频，以发现插入的视频是否正确和对视频播放时间有所了解，具体操作如下。

在打开的演示文稿中选中视频，单击视频播放条中的"播放"按钮即可播放视频，如右图所示，此时"播放"按钮将变为"暂停"按钮。

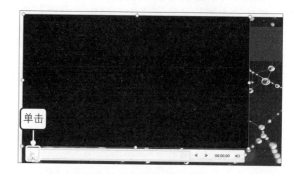

提示

除上述方式外，在幻灯片中选中视频文件后，在"视频工具-播放"选项卡下单击"预览"组中的"播放"按钮，也可以播放视频。

第413招 剪辑视频

如果只需要在幻灯片中插入视频的某部分，则可以对插入的视频进行剪辑，操作方法与剪裁音频文件大同小异。

步骤01 打开"剪裁视频"对话框

打开原始文件，在幻灯片中选中视频，在"视频工具-播放"选项卡下单击"编辑"组中的"剪裁视频"按钮，如下图所示。

步骤02 设置开始时间

弹出"剪裁视频"对话框，❶选中左侧绿色滑块（开始时间），❷单击"下一帧"按钮，一帧一帧地调节，如下图所示。

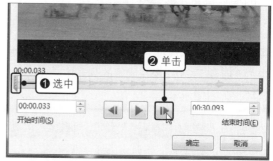

步骤03 设置结束时间

❶选中红色滑块，并将其向左拖动至 7 秒左右，❷单击"上一帧"按钮，微调结束时间，如右图所示。

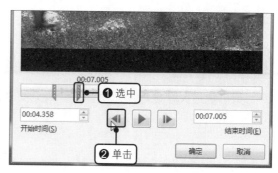

步骤04 确认剪裁

设置好视频的开始时间及结束时间,且预览确认无误后,单击"确定"按钮,完成视频剪裁,如右图所示。返回幻灯片中,此时视频文件的画面显示为剪裁后的第一帧图像。

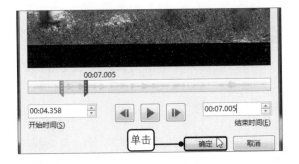

第414招 让视频画面慢慢出现

根据实际需要设置视频文件的淡入时间,可让视频画面由暗逐渐变到标准亮度,让视频缓慢出现,具体操作如下。

打开原始文件,在幻灯片中选中视频,在"视频工具 - 播放"选项卡下设置"编辑"组中的"淡入"时间为"02.00",即设置为 2 秒,如右图所示。播放幻灯片中的视频文件,即可看到画面由暗逐渐变亮。

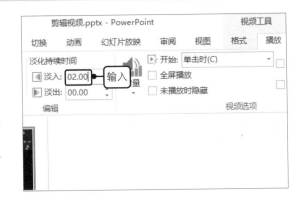

第415招 设置视频音量

不同的演示环境对声音的要求也有所不同,可根据实际情况来调节幻灯片中视频文件的播放音量,具体操作如下。

在打开的演示文稿中选中视频,❶在"视频工具 - 播放"选项卡下单击"视频选项"组中的"音量"按钮,❷在展开的列表中单击"中"选项,如右图所示。

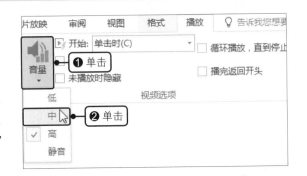

提示

除上述方法外,在演示文稿中选中视频文件后,单击视频播放控制条右侧的"静音 / 取消静音"按钮,在弹出的音量调节滑块中上下拖动调节滑块中的小黄点,也可调节音量。

第416招 让视频全屏播放

为了能最大程度地展示画面,让观众更清晰地看到视频内容,可将视频设置为全屏播放。

打开原始文件，在幻灯片中选中视频，在"视频工具 - 播放"选项卡下勾选"视频选项"组中的"全屏播放"复选框即可，如右图所示。

第417招　未播放时隐藏视频

若想使用幻灯片中的其他对象实现视频的播放，且未播放时隐藏视频，则可设置视频在未播放时隐藏。

在打开的演示文稿中选中视频，在"视频工具 - 播放"选项卡下勾选"视频选项"组中的"未播放时隐藏"复选框即可，如右图所示。

第418招　让视频循环播放

当插入幻灯片中的视频较短，又想在放映结束前一直播放该视频，则可以为视频文件设置循环播放效果。

在打开的演示文稿中选中视频，在"视频工具 - 播放"选项卡下勾选"视频选项"组中的"循环播放，直到停止"复选框即可，如右图所示。

第419招　视频播完返回开头

默认情况下，视频播放完都会停留在最后一帧画面，若不希望停留在最后一帧，则可以设置视频播完回到开头的效果。

在打开的演示文稿中选中视频，在"视频工具 - 播放"选项卡下勾选"视频选项"组中的"播完返回开头"复选框即可，如右图所示。

第420招　更改视频亮度与对比度

为了增强插入到幻灯片中的视频图像的表达效果，可以根据实际情况调整视频的亮度和对比度。

打开原始文件，在幻灯片中选中视频，❶在"视频工具-格式"选项卡下单击"调整"组中的"更正"按钮，❷在展开的列表中选择"亮度：0%（正常）对比度：+20%"效果，如右图所示。

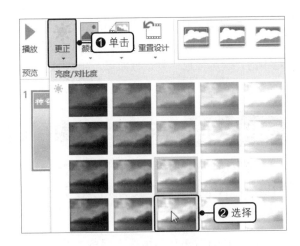

第421招 更改视频颜色

若希望视频更具有独特的风格效果，可以通过更改视频颜色来实现，具体操作如下。

打开原始文件，在幻灯片中选中视频文件，❶在"视频工具-格式"选项卡下单击"调整"组中的"颜色"按钮，❷在展开的列表中选择"灰度"效果，如右图所示。

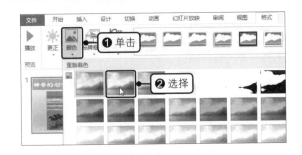

第422招 为视频添加标牌框架

标牌框架就是视频的封面效果，若想消除视频加载过慢时出现的黑屏现象，可以为视频添加标牌框架，具体操作如下。

步骤01 选择标牌框架图像来源

打开原始文件，在幻灯片中选中视频，❶在"视频工具-格式"选项卡下单击"调整"组中的"标牌框架"按钮，❷在展开的列表中单击"文件中的图像"选项，如下图所示。

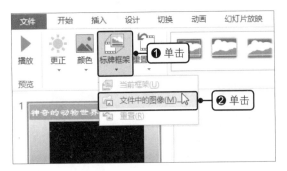

步骤02 打开"插入图片"对话框

弹出"插入图片"面板，单击"来自文件"右侧的"浏览"按钮，如下图所示。

步骤03 插入图片

弹出"插入图片"对话框，❶在地址栏中选择图片保存的路径，❷双击需作为标牌框架的图片，如下图所示。

步骤04 查看最终效果

返回幻灯片中，此时的视频文件中显示了插入的图片且图片颜色与视频图像一致，如下图所示。

第423招　快速重置视频的标牌框架

若对插入视频中的标牌框架不满意，则可一键快速恢复到默认状态，具体操作如下。

打开原始文件，在幻灯片中选中视频，❶在"视频工具 - 格式"选项卡下单击"调整"组中的"标牌框架"按钮，❷在展开的列表中单击"重置"选项即可，如右图所示。

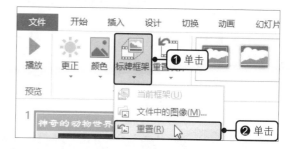

第424招　一键还原视频原貌

若对视频的颜色、亮度 / 对比度及视频文件画面大小等一系列设置不满意，则可对视频的设计和大小进行重置。

打开原始文件，在幻灯片中选中视频，❶在"视频工具 - 格式"选项卡下单击"调整"组中的"重置设计"按钮，❷在展开的列表中单击"重置设计和大小"选项，如右图所示。

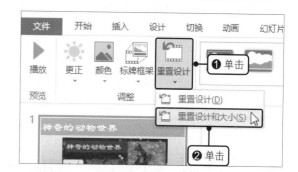

> ⏰ **提示**
>
> 若只是对视频的颜色和亮度 / 对比度不满意，则在展开的列表中单击"重置设计"选项即可。

第425招　快速美化视频样式

为了快速制作出精美、专业的视频效果，可套用系统预设的视频样式，具体操作如下。

步骤01 展开更多的视频样式

　　打开原始文件，在幻灯片中选中视频文件，在"视频工具 - 格式"选项卡下单击"视频样式"组中的快翻按钮，如下图所示。

步骤02 选择视频样式

　　在展开的"视频样式"库中选择"中等"组中的"旋转，渐变"样式，如下图所示。

第426招 更改视频形状

　　插入幻灯片的的视频形状默认为矩形，为了彰显幻灯片的个性，或能与当前幻灯片中的其他对象更好地融合，可以更改视频形状。

　　打开原始文件，在幻灯片中选中视频，❶在"视频工具 - 格式"选项卡下单击"视频样式"组中"视频形状"下拉按钮，❷在展开的库中选择"菱形"，如右图所示。

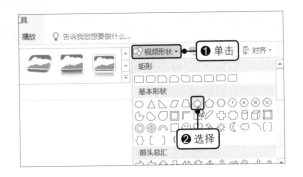

第427招 更改视频边框颜色

　　选择预设的视频样式后，若对预设样式中的边框颜色不满意，可以单独对其进行设置。

　　打开原始文件，在幻灯片中选中视频，❶在"视频工具 - 格式"选项卡下单击"视频样式"组中"视频边框"右侧的下三角按钮，❷在展开的列表中选择"深蓝，文字 2，淡色 60%"，如右图所示。

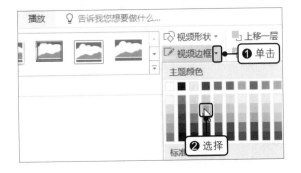

第428招 快速应用视频效果

　　想要让视频更加立体，又担心自己设置的效果不专业，可套用预设的视频效果。

　　打开原始文件，在幻灯片中选中视频，❶在"视频工具 - 格式"选项卡下单击"视频样式"组中"视频效果"下拉按钮，❷在展开的列表中单击"预设 > 预设 12"样式，如右图所示。

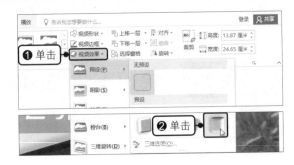

第429招　裁剪视频画面

如果视频画面中包含不需要的部分，则可以像裁剪图片一样对视频画面进行裁剪，具体操作如下。

步骤01　单击"裁剪"按钮

打开原始文件，在幻灯片中选中视频，在"视频工具-格式"选项卡下单击"大小"组中的"裁剪"按钮，如下图所示。

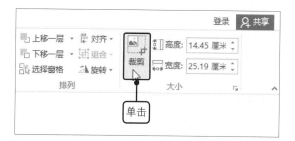

步骤02　裁剪视频画面

此时视频周围显示了黑色框线，拖动黑色控点裁去不需要的画面即可，裁去的画面部分以灰色显示，如下图所示。

第430招　给媒体文件瘦身

如果想既能满足视频的播放条件，又能提高演示文稿的性能，可将演示文稿压缩来提高演示文稿性能。

步骤01　单击"文件"按钮

打开原始文件，单击"文件"按钮，如下图所示。

步骤02　压缩文件

弹出视图菜单，❶在右侧的"信息"面板中单击"压缩媒体"按钮，❷在展开的列表中单击"演示文稿质量"选项即可，如下图所示。

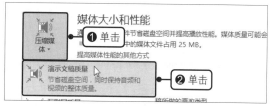

第431招　优化媒体兼容性

为了避免演示文稿出现无法播放的问题，可以优化演示文稿的媒体兼容性。

在打开的演示文稿中单击"文件"按钮，弹出视图菜单，在右侧的"信息"面板中单击"优化兼容性"按钮即可，如右图所示。

第10章　幻灯片外观和切换效果

制作演示文稿时，不仅要让PowerPoint中表现的内容得到观众的认可，同时也要让观众在观看演示文稿的过程中得到身心的享受，所以，掌握更改演示文稿的主题效果、背景、版式布局及添加切换效果尤为重要，掌握这些技术可以让制作出的演示文稿更受观众青睐。

第432招　快速更改演示文稿主题

PowerPoint 中预置了一些主题的样式，直接套用预置的主题样式可轻松地创建出具有专业水平的演示文稿。

步骤01　展开更多主题

打开原始文件，在"设计"选项卡下单击"主题"组中的快翻按钮，如下图所示。

步骤02　选择合适的主题

在展开的"主题"库中选择"切片"主题，如下图所示。

第433招　应用本地演示文稿主题

若知道主题保存的位置，还可以通过浏览主题功能来应用演示文稿主题，具体操作如下。

打开原始文件，在"设计"选项卡下单击"主题"组中的快翻按钮，在展开的库中单击"浏览主题"选项，如右图所示。打开"浏览主题"对话框，选择需要的主题样式应用到演示文稿中即可。

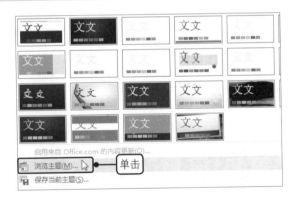

第434招　保存自定义主题方便下次使用

对主题的颜色、字体及效果等做出适当的调整后，若希望设置的主题能够再次被应用，可以将自定义的主题保存起来。

步骤01 打开"保存当前主题"对话框

打开原始文件，在"设计"选项卡下单击"主题"组中的快翻按钮，在展开的列表中单击"保存当前主题"选项，如下图所示。

步骤02 保存主题

弹出"保存当前主题"对话框，保持默认的路径不变，单击"保存"按钮即可，如下图所示。

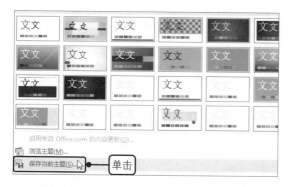

第435招　快速改变主题颜色

当演示文稿应用了某种主题样式后，若不喜欢该样式中的颜色，可以单独对颜色进行更改，具体操作如下。

步骤01 展开更多变体样式

打开原始文件，在"设计"选项卡下单击"变体"组中的快翻按钮，如下图所示。

步骤02 选择颜色效果

在展开的列表中单击"颜色 > 视点"选项，如下图所示。

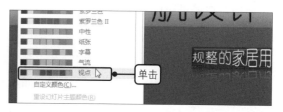

第436招　只改变单个幻灯片的主题颜色

默认情况下，直接单击某颜色选项，会将该颜色应用到整个演示文稿中。若只需更改部分幻灯片的颜色，可通过右击快捷菜单实现。

打开原始文件，在幻灯片中选中要更改颜色的幻灯片，在"设计"选项卡下单击"变体"组中的快翻按钮，❶在展开的列表中右击"颜色"选项，❷在弹出的快捷菜单中右击"灰度"命令，然后单击"应用于所选幻灯片"选项，如右图所示。

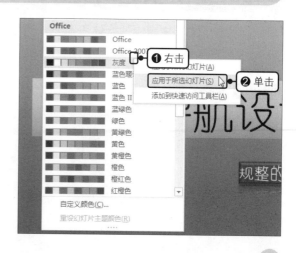

第437招 自定义主题颜色

如果不满意系统预置的颜色，还可以自定义演示文稿的主题颜色，并将其保存下来供下次使用。

步骤01 打开"新建主题颜色"对话框

打开原始文件，在"设计"选项卡下单击"变体"组中的快翻按钮，在展开的列表中单击"颜色 > 自定义颜色"选项，如下图所示。

步骤02 新建主题颜色

弹出"新建主题颜色"对话框，❶单击"文字 / 背景 - 深色"右侧的下三角按钮，❷在展开的列表中选择合适的颜色，如下图所示。利用相同方法设置好其他部分的颜色后，单击"保存"按钮即可。

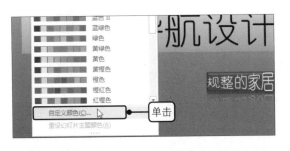
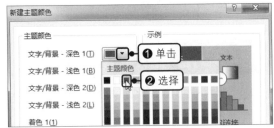

第438招 重新命名自定义颜色

自定义主题颜色后，可以给该组颜色重新命名，以便进行区分。

打开演示文稿，❶在"新建主题颜色"对话框中的"名称"文本框中删除默认的名称，输入"商务蓝"，❷单击"保存"按钮，如右图所示。

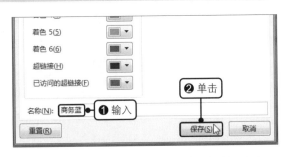

第439招 快速改变主题字体

若对演示文稿主题中的字体不满意，可以单独更改整个演示文稿的主题字体，具体操作如下。

步骤01 展开"变体"选项

打开原始文件，在"设计"选项卡下单击"变体"组中的快翻按钮，如右图所示。

步骤02 选择字体

在展开的列表中单击"字体 >Arial 黑体 黑体"选项，如右图所示。

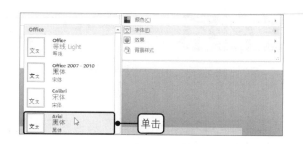

第440招　自定义主题字体

主题字体包括西文和中文两类字体，其中西文和中文字体又包含了标题和正文两类，若对预置的主题字体中的字体不满意，可以自定义主题字体样式。

步骤01 打开"新建主题字体"对话框

打开原始文件，在"设计"选项卡下单击"变体"组中的快翻按钮，在展开的列表中单击"字体 > 自定义字体"选项，如下图所示。

步骤02 新建主题字体

弹出"新建主题字体"对话框，❶ 设置西文的标题字体和正文字体为"Times New Roman"，中文的标题字体和正文字体为"楷体"，❷ 设置"名称"为"字体设计"，如下图所示。单击"保存"按钮即可。

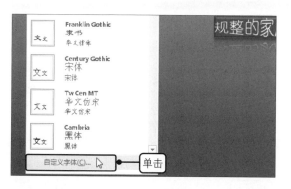

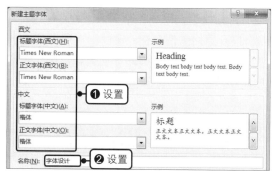

第441招　更改主题效果

通过使用系统预设的主题效果可快速更改幻灯片中不同对象的外观，使其看起来更加专业、美观。

打开原始文件，在幻灯片选中要更改效果的对象，在"设计"选项卡下单击"变体"组中的快翻按钮，在展开的列表中单击"效果 > 磨砂玻璃"选项，如右图所示。

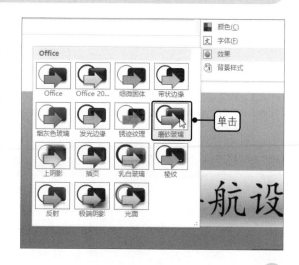

第442招 更改主题背景样式

若要快速更改演示文稿中所有幻灯片的背景，则可以直接套用内置的背景样式。

打开原始文件，在"设计"选项卡下单击"变体"组中的快翻按钮，在展开列表中单击"背景样式 > 样式 6"选项，如右图所示。

⏰ **提示**

演示文稿主题应用的主题颜色不同，内置的背景样式颜色也不同。

第443招 自定义背景样式

若内置的背景样式库中没有满意的样式，还可以自定义背景格式，具体操作如下。

步骤01 打开"设置背景格式"任务窗格

打开原始文件，在"设计"选项卡下单击"自定义"组中的"设置背景格式"按钮，如下图所示。

步骤02 设置背景格式

打开"设置背景格式"任务窗格，❶在"填充"选项组中单击"纯色填充"单选按钮，❷设置合适的填充颜色，如下图所示。若要将该背景应用于所有幻灯片，则单击窗格左下角的"全部应用"按钮即可。

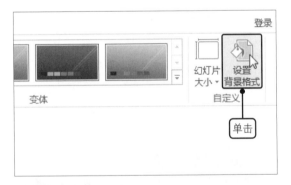

⏰ **提示**

也可以根据实际需求，通过"设置背景格式"任务窗格设置背景为"渐变填充""图片或纹理填充"等。

第444招 将某一主题设为默认主题

若想在创建演示文稿时直接套用某个主题，可以事先将该主题设置为默认主题。

❶打开演示文稿，在"设计"选项卡下的"主题"组中右击要套用的主题，❷在弹出的快捷菜单中单击"设置为默认主题"命令即可，如右图所示。

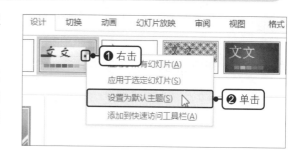

第445招 让幻灯片动态呈现

为了增添演示文稿的趣味性，提高观众的积极性，可以为幻灯片添加切换效果。

打开原始文件，选中第1张幻灯片，在"切换"选项卡下单击"切换到此幻灯片"组中的快翻按钮，在展开的列表中单击"分割"效果，如右图所示。

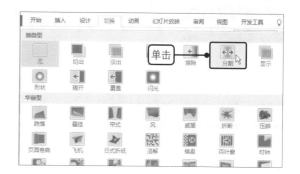

第446招 预览幻灯片切换效果

选择切换方式后，想要查看具体的放映效果，可以对设置的效果进行预览，具体方法如下。

步骤01 单击"预览"按钮

打开原始文件，选中设置了切换效果的幻灯片，在"切换"选项卡下单击"预览"组中的"预览"按钮，如下图所示。

步骤02 显示效果

此时幻灯片会立即播放设置的切换效果，如下图所示。

第447招 设置切换效果的属性

为幻灯片添加切换效果后，可根据自己的喜好和不同的演示环境灵活更改切换效果的属性，如切换方向。

打开原始文件，选中设置了切换效果的幻灯片，❶在"切换"选项卡下单击"切换到此幻灯片"组中的"效果选项"按钮，❷在展开的列表中单击"中央向上下展开"选项，如右图所示。

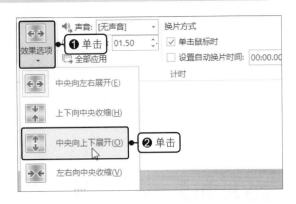

第448招 让幻灯片进行有声切换

默认情况下，为幻灯片添加的任何效果都是没有声音的，为了吸引观众的注意，可以为幻灯片的切换效果添加声音。

打开原始文件，选中设置了切换效果的幻灯片，❶在"切换"选项卡下单击"计时"组中"声音"右侧的下三角按钮，❷在展开的列表中选择"打字机"选项，如右图所示。

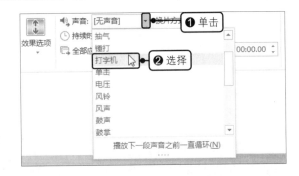

第449招 为切换效果添加自选声音

若对系统预设的声音都不满意，则可以将本地保存的音频文件添加到演示文稿中，具体操作如下。

步骤01 单击"其他声音"选项

打开原始文件，选中设置了切换效果的幻灯片，❶在"切换"选项卡下单击"计时"组中"声音"右侧的下三角按钮，❷在展开的列表中单击"其他声音"选项，如下图所示。

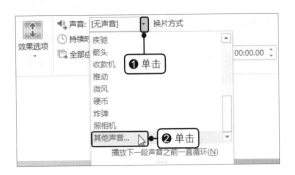

步骤02 选择其他声音

弹出"添加音频"对话框，❶在地址栏中选择音频文件的保存位置，❷双击需要应用的音频文件即可，如下图所示。

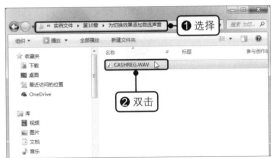

第450招　控制幻灯片切换的速度

　　若觉得默认的切换速度过快，则可将切换效果的节奏放慢，使切换的效果更加明显。

　　打开原始文件，选中设置了切换效果的幻灯片，在"切换"选项卡下的"计时"组中单击"持续时间"右侧的数字调节按钮，将时间调整为"02.75"秒，如右图所示。

第451招　播放幻灯片时自动切换页面

　　在 PowerPoint 中，默认的换片方式是单击鼠标时换片，有时为了方便或需要幻灯片自动播放，还可以设置自动换片。

　　打开原始文件，选中设置了切换效果的幻灯片，❶在"切换"选项卡下勾选"计时"组中"设置自动换片时间"复选框，❷单击"设置自动换片时间"右侧的数字调节按钮，设置换片间隔时间为"00:03.00"秒，如右图所示。

第452招　让所有幻灯片按相同方式切换

　　为某一张幻灯片设置好切换效果及计时方式后，若要将当前的切换效果及计时方式应用到所有幻灯片中，可通过全部应用功能实现。

　　打开原始文件，选中设置了切换效果及计时方式的幻灯片，在"切换"选项卡下单击"计时"组中的"全部应用"按钮即可，如右图所示。

读书笔记

第11章 母版的应用

如果想制作出一些具有统一效果，如统一的背景、字体和版式等类型的幻灯片，就可以利用PowerPoint的母版功能来快速设置出统一的幻灯片版式。使用幻灯片母版制作幻灯片版式不但能够节约时间，还可避免因为失误而出现页面同一部分有所差别的情况。

第453招 快速切换至幻灯片母版视图

演示文稿的母版视图能够方便快速地创建预设样式的幻灯片，通过"视图"选项卡下的命令可快速进入母版视图，具体操作如下。

打开演示文稿，在"视图"选项卡下单击"母版视图"组中的"幻灯片母版"按钮，即可切换至幻灯片母版视图，如右图所示。

第454招 按需添加新母版

若想要保留演示文稿中原有的母版格式，却又希望母版效果更加丰富，则可以添加一个新的母版。

步骤01 进入母版视图

打开原始文件，在"视图"选项卡下单击"母版视图"组中的"幻灯片母版"按钮，如下图所示。

步骤02 插入新母版

在"幻灯片母版"选项卡下单击"编辑母版"组中的"插入幻灯片母版"按钮，如下图所示。

步骤03 显示插入的幻灯片母版

此时在当前幻灯片母版的结束处添加了新的幻灯片母版，如右图所示。

第455招　清除多余母版

若演示文稿中有未使用的母版且不想保留该母版时，可以将其删除，具体操作如下。

打开原始文件，在"视图"选项卡下单击"母版视图"组中的"幻灯片母版"按钮，❶在"幻灯片母版"视图下选中要删除的母版缩略图，❷单击"编辑母版"组中的"删除"按钮，如右图所示。

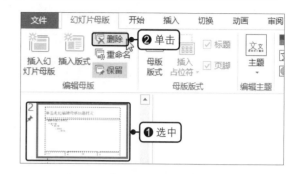

⏰ 提示

还可以右击需要删除的幻灯片母版缩略图，在弹出的快捷菜单中单击"删除母版"命令来删除母版。

第456招　快速重命名母版

步骤01 打开"重命名版式"对话框

打开原始文件，在"视图"选项卡下单击"母版视图"组中的"幻灯片母版"按钮，在"幻灯片母版"视图下选中要重命名的母版缩略图，单击"编辑母版"组中的"重命名"按钮，如下图所示。

步骤02 重命名版式

弹出"重命名版式"对话框，❶在"版式名称"文本框中输入"简洁明了"，❷单击"重命名"按钮，如下图所示。

步骤03 查看最终效果

返回幻灯片中，将鼠标指针移至重命名的母版缩略图上，可看到修改后的名称，如右图所示。

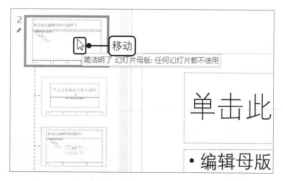

第457招 保留幻灯片母版

在删除某幻灯片时，PowerPoint 系统会自动删除该幻灯片所引用的母版，若不想删除该幻灯片引用的母版，则可将其保留，具体操作如下。

打开演示文稿，在"视图"选项卡下单击"母版视图"组中的"幻灯片母版"按钮，❶在"幻灯片母版"选项卡下选中要保留的母版，❷单击"编辑母版"组中的"保留"按钮即可，如右图所示。

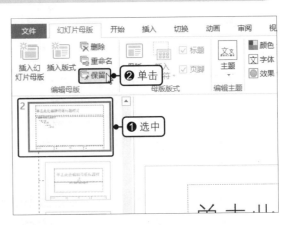

第458招 自定义幻灯片母版版式

若系统预设的版式不符合需求，可以通过自由搭配、设计不同类型的占位符来自定义幻灯片母版版式。

步骤01 进入幻灯片母版视图

打开原始文件，在"视图"选项卡下单击"母版视图"组中的"幻灯片母版"按钮，如下图所示。

步骤02 插入新的版式

在"幻灯片母版"选项卡下单击"编辑母版"组中的"插入版式"按钮，如下图所示。

步骤03 插入"图片"占位符

系统自动选择新插入的版式，❶单击"插入占位符"下三角按钮，❷在展开的列表中单击"图片"选项，如下图所示。

步骤04 显示绘制的占位符

按住鼠标左键不放向下拖动，绘制完成后松开鼠标左键，即可看到插入的"图片"占位符。应用相同的方法绘制"文本"占位符，如下图所示。

第459招　快速新建自定义版式幻灯片

自定义幻灯片版式后，可以在"开始"选项卡下快速创建自定义版式幻灯片，具体操作如下。

打开原始文件，在"开始"选项卡下单击"幻灯片"组中的"新建幻灯片"下三角按钮，在展开的列表中选择"自定义版式"选项即可，如右图所示。

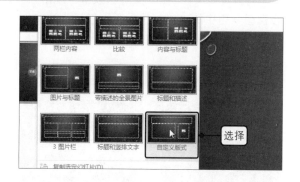

第460招　删除多余版式

在编辑幻灯片母版时，若发现某些幻灯片版式在演示文稿中不会使用，则可以将其删除。

打开原始文件，在"视图"选项卡下单击"母版视图"组中的"幻灯片母版"按钮，在"幻灯片母版"视图下选中要删除的版式，单击"编辑母版"组中的"删除"按钮，如右图所示。

> **⏰ 提示**
>
> 也可以右击需要删除的版式，然后在弹出的快捷菜单中单击"删除版式"命令。

第461招　取消版式中的标题占位符

若想要取消幻灯片中某个版式的标题占位符，可通过以下方法来实现。

打开原始文件，在"视图"选项卡下单击"母版视图"组中的"幻灯片母版"按钮，❶在"幻灯片母版"选项卡下选中幻灯片缩略图，❷取消勾选"母版版式"组中的"标题"复选框，如右图所示。

第462招　更改幻灯片母版标题字体

通过幻灯片母版更改标题占位符中文本的字体、字号及颜色等，可以使整个演示文稿中的标题文本发生相应的变化，具体操作如下。

步骤01 选中标题占位符

打开原始文件,在"视图"选项卡下单击"母版视图"组中的"幻灯片母版"按钮,选中幻灯片中的标题占位符,如下图所示。

步骤02 更改标题字体

在"开始"选项卡下设置"字体"为"华文琥珀"、"字号"为"54"磅、"颜色"为"橙色",如下图所示。

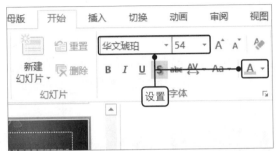

> **提示**
>
> 还可以选中占位符中的文本,在弹出的浮动工具栏中更改标题字体、字号及颜色等。

第463招 批量为每张幻灯片添加水印

若希望通过向幻灯片中添加某些信息以达到文件真伪鉴别、版权保护等目的,则可通过为幻灯片母版添加水印来实现,具体操作如下。

步骤01 选中要设置的幻灯片母版缩略图

打开原始文件,在"视图"选项卡下单击"母版视图"组中的"幻灯片母版"按钮,选中编号为"1"的幻灯片缩略图,如下图所示。

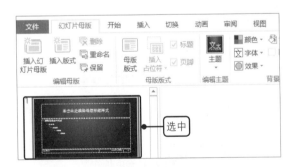

步骤02 添加文本框

❶在"插入"选项卡下单击"文本"组中的"文本框"下三角按钮,❷在展开的列表中单击"横排文本框"选项,如下图所示。

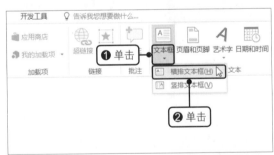

步骤03 添加并设置文本

按住鼠标左键在幻灯片中拖动绘制文本框,绘制完成后释放鼠标,并在文本框中输入"专用水印",拖动选中文本并设置如图所示的字体、字号和颜色,如右图所示。

步骤04 打开"设置形状格式"任务窗格

❶右击该文本框，❷在弹出的快捷菜单中单击"设置形状格式"命令，如下图所示。

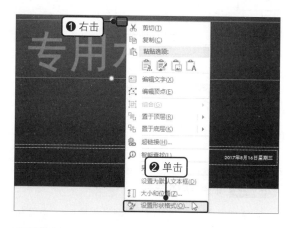

步骤05 设置文本透明度

打开"设置形状格式"任务窗格，在"文本选项"选项卡下设置"文本填充"选项组中的"透明度"为"60%"，如下图所示。

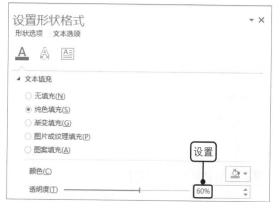

步骤06 单击"置于底层"选项

❶在"绘图工具-格式"选项卡下单击"排列"组中"下移一层"右侧的下三角按钮，❷在展开的列表中单击"置于底层"选项，如下图所示。

步骤07 查看最终效果

调整好文本框后，关闭"幻灯片母版"视图，返回"普通视图"，查看水印效果，如下图所示。

第464招　统一为每张幻灯片添加编号和页脚

将编号和页脚添加到母版中，可以使它们成为母版中的固定信息，之后新建幻灯片时，每张幻灯片都会按照顺序显示编号和页脚信息。

步骤01 打开"页眉和页脚"对话框

打开原始文件，切换至"幻灯片母版"视图，选中编号为"1"的幻灯片缩略图，将插入点定位到幻灯片的"页脚"文本框中，单击"插入"选项卡下"文本"组中的"页眉和页脚"按钮，如右图所示。

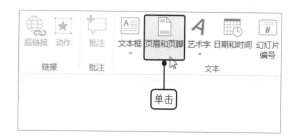

步骤02 设置编号和页脚格式

弹出"页眉和页脚"对话框，❶在"幻灯片"选项卡下的"幻灯片包含内容"选项组中勾选"幻灯片编号"复选框，❷勾选"页脚"复选框并在"页脚"下方的文本框中输入相应的文本内容，如右图所示。完成上述操作后，单击"全部应用"按钮。

第465招 统一美化每张幻灯片的页脚字体

通过美化版式中页脚的字体，可使整个演示文稿中的页脚的文本发生相应的变化，具体操作如下。

步骤01 选中页脚占位符

打开原始文件，在"视图"选项卡下单击"母版视图"组中的"幻灯片母版"按钮，在"幻灯片母版"选项卡下选中"幻灯片母版"版式中的页脚占位符，如下图所示。

步骤02 调整字体样式

❶在"开始"选项卡下的"字体"组中设置"字体"为"新宋体"、"字号"为"14"磅，❷单击"段落"组中的"居中"按钮，如下图所示。

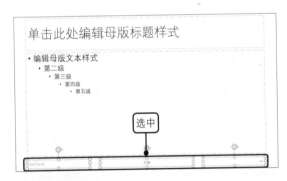

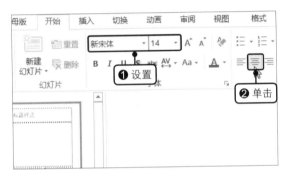

第466招 同时为每张幻灯片添加公司徽标

在介绍企业文化的演示文稿中，通常需要在每一张幻灯片的同一位置添加企业名称和徽标，逐一添加输入会很麻烦，费时费力，这时采用幻灯片母版来设置就会节省很多时间。

步骤01 选中要设置的幻灯片缩略图

打开原始文件，在"视图"选项卡下单击"母版视图"组中的"幻灯片母版"按钮，在"幻灯片母版"选项卡下选中编号为"1"的幻灯片缩略图，如右图所示。

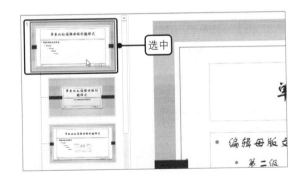

步骤02 选择文本框

❶在"插入"选项卡下单击"文本"组中的"文本框"下三角按钮，❷在展开的列表中单击"横排文本框"选项，如下图所示。

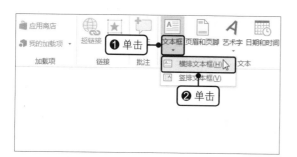

步骤03 输入企业名称

在幻灯片母版版式的适当位置绘制文本框，并在文本框中输入企业名称，这里输入"HLSK 有限公司"，如下图所示。

第467招　为每张幻灯片添加固定的日期和时间

如果想要在放映演示文稿时展示幻灯片的制作时间，可在幻灯片中插入固定的日期和时间。

步骤01 打开"页眉和页脚"对话框

打开原始文件，在"视图"选项卡下单击"母版视图"组中的"幻灯片母版"按钮，在"幻灯片母版"选项卡下选中幻灯片母版版式缩略图，在"插入"选项卡下单击"文本"组中的"页眉和页脚"按钮，如下图所示。

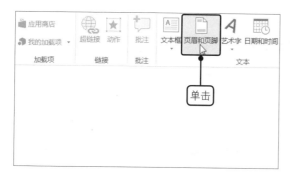

步骤02 设置固定的日期和时间

弹出"页眉和页脚"对话框，❶在"幻灯片"选项卡下的"幻灯片包含内容"选项组中勾选"日期和时间"复选框，❷单击"固定"单选按钮，如下图所示。完成上述操作后，单击"全部应用"按钮即可。

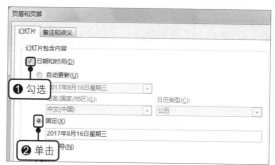

第468招　为每张幻灯片添加自动更新的日期和时间

如果想让演示文稿中的每一张幻灯片的时间随时都是当前的日期和时间，可以通过插入自动更新日期和时间的方法，直接调用 Windows 系统的当前日期和时间，以避免手工输入的麻烦。

步骤01 打开"页眉和页脚"对话框

打开原始文件，在"视图"选项卡下单击"母版视图"组中的"幻灯片母版"按钮，选中幻灯片母版版式，将插入点定位到"日期"文本框中，在"插入"选项卡下单击"文本"组中的"页眉和页脚"按钮，如下左图所示。

步骤02 设置自动更新日期格式

弹出"页眉和页脚"对话框，❶在"幻灯片"选项卡下的"幻灯片包含内容"选项组中勾选"日期和时间"复选框，❷单击"自动更新"右侧的下三角按钮，❸在展开的列表中选择合适的日期形式，如下右图所示。完成上述操作后，单击"全部应用"按钮即可。

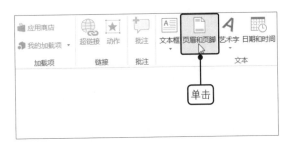 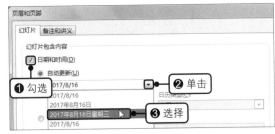

第469招 快速变换主题样式

除了在"设计"选项卡下更改演示文稿的主题外，还可以在"幻灯片母版"视图下进行更改。

打开原始文件，在"视图"选项卡下单击"母版视图"组中的"幻灯片母版"按钮，❶在"幻灯片母版"选项卡下单击"编辑主题"组中的"主题"按钮，❷在展开的列表中选择"积分"主题，如右图所示。

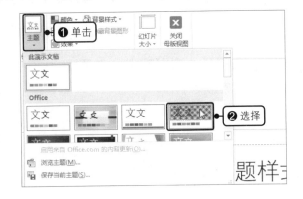

第470招 快速设置主题颜色

除了在"设计"选项卡下更改演示文稿的主题颜色和字体外，还可以在母版视图中对主题的颜色和字体进行修改，下面以修改主题颜色为例，介绍具体的操作方法。

打开原始文件，在"视图"选项卡下单击"母版视图"组中的"幻灯片母版"按钮，❶在"幻灯片母版"选项卡下单击"背景"组中的"颜色"按钮，❷在展开的列表中选择"紫红色"选项，如右图所示。

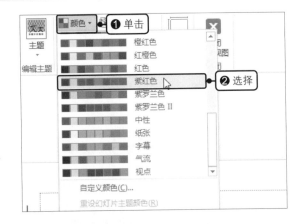

> 💡 **提示**
>
> 如果要更改主题的效果，可以在"主题"组中单击"效果"按钮，在展开的列表中选择合适的效果样式。

第471招　应用内置背景样式

更改幻灯片背景是美化演示文稿的一种方法，可以使用内置的背景样式来快速更改幻灯片的背景样式。

打开原始文件，在"视图"选项卡下单击"母版视图"组中的"幻灯片母版"按钮，❶在"幻灯片母版"选项卡下单击"背景"组中的"背景样式"按钮，❷在展开的列表中选择"样式9"，如右图所示。

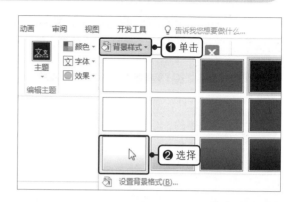

📢 提示

如果对内置的背景样式不满意，还可以在展开的样式库中单击"设置背景格式"选项，然后对幻灯片背景样式进行设置。

第472招　删除自定义主题

若对某个自定义主题不满意或自定义主题不符合幻灯片的实际情况，可将其进行删除，具体操作如下。

步骤01　进入"幻灯片母版"视图

打开原始文件，在"视图"选项卡下单击"母版视图"组中的"幻灯片母版"按钮，如下图所示。

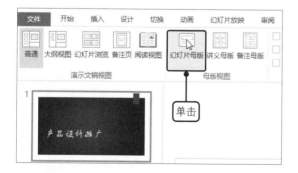

步骤02　删除自定义主题

❶在"幻灯片母版"选项卡下单击"编辑主题"组中的"主题"按钮，❷在展开的列表中右击"自定义"组中的主题，❸在弹出的快捷菜单中单击"删除"命令，如下图所示。

步骤03　确定删除主题

弹出提示框，询问是否删除此主题，单击"是"按钮，确定删除，如右图所示。

第473招 设置渐变背景效果

若用户对演示文稿当前的背景不满意，希望该背景能够更具有设计感，可以将该演示文稿的背景设置为渐变效果，具体操作如下。

步骤01 打开"设置背景格式"任务窗格

打开原始文件，在"视图"选项卡下单击"母版视图"组中的"幻灯片母版"按钮，在"幻灯片母版"选项卡下单击"背景"组中的对话框启动器，如下图所示。

步骤02 设置填充方式

打开"设置背景格式"任务窗格，在"填充"选项卡下单击"渐变填充"单选按钮，如下图所示。此时系统会根据设置的主题颜色，自动添加默认的渐变样式。

第474招 用图片做背景

除了将背景设置为渐变效果外，还可以使用图片作为演示文稿的背景，具体操作如下。

步骤01 选择背景填充方式

打开原始文件，在"视图"选项卡下单击"母版视图"组中的"幻灯片母版"按钮，在"幻灯片母版"选项卡下单击"背景"组中的对话框启动器，打开"设置背景格式"任务窗格，在"填充"选项卡下单击"图片或纹理填充"单选按钮，如下图所示。

步骤02 选择图片来源

用作背景的图片可以来自文件、剪贴板或联机图片，这里单击"插入图片来自"组中的"文件"按钮，如下图所示。

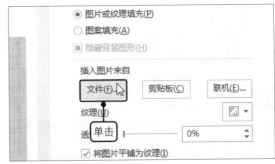

步骤03 选择图片

弹出"插入图片"对话框，❶在地址栏中选择图片保存的路径，❷双击需要的图片，如下图所示。

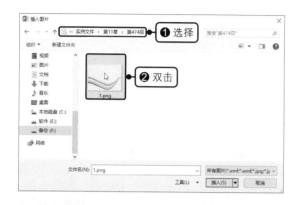

步骤04 显示效果

返回幻灯片母版中，可看到此时的幻灯片版式的背景图变为了所选图片，效果如下图所示。

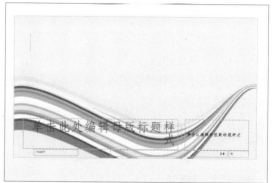

第475招 平铺图片作为背景

默认情况下，将图片设为背景会将原始图片拉伸铺满幻灯片，若希望在不改变图片大小的情况下将图片铺满幻灯片，则可以将图片平铺为纹理。

在"幻灯片母版"选项卡下单击"背景"组中的对话框启动器，打开"设置背景格式"任务窗格，设置好图片背景后，勾选"将图片平铺为纹理"复选框即可，如右图所示。

第476招 调整背景图片

用作背景的图片也可以像插入幻灯片中的图片一样调整其清晰度、亮度与对比度。

在"幻灯片母版"选项卡下单击"背景"组中的对话框启动器，打开"设置背景格式"任务窗格，设置好图片背景后，在"图片"选项卡下设置"图片更正"选项组中"清晰度"为"25%"，设置"对比度"为"20%"，如右图所示。

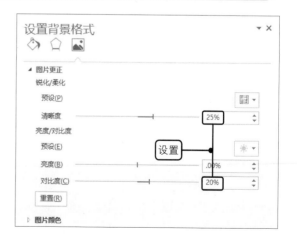

第477招 瞬间改变全部版式背景

　　设置好一个版式的背景样式后，想要将其应用到其他所有版式中，则可以通过"全部应用"功能实现。

　　在"幻灯片母版"选项卡下单击"背景"组中的对话框启动器，打开"设置背景格式"任务窗格，设置好背景版式后，单击"全部应用"按钮即可，如右图所示。

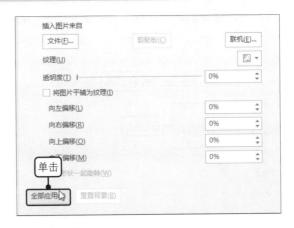

第478招 隐藏背景图形

　　在设置幻灯片背景时，若不希望显示背景中的图形，可以通过隐藏背景图形来简化背景效果。

　　在"幻灯片母版"选项卡下单击"背景"组中的对话框启动器，打开"设置背景格式"任务窗格，勾选"填充"选项卡下的"隐藏背景图形"复选框，如右图所示。

第479招 退出幻灯片母版视图

　　在幻灯片母版中完成编辑后，想要返回幻灯片普通视图下，直接关闭母版视图即可。

　　在"幻灯片母版"选项卡下单击"关闭"组中的"关闭母版视图"按钮，如右图所示。

读书笔记

第12章 动画效果和超链接

动画是演示文稿中的一大亮点，一个精美且富有创意的演示文稿离不开动画的点缀，因此，在制作演示文稿的过程中不能忽视幻灯片中的动画效果。不仅可以为幻灯片中的对象设置不同的动画效果，还可以创建链接，利用幻灯片中的对象在演示文稿中进行跳转，或直接打开另一个应用程序。

第480招 为对象添加进入动画

为了增强幻灯片放映过程中的趣味性，可为幻灯片中的对象添加合适的进入动画效果。

步骤01 选择要设置动画的对象

打开原始文件，单击幻灯片中要设置的对象，如计算机图像，如下图所示。

步骤02 添加进入动画

在"动画"选项卡下的"动画"组中单击"飞入"效果，如下图所示。

步骤03 预览动画效果

即可看到设置动画的对象会自动从幻灯片底部飞入原始位置，如右图所示。

第481招 使对象在幻灯片中更加明显

为了增强幻灯片中某些对象的表现力及区分幻灯片中的重点内容，可为这些对象设置强调的动画效果。

步骤01 选择要设置动画的对象

打开原始文件，单击幻灯片中要设置的对象，在"动画"选项卡下的"动画"组中单击快翻按钮，如下左图所示。

步骤02 为对象添加动画

在展开的列表中单击"强调"选项组下的"对象颜色"效果，如下右图所示，即可看到设置动画的对象会自动变色。

第482招 为对象添加退出动画

为幻灯片中的对象设置退出动画效果，能够使演示文稿的放映达到更好的视觉效果。

步骤01 选择要设置动画的对象

打开原始文件，单击幻灯片中要设置的对象，如下图所示。

步骤02 添加退出动画

在"动画"选项卡下的"动画"组中单击快翻按钮，在展开的列表中单击"退出"下的"形状"效果，如下图所示。

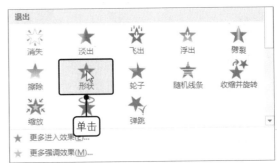

步骤03 预览动画效果

即可看到设置动画的对象会自动以默认的形状逐渐消失于幻灯片中，如右图所示。

第483招 为对象指定动作路径

动作路径是指在幻灯片中为某个对象指定一条移动路线，PowerPoint 2016 中提供了多种预设路径，如直线、弧形、形状、循环等，可根据实际需求应用不同的动作路径。

步骤01 选择要设置路径的对象

打开原始文件，单击幻灯片中要设置路径的对象，如下图所示。

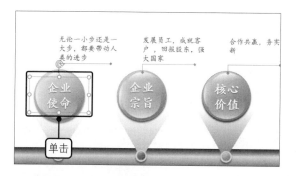

步骤02 为对象添加路径

在"动画"选项卡下的"动画"组中单击快翻按钮，在展开的列表中单击"动作路径"下的"形状"效果，如下图所示。

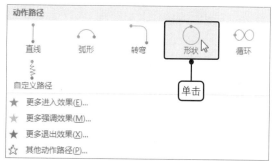

步骤03 预览路径效果

即可看到设置路径的对象会自动沿着指定的路径运动，如右图所示。

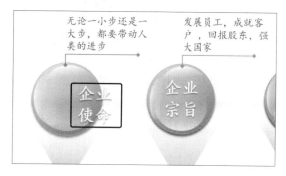

第484招　自定义动作路径

利用自定义路径功能可以根据实际需要绘制对象的运动路径。在预设路径不符合需求的情况下，自定义动作路径是不二之选。

步骤01 选择要设置路径的对象

打开原始文件，单击幻灯片中要设置路径的对象，如下图所示。

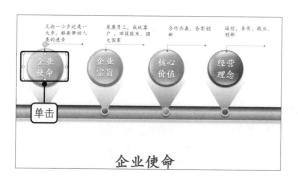

步骤02 添加自定义路径

在"动画"选项卡下的"动画"组中单击快翻按钮，在展开的列表中单击"动作路径"下的"自定义路径"效果，如下图所示。

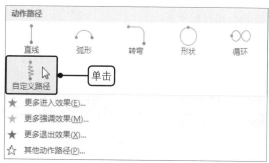

步骤03 绘制路径

　　按住鼠标左键在幻灯片中拖动绘制路径，双击鼠标左键结束绘制，如下图所示。

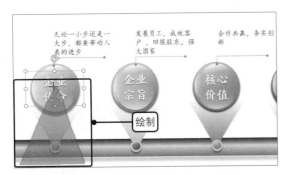

步骤04 预览路径效果

　　完成上述操作后，可看到设置路径的对象会自动沿着绘制的路径运动，如下图所示。

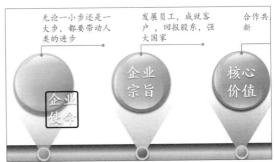

第485招　为动画效果设置方向

　　PowerPoint 提供了不同的方向效果，用户可根据实际需求设置不同的动画进入方向。

步骤01 选择要设置动画方向的对象

　　打开原始文件，单击幻灯片中要设置的对象，如下图所示。

步骤03 预览动画效果

　　即可看到该对象从屏幕左侧进入幻灯片的效果，如右图所示。

步骤02 设置动画效果方向

　　❶在"动画"选项卡下的"动画"组中单击"效果选项"按钮，❷在展开的列表中单击"自左侧"选项，如下图所示。

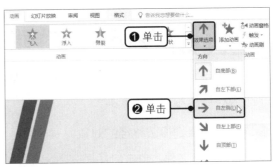

第486招　为动画效果设置形状

　　为了使动画效果更适合该对象或更突出动画效果，可根据实际情况给动画效果指定一个形状，具体操作如下。

步骤01 选择要设置动画效果的对象

打开原始文件，单击幻灯片中要设置的对象，如下图所示。

步骤02 设置形状格式

❶"动画"选项卡下的"动画"组中单击"效果选项"按钮，❷在展开的列表中单击"形状"下的"方框"效果，如下图所示。

步骤03 预览更改后的效果

即可看到该对象以方框的形状出现在幻灯片中，如右图所示。

第487招　预览动画效果

使用动画预览功能可在非放映界面下浏览动画效果，具体操作如下。

❶在"动画"选项卡下单击"预览"组中"预览"下三角按钮，❷在展开的列表中单击"预览"选项，如右图所示。

> **提示**
>
> 系统默认开启"自动预览"功能，可根据实际需求勾选或取消勾选该选项来开启或关闭该功能。

第488招　让幻灯片中的动画同时播放

默认情况下，幻灯片中动画的开始方式是"单击时"，若需同时播放多个动画，可通过设置动画的开始方式来实现。

步骤01 打开动画窗格

打开原始文件，在"动画"选项卡下单击"高级动画"组中的"动画窗格"按钮，如下左图所示。

步骤02 设置动画开始方式

打开"动画窗格"任务窗格，❶单击"标题 1：电脑广告宣传"右侧的下三角按钮，❷在展开的列表中单击"从上一项开始"选项，如下右图所示。

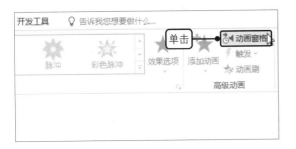 

步骤03 查看动画

关闭"动画窗格"任务窗格，单击"预览"按钮，可看到该幻灯片中的动画同时进行播放，如右图所示。

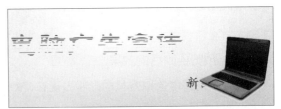

第489招 让幻灯片中的动画自动播放

为幻灯片中的对象添加动画效果后，若希望能自动播放动画效果，可通过设置动画的开始方式来实现。

步骤01 打开动画窗格

在"动画"选项卡下单击"高级动画"组中的"动画窗格"按钮，如下图所示。

步骤02 设置开始方式

打开"动画窗格"任务窗格，❶单击"标题1：电脑广告宣传"右侧的下三角按钮，❷在展开的列表中单击"从上一项之后开始"选项，如下图所示。

步骤03 查看动画

此时可看到幻灯片中所选中的动画编号也变为了"1"，表明该动画将在上一动画之后播放，如右图所示。

第490招　快速制作倒计时效果

制作倒计时动画效果能够提醒观众做好欣赏演示文稿的准备，将相同的动画效果按一定的顺序连接，即可制作出倒计时动画效果，具体操作如下。

步骤01　复制并修改文本

打开原始文件，单击要复制的对象，按住【Ctrl】键拖动复制出 4 个文本框，将其中的文本分别修改为 "4""3""2""1" 并选中全部文本，如下图所示。

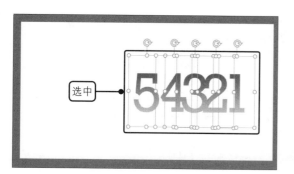

步骤02　设置文本格式

❶在 "格式" 选项卡下单击 "排列" 组中的 "对齐" 按钮，❷在展开的列表中单击 "左对齐" 选项，如下图所示。

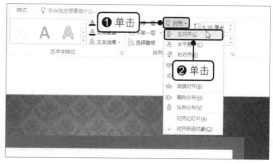

步骤03　打开动画窗格。

在 "动画" 选项卡下单击 "高级动画" 组中的 "动画窗格" 按钮，如下图所示。

步骤04　设置第一个动画的开始方式

打开 "动画窗格" 任务窗格，❶单击编号为 1 的 "矩形 14：5" 右侧的下三角按钮，❷在展开的列表中单击 "从上一项开始" 选项，如下图所示。

步骤05　设置其余动画的开始方式

❶单击编号为 1 的 "矩形 14：5" 右侧的下三角按钮，❷在展开的列表中单击 "从上一项之后开始" 选项，如右图所示。按照此方法，设置其他动画的开始方式为 "从上一项之后开始"，即可完成倒计时动画效果的制作。

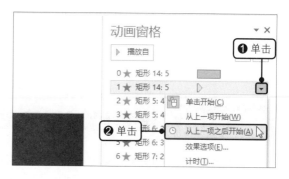

第491招 自定义对象动画的播放顺序

动画效果的先后顺序影响着幻灯片中动画的播放效果，顺序不当会导致动画效果混乱或不佳。可根据实际需求对动画效果进行排序。

步骤01 打开动画窗格

打开原始文件，在"动画"选项卡下单击"高级动画"组中的"动画窗格"按钮，如下图所示。

步骤02 设置动画播放顺序

打开"动画窗格"任务窗格，可看到目前动画的播放顺序。❶选中"标题1：电脑广告宣传"选项，❷单击"播放自"右侧的"向前移动"按钮，如下图所示。

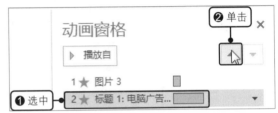

步骤03 查看更改后的动画顺序

完成上述操作后，可看到动画窗格中的"标题1：电脑广告宣传"选项向上移动了，且动画编号更改为1，如右图所示。

> ⏰ **提示**
>
> 也可选中要移动的动画，然后按住鼠标左键向上或向下拖动调整动画顺序。

第492招 设置持续时间让动画缓慢播放

动画持续时间决定了动画播放的速度，若不满意默认的动画播放速度，可根据实际需求进行调整。

打开原始文件，单击幻灯片中要设置的对象，在"动画"选项卡下单击"计时"组中的"持续时间"微调按钮，如调至"02.00"秒，如右图所示，即可让动画缓慢播放。

第493招 设置延迟确定动画的间隔时间

延迟时间是指动画播放时，两个动画之间的间隔时间，间隔时间的长短影响着动画播放的流畅度，可根据实际需求设置间隔时间的长短。

步骤01 单击对话框启动器

打开原始文件，在"动画"选项卡下单击动画编号为"1"的图片，单击"动画"组中的对话框启动器，如下图所示。

步骤02 设置延迟时间

弹出"旋转"对话框，在"计时"选项卡下设置延迟时间为"2 秒"，如下图所示。完成设置后单击"确定"按钮。

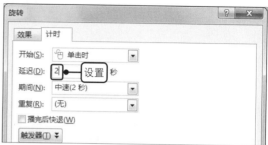

第494招　重复展示动画效果

若需要在幻灯片中反复展示某一个动画效果，可通过设置动画重复次数来实现。

打开原始文件，选中要设置的对象，在"动画"选项卡下单击"动画"组中的对话框启动器。弹出"圆形扩展"对话框，❶在"计时"选项卡下设置"重复"为"3"次，❷单击"确定"按钮，如右图所示。

第495招　设置文字的闪烁效果

闪烁效果能够使幻灯片中的文字更加醒目，巧妙应用动画效果可以为文字制作出闪烁效果，具体操作如下。

步骤01 选择要设置的对象

打开原始文件，选中要设置的对象，在"动画"选项卡下单击"动画"组中的快翻按钮，如右图所示。

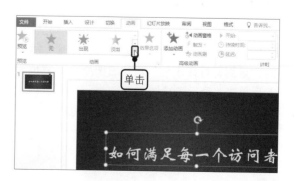

步骤02 为对象添加动画效果

在展开的列表中单击"强调"下的"加粗闪烁"效果，如下图所示。

步骤03 设置效果格式

单击"动画"组中的对话框启动器，弹出"加粗闪烁"对话框，在"计时"选项卡下设置"期间"为"快速（1秒）"、"重复"为"5"次，如下图所示。完成设置后单击"确定"按钮。

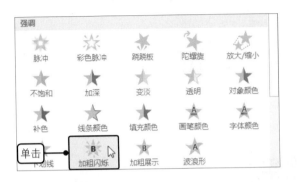

第496招 巧妙制作时针转动效果

在以时间或光阴为背景的幻灯片中，设计一个动态旋转效果的时钟更能增强画面感，具体操作如下。

步骤01 选择要设置的对象

打开原始文件，❶选中幻灯片中要设置的对象，❷在"动画"选项卡下单击"动画"组中的快翻按钮，如下图所示。

步骤02 为对象添加动画效果

在展开的列表中单击"强调"下的"陀螺旋"效果，如下图所示。

步骤03 设置动画重复方式

单击"动画"组中的对话框启动器，弹出"陀螺旋"对话框，在"计时"选项卡下设置"重复"为"直到幻灯片末尾"，如右图所示。完成设置后单击"确定"按钮。

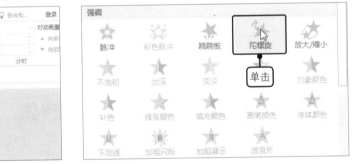

第497招　应用动画刷轻松复制动画效果

当需要向其他的对象添加相同的动画时，可使用"动画刷"工具快速向幻灯片中的其他对象应用该动画效果。

步骤01　选择已添加动画的对象

打开原始文件，在"动画"选项卡下单击已添加动画的对象，如下图所示。

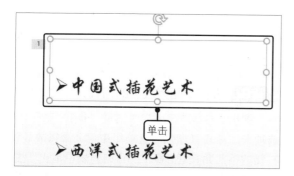

步骤02　激活动画刷

在"动画"选项卡下单击"高级动画"组中的"动画刷"按钮，如下图所示。

步骤03　使用动画刷复制动画效果

当鼠标指针变为 形状时，单击要应用动画的对象，如右图所示，即可为该对象应用相同的动画效果。

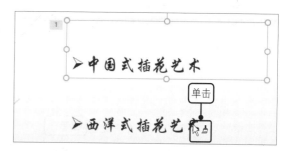

第498招　为对象添加多个动画

为同一个对象添加多个动画，能够使动画效果更连贯，且演示动画效果时更出彩。用户可根据自己的喜好制定多种动画叠加效果。

步骤01　添加第1个动画

打开原始文件，选中要设置动画的对象，在"动画"选项卡下单击"动画"组中的"形状"效果，如下图所示。

步骤02　添加第2个动画

选中上步骤中设置了动画效果的对象，单击"高级动画"组中的"添加动画"按钮，在展开的列表中单击"强调"选项组中的"放大 / 缩小"效果，如下图所示。

步骤03 查看添加的动画

随后可在幻灯片中看到该对象的左侧显示了两个动画编号，如右图所示，表示该对象添加了两个动画效果。

第499招 设置动画播放后的效果

如果要将对象设置为播放后隐藏或播放后显示为其他颜色，可通过以下方法实现。

步骤01 单击"效果选项"

打开原始文件，在"动画"选项卡下单击"高级动画"组中的"动画窗格"按钮，❶在弹出的"动画窗格"任务窗格中单击"文本框4：动画效果选项"右侧的下三角按钮，❷在展开的列表中单击"效果选项"选项，如下图所示。

步骤02 设置动画播放后的格式

弹出"放大/缩小"对话框，❶在"效果"选项卡下单击"增强"选项组中"动画播放后"右侧的下三角按钮，❷在展开的列表中单击"播放动画后隐藏"选项，如下图所示。完成设置后单击"确定"按钮，返回"动画窗格"中，单击"播放自"按钮，可看到设置后的对象在动画播放后隐藏了。

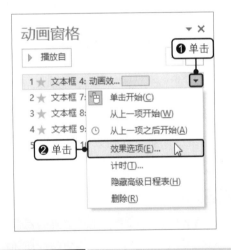

第500招 设置动画结束后的效果

如果要使某个动画效果在播放完后自动返回其最开始的状态，可通过以下方法实现。

步骤01 打开"动画窗格"任务窗格

打开原始文件，在"动画"选项卡下单击"高级动画"组中的"动画窗格"按钮，如下左图所示。

步骤02 打开效果选项

打开"动画窗格"任务窗格，❶单击"文本框 4：动画效果选项"右侧的下三角按钮，❷在展开的列表中单击"效果选项"选项，如下右图所示。

步骤03 设置动画结束后的效果

弹出"放大／缩小"对话框，在"计时"选项卡下勾选"播完后快退"复选框，如右图所示。完成设置后单击"确定"按钮，返回"动画窗格"中，单击"播放自"按钮，可看到设置后的对象在动画结束后回到了最开始的状态。

第501招　动画播放要有声有色

默认情况下，幻灯片中的动画是没有声音的，为动画添加声音效果能够使动画在播放时更能吸引观众的注意。可通过以下方法来为动画设置声音效果。

步骤01 打开效果选项

打开原始文件，在"动画"选项卡下单击"高级动画"组中的"动画窗格"按钮，❶在"动画窗格"任务窗格中单击"文本框 7：方向"右侧的下三角按钮，❷在展开的列表中单击"效果选项"选项，如下图所示。

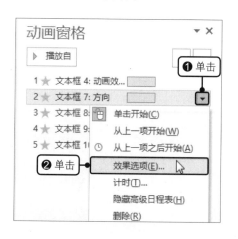

步骤02 设置声音效果

弹出"放大／缩小"对话框，❶在"效果"选项卡下单击"增强"选项组中"声音"右侧的下三角按钮，❷在展开的列表中单击"打字机"选项，如下图所示。完成设置后单击"确定"按钮。

第502招 动画声音有高低

动画声音的大小影响着动画的播放效果，可通过以下方法对其进行设置。

打开"放大/缩小"对话框，❶单击"增强"组中的音量按钮，❷在展开的音量调节器中使用鼠标左键按住滑块上下移动来调节音量高低，滑动至合适位置释放鼠标左键（向上滑动调高音量，向下滑动降低音量），如右图所示。设置完成后，单击"确定"按钮即可。

第503招 利用高级日程表设置动画时间

高级日程表出现在动画窗格中，用以显示幻灯片中每一个动画效果所消耗的时间情况，使用高级日程表可以调整动画的开始、延迟、播放或结束时间。

步骤01 打开动画窗格

打开原始文件，在"动画"选项卡下单击"高级动画"组中的"动画窗格"按钮，如下图所示。

步骤02 设置动画开始时间

打开"动画窗格"任务窗格，将鼠标指针移动到"图片 4"的时间条开头的位置，待鼠标指针变成 ↔ 形状时，按住鼠标左键向右拖动鼠标，拖动至合适位置，如"开始：0.4s"，释放鼠标左键，如下图所示。

步骤03 设置动画结束时间

将鼠标指针移动到"图片 4"的时间条结束的位置，待鼠标指针变成 ↔ 形状时，按住鼠标左键向左拖动鼠标，拖动至合适位置，如"结束：1.4s"，释放鼠标左键，如右图所示。设置完成后，关闭"动画窗格"任务窗格即可。

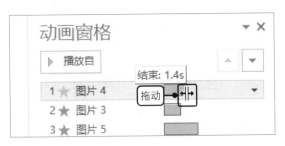

第504招　隐藏或显示高级日程表

高级日程表是用于精确控制动画出现的先后顺序及管理动画开始与结束时间的工具。默认情况下，高级日程表处于显示状态，可根据实际需求选择隐藏或显示高级日程表。

步骤01　隐藏高级日程表

若要隐藏高级日程表，❶则单击任意动画右侧的下三角按钮，如"图片 3"右侧的下三角按钮，❷在展开的列表中单击"隐藏高级日程表"选项，如下图所示。

步骤02　显示高级日程表

若要显示高级日程表，❶则单击任意动画右侧的下三角按钮，如"图片 3"右侧的下三角按钮，❷在展开的列表中单击"显示高级日程表"选项，如下图所示。

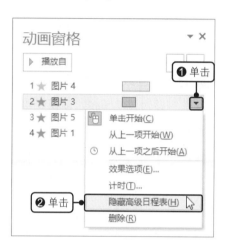

第505招　使用触发器创建触发动画

在幻灯片中，若不希望动画自动播放，可以采用触发器作为"开关"控制动画的播放。

步骤01　选择要设置的对象

打开原始文件，单击幻灯片中要设置的对象，如 SmartArt 图形，如下图所示。

步骤02　指定触发器

❶在"动画"选项卡下单击"高级动画"组中的"触发"按钮，❷在展开的列表中单击"单击 > 矩形 4"选项，如下图所示。

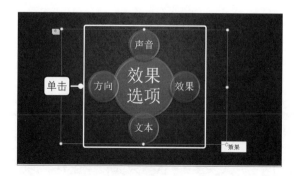

步骤03 预览设置后的效果

　　按下【F5】键，进入幻灯片放映界面，将鼠标指针移至"效果"按钮上，当鼠标指针变为形状时，单击该按钮即可播放动画，如右图所示。

第506招 让文字对象的动画逐字播放

　　为了使观众更加注意文字内容，可为文本设置按单个文字逐渐播放的动画效果，具体操作如下。

步骤01 为对象添加动画

　　打开原始文件，单击要添加动画的对象，在"动画"选项卡下单击"动画"组中的"飞入"效果，如下图所示。

步骤02 打开动画效果对话框

　　再次选中该对象，单击"动画"组中的对话框启动器，如下图所示。

步骤03 设置动画效果格式

　　弹出"飞入"对话框，❶在"效果"选项卡下设置"方向"为"自顶部"、"动画文本"为"按字母"选项，❷单击"确定"按钮，如下图所示。

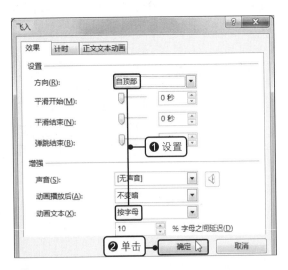

步骤04 预览动画效果

　　按下【F5】键，进入幻灯片放映界面，即可预览动画效果，如下图所示。

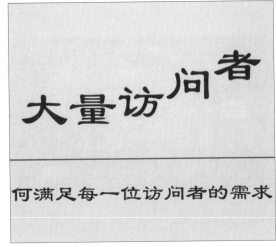

第507招 按数据系列逐步显示图表动画

为了使图表效果更加清晰明了，可在为图表添加动画效果后，将图表以系列中的元素的形式拆分开来，让数据系列逐步显示。

步骤01 为对象添加动画

打开原始文件，单击幻灯片中要设置的对象，在"动画"选项卡下单击"动画"组中的"飞入"效果，如下图所示。

步骤02 设置图表动画格式

弹出"飞入"对话框，❶在"图表动画"选项卡下单击"组合图表"右侧的下三角按钮，❷在展开的列表中单击"按系列中的元素"选项，如下图所示。设置完毕后，单击"确定"按钮。

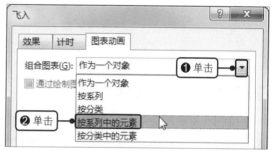

步骤03 预览动画效果

随后预览动画效果，可看到图表按照系列中的元素一一进入幻灯片中，如右图所示。

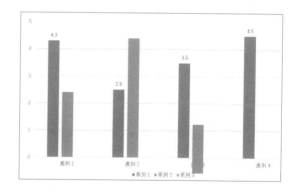

第508招 让图片具有呼吸效果

要让图片在放映视图下具有呼吸效果，可通过设置动画播放前、播放时及播放后图片的大小和位置来实现，具体操作如下。

步骤01 选择要添加动画的对象

打开原始文件，单击幻灯片中要设置的对象，如右图所示。

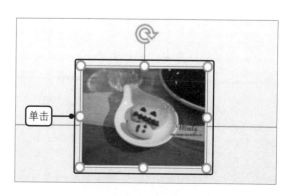

步骤02 为对象添加动画

在"动画"选项卡下单击"动画"组中的快翻按钮，在展开的列表中单击"强调"选项组中的"放大/缩小"效果，如下图所示。

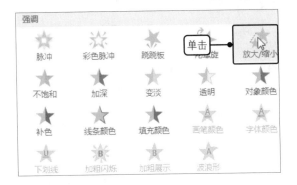

步骤03 再次添加动画

选中该对象，❶单击"高级动画"组中的"添加动画"按钮，❷在展开的列表中单击"强调"选项组中的"放大/缩小"效果，如下图所示。

步骤04 打开效果对话框

打开"动画窗格"任务窗格，❶单击动画编号为 2 的"图片 3"右侧的下三角按钮，❷在展开的列表中单击"效果选项"选项，如下图所示。

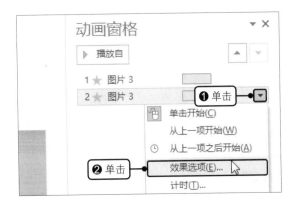

步骤05 设置动画效果格式

弹出"放大/缩小"对话框，在"效果"选项卡下的"设置"选项组中设置"尺寸"为"66%"，如下图所示。

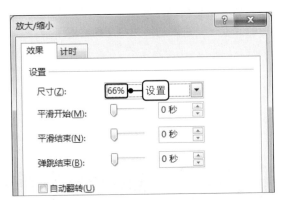

步骤06 设置动画计时格式

❶在"计时"选项卡下单击"开始"右侧的下三角按钮，❷在展开的列表中单击"上一动画之后"选项，如右图所示。单击"确定"按钮，返回幻灯片中，即可预览动画效果。

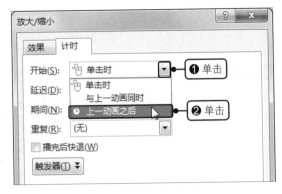

第509招　单击文字跳转至其他幻灯片

单击文字跳转至其他幻灯片是指为一个文本对象创建超链接后，单击该对象即可跳转到另一张幻灯片中，使用该功能可以在幻灯片放映过程中快速跳转到指定页面中。

步骤01　打开超链接对话框

打开原始文件，切换至第 2 张幻灯片中，单击幻灯片中的"种植类：蔬菜、瓜、果"文本框，如下图所示。

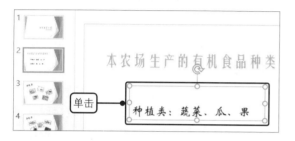

步骤02　打开超链接

在"插入"选项卡下的"链接"组中单击"超链接"按钮，如下图所示。

步骤03　设置超链接内容

弹出"插入超链接"对话框，❶单击"链接到"选项组中的"本文档中的位置"按钮，❷单击"请选择文档中的位置"选项组中的"3.幻灯片 3"选项，❸单击"确定"按钮，如下图所示。

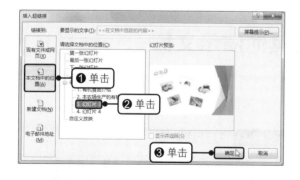

步骤04　预览链接效果

按下【F5】键，进入幻灯片放映界面，将鼠标指针移至设置了链接的文本上，当鼠标指针变为形状时，单击该文本即可跳转至链接位置，如下图所示。

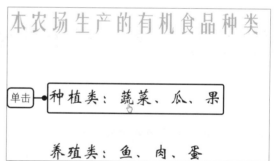

第510招　指向链接出现文字提示语

文字提示语是指将鼠标指针放置在超链接对象上时显示的描述性文本，用于说明超链接的目标或用途，通过超链接中的屏幕提示语可对其进行设置。

步骤01　选择要设置的对象

打开原始文件，切换至第 2 张幻灯片中，单击幻灯片中的"有机食品的种类"文本框，如下左图所示，在"插入"选项卡下单击"链接"组中的"超链接"按钮。

步骤02 打开并设置超链接

弹出"插入超链接"对话框，❶单击"链接到"选项组中的"本文档中的位置"按钮，❷单击"请选择文档中的位置"选项组中的"3.本农场生产的有机食品种类"选项，❸单击"屏幕提示"按钮，如下右图所示。

步骤03 设置超链接屏幕提示语

弹出"设置超链接屏幕提示"对话框，❶在"屏幕提示文字"文本框中输入要设置的文字，❷单击"确定"按钮，如下图所示。

步骤04 预览链接效果

按下【F5】键，进入幻灯片放映界面，将鼠标指针移至设置了屏幕提示语的链接时，将会显示"单击跳转至有机食品种类"屏幕提示语，如下图所示。

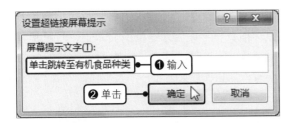

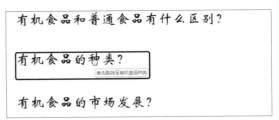

第511招 单击对象跳转至其他演示文稿

单击对象跳转至其他演示文稿是指为一个对象创建超链接后，单击该对象即可打开另一个演示文稿。该功能为讲解当前演示文稿时快速调出其他参考内容提供了便利。

步骤01 选择要设置的对象

打开原始文件，单击幻灯片中要设置的文本框，如标题文本框，如下图所示。

步骤02 打开超链接

在"插入"选项卡下的"链接"组中单击"超链接"按钮，如下图所示。

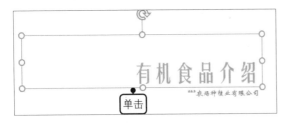

步骤03 设置超链接内容

弹出"插入超链接"对话框，❶单击"链接到"选项组中的"现有文件或网页"按钮，❷单击"当前文件夹"选项组中的"销售计划书.pptx"，❸单击"确定"按钮，如下图所示。

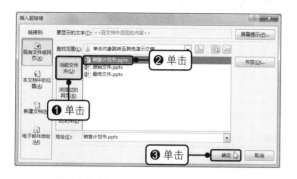

步骤04 预览链接效果

按下【F5】键，进入幻灯片放映界面，将鼠标指针移至设置了链接的文本上，当鼠标指针变为 🖑 形状时，单击该文本即可跳转至"销售计划书.pptx"，如下图所示。

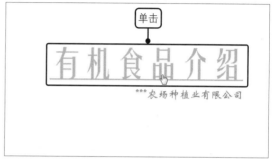

第512招　单击对象跳转至指定电子邮件地址

单击对象跳转至指定电子邮件地址是指为幻灯片中某一对象（一般为公司信息）添加超链接后，单击该对象即可快速打开电子邮件窗口。

步骤01 选择要设置的对象

打开原始文件，单击幻灯片中要设置的对象，如副标题文本框，如右图所示。

步骤02 打开并设置超链接

在"插入"选项卡下单击"链接"组中的"超链接"按钮，❶在弹出的"插入超链接"对话框中单击"链接到"选项组中的"电子邮件地址"选项，❷在"电子邮件地址"文本框和"主题"文本框中分别输入如下图所示的文本，❸单击"确定"按钮。

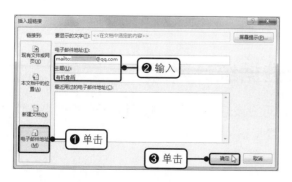

步骤03 预览链接

按下【F5】键，进入幻灯片放映界面，将鼠标指针移至设置了链接的文本上，当鼠标指针变为 🖑 形状时，单击该文本，即可跳转至电子邮件，如下图所示。

第513招 单击对象跳转至新文档

制作幻灯片时，若需要新建一份文档来补充当前幻灯片的内容，且让其链接于当前幻灯片中，可通过超链接中的新建文档来实现。

步骤01 选择要设置的对象

打开原始文件，切换至第 2 张幻灯片中，单击幻灯片中要设置的对象，如下图所示。

步骤02 打开超链接

在"插入"选项卡下单击"链接"组中的"超链接"按钮，如下图所示。

步骤03 设置超链接内容

弹出"插入超链接"对话框，❶单击"链接到"选项组中的"新建文档"选项，❷在"新建文档名称"文本框中输入"有机食品定义"，❸单击"确定"按钮，如下图所示。

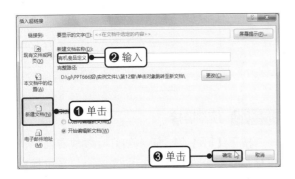

步骤04 编辑链接到文档的内容

跳转至新建文档，在文档中输入如下图所示的文本，单击"保存"按钮即可。

步骤05 预览链接

关闭新建文档，返回幻灯片中，按下【F5】键，进入幻灯片放映界面，将鼠标指针移至设置了链接的文本上，当鼠标指针变为 ᗢ 形状时，单击该文本，即可跳转至新建文档，如右图所示。

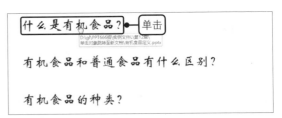

第514招 单击对象跳转至数据统计网站

若想要使幻灯片中的统计数据更令人信服，可将该幻灯片链接到统计数据的网站，在让数据更有说服力的同时，又让观众了解到更多的数据相关信息。

步骤01 选择要设置的对象

　　打开原始文件，切换至第 2 张幻灯片中，单击幻灯片中要设置的对象，如右图所示。在"插入"选项卡下单击"链接"组中的"超链接"按钮。

步骤02 打开并设置超链接

　　弹出"插入超链接"对话框，❶单击"链接到"选项组中的"现有文件或网页"选项，❷在"地址"文本框中输入要链接到的网址，❸单击"确定"按钮，如下图所示。

步骤03 预览链接

　　按下【F5】键，进入幻灯片放映界面，将鼠标指针移至设置了链接的文本上，当鼠标指针变为🖑形状时，单击该文本即可跳转至数据统计网站，如下图所示。

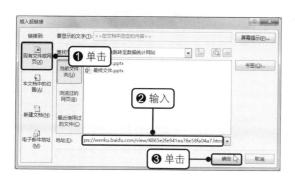

第515招　更改可实现跳转效果的字体的颜色

　　在幻灯片中以文本为对象添加超链接后，该文本的字体颜色发生了变化。若不想影响幻灯片的美观，可对该链接的字体颜色进行更改。

步骤01 选中已有链接的对象

　　打开原始文件，单击幻灯片中要更改字体颜色的对象，如"*** 农场种植业有限公司"文本框，如右图所示。

步骤02 打开自定义颜色对话框

　　在"设计"选项卡下单击"变体"组中的快翻按钮，在展开的列表中单击"颜色 > 自定义颜色"选项，如下左图所示。

步骤03 更改超链接字体颜色

　　弹出"新建主题颜色"对话框，❶单击"超链接"右侧的下三角按钮，❷在展开的列表中单击"黑色，背景色 1"，如下右图所示。更改完后单击"确定"按钮。

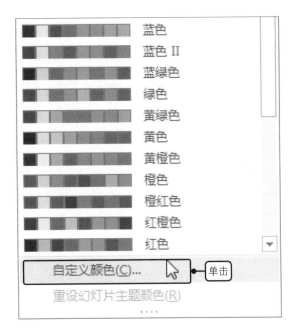

步骤04 查看更改字体颜色后的效果

返回幻灯片中，可看到该文本的字体颜色由绿色更改为了黑色，如右图所示。

第516招 设置没有下画线的文字超链接

某些情况下，带有下画线的链接可能会影响幻灯片的美观度，若想去掉链接的下画线，可通过选择文本框设置超链接来实现。

步骤01 选择要设置链接的对象

打开原始文件，单击幻灯片中要设置链接的对象，如下图所示。

步骤02 打开超链接

在"插入"选项卡下单击"链接"组中的"超链接"按钮，如下图所示。

步骤03 设置超链接内容

弹出"插入超链接"对话框，❶单击"链接到"选项组中的"本文档中的位置"选项，❷单击"请选择文档中的位置"选项组中的"幻灯片 2"选项，❸单击"确定"按钮，如下左图所示。

步骤04 查看设置链接后的文本效果

完成上述操作后，可看到该文本的下方没有出现下画线，如下右图所示。

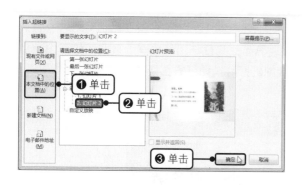

⏰ **提示**

需注意的是，只有插入的文本框才能设置没有下画线的超链接。

第517招　添加实现跳转的动作按钮

在幻灯片中，添加动作按钮有插入图形和插入动作按钮两种形式，下面介绍以插入图形的方式添加动作按钮。

步骤01　选择按钮形状

打开原始文件，❶在"插入"选项卡下单击"插图"组中的"形状"按钮，❷在展开的列表中单击"矩形"下的"圆角矩形"形状，如下图所示。

步骤02　添加跳转按钮

在要添加动作按钮的位置按住鼠标左键不放拖动鼠标，即可绘制选择的形状，绘制完成后释放鼠标。在图形中输入文字，如"目录"，如下图所示。

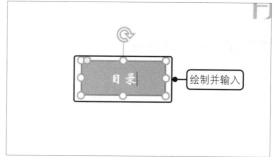

步骤03　单击动作按钮

单击选中"目录"矩形，在"插入"选项卡下单击"链接"组中的"动作"按钮，如右图所示。

步骤04　设置动作链接跳转位置

弹出"操作设置"对话框，在"单击鼠标"选项卡下单击"超链接到"单选按钮，并保持默认的信息不变，如下左图所示。完成设置后单击"确定"按钮。

步骤05 预览动作链接

返回幻灯片中，按下【F5】键，进入幻灯片放映界面，将鼠标指针移至"目录"矩形上，当鼠标指针变为🖑形状时，单击该矩形即可跳转至链接的幻灯片，如下右图所示。

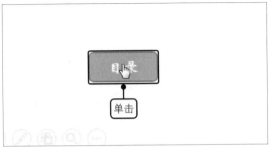

第518招 绘制特定的动作按钮

若是需要在幻灯片中快速绘制上一张、下一张、信息等动作按钮，可直接通过形状列表添加。

步骤01 添加动作按钮

打开原始文件，在"插入"选项卡下单击"插图"组中的"形状"按钮，在展开的列表中单击"动作按钮"下的"动作按钮：前进或下一项"形状，如右图所示。

步骤02 绘制动作按钮

按住鼠标左键不放拖动鼠标，即可绘制选择的形状，如下图所示。绘制完成后释放鼠标左键，弹出"操作设置"对话框，保持默认的信息不变，单击"确定"按钮。

步骤03 预览动作链接

返回幻灯片中，按下【F5】键，进入幻灯片放映界面，将鼠标指针移至该按钮上，当鼠标指针变为🖑形状时，单击该按钮即可跳转至下一页，如下图所示。

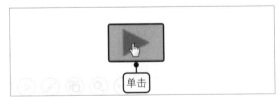

第519招 指向对象完成跳转

在某些情况下，遇到幻灯片不适合应用单击鼠标完成跳转功能时，可应用鼠标悬停完成跳转操作。

步骤01　自定义动作按钮

打开原始文件，在"插入"选项卡下单击"插图"组中的"插入"按钮，在展开的列表中单击"动作按钮"下的"动作按钮：自定义"形状，如下图所示。按住鼠标左键不放拖动鼠标，即可绘制选择的形状。

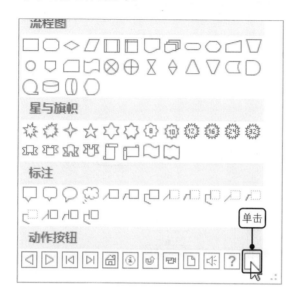

步骤02　设置动作跳转位置

绘制完成后释放鼠标左键，弹出"操作设置"对话框，❶在"鼠标悬停"选项卡下单击"超链接到"单选按钮，❷单击"超链接"右侧的下三角按钮，❸在展开的列表中单击"幻灯片…"选项，如下图所示。

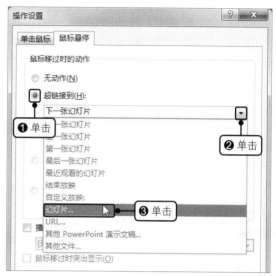

步骤03　设置链接到的幻灯片

弹出"超链接到幻灯片"对话框，❶单击"幻灯片标题"选项组中的"幻灯片 2"选项，❷单击"确定"按钮，如下图所示。

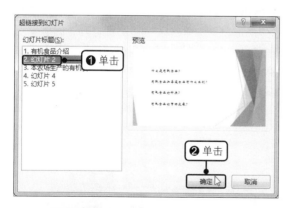

步骤04　输入动作名称

继续单击"确定"按钮，返回幻灯片中，在"动作按钮"中输入名称，如"目录"，如下图所示。进入幻灯片放映界面，将鼠标指针指向该按钮，即可跳转至链接位置。

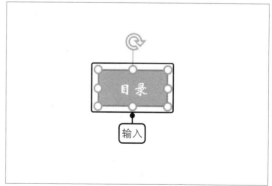

第520招　使对象跳转到其他程序

在幻灯片中可设置单击动作按钮时运行其他程序，便于在放映视图下调用其他程序。

步骤01 自定义动作按钮

打开原始文件,在"插入"选项卡下单击"插图"组中的"形状"按钮,在展开的列表中单击"动作按钮"下的"动作按钮:自定义"形状,如右图所示。

步骤02 设置动作跳转位置

按住鼠标左键不放拖动鼠标,即可绘制选择的形状,绘制完成后释放鼠标,弹出"操作设置"对话框,❶单击"运行程序"单选按钮,❷单击"运行程序"文本框右侧的"浏览"按钮,如下图所示。

步骤03 选择跳转的程序

弹出"选择一个要运行的程序"对话框,❶在地址栏中选择该程序所在的位置,❷选中该程序,❸单击"确定"按钮,如下图所示。

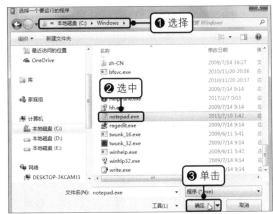

步骤04 输入动作名称

继续单击"确定"按钮,返回幻灯片中,在"动作按钮"中输入名称,如"记事本",如下图所示。

步骤05 预览动作链接

按下【F5】键,进入幻灯片放映界面,将鼠标指针移至"记事本"按钮上,当鼠标指针变为形状时,单击该按钮即可打开"记事本"程序,如下图所示。即可按照平常使用该程序的方式继续进行操作。

第521招 为动作添加播放声音

为动作添加不同的声音,可以给观众带来不一样的听觉效果。在动作功能中可设置多种多样的声音效果。

步骤01 添加声音动作按钮

　　打开原始文件,在"插入"选项卡下单击"插图"组中的"形状"按钮,在展开的列表中单击"动作按钮"下的"动作按钮:声音"选项,如下图所示。按住鼠标左键不放拖动鼠标,即可绘制选择的形状。

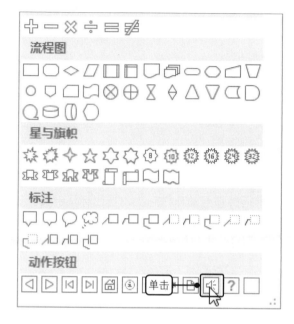

步骤02 选择声音

　　绘制完成后,释放鼠标左键,弹出"操作设置"对话框,❶单击"播放声音"右侧的下三角按钮,❷在展开的列表中单击"鼓声"选项,如下图所示。完成设置后,单击"确定"按钮。

步骤03 预览声音效果

　　按下【F5】键,进入幻灯片放映界面,将鼠标指针移至声音按钮上,当鼠标指针变为 形状时,单击该按钮即可听到声音效果,如右图所示。

第522招 实现页面的来回切换

　　在放映幻灯片时,若需要快速来回切换相邻的几个页面,可通过在页面中添加动作按钮来实现。

步骤01 打开文件

　　打开原始文件,在幻灯片缩略图中单击第2张幻灯片,如右图所示。

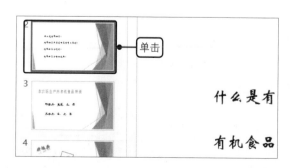

步骤02 添加动作按钮

在"插入"选项卡下单击"插图"组中的"形状"按钮，在展开的列表中单击"动作按钮：后退或上一项"形状，如下图所示。

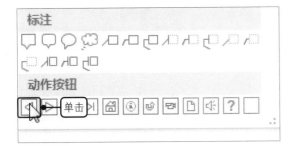

步骤03 绘制动作按钮

按住鼠标左键不放拖动鼠标，即可绘制选择的形状，如下图所示。绘制完成后释放鼠标，弹出"操作设置"对话框，保持默认的信息不变，单击"确定"按钮。

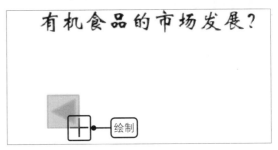

步骤04 再次添加动作按钮

按照步骤 02 ～ 03 的方法在"动作按钮：后退或上一项"动作按钮旁边添加"动作按钮：前进或下一项"动作按钮，如下图所示。

步骤05 预览动作链接效果

按下【F5】键，进入幻灯片放映界面，将鼠标指针移至动作按钮上，当鼠标指针变为 形状时，单击动作按钮即可切换到上一张或下一张幻灯片中，如下图所示。

第523招 删除演示文稿中的链接

若对设置的动作链接不满意，可通过右击的方式将其删除。

步骤01 单击取消超链接

打开原始文件，❶在第 2 张幻灯片中右击该幻灯片中的动作按钮，❷在弹出的快捷菜单中单击"取消超链接"选项，如下图所示。

步骤02 查看取消链接后的效果

按下【F5】键，进入幻灯片放映界面，将鼠标指针移至动作按钮上，可看到鼠标指针无任何变化，即成功取消了链接，如下图所示。

第13章 视图的操作

在PowerPoint中，视图可以分为大纲视图、幻灯片浏览视图、备注页视图、阅读视图和放映视图，不同的视图有着不同的作用，有的适用于编辑幻灯片，而有的适用于放映幻灯片。通过本章的介绍，用户可以充分了解不同视图的作用，从而提高演示文稿的制作和使用效率。

第524招 在大纲视图中查看演示文稿的结构

若需要更为直观地查看演示文稿结构，则可以切换至大纲视图浏览演示文稿，具体操作如下。

步骤01 进入大纲视图

打开原始文件，在"视图"选项卡下单击"演示文稿视图"组中的"大纲视图"按钮，如下图所示。

步骤02 查看大纲视图

可看到原先的图片缩略图更换为了幻灯片标题结构，如下图所示。

第525招 在大纲视图中更改标题级别

在大纲视图中只显示幻灯片标题和正文，在大纲视图中更改标题级别，更易理清幻灯片的主题和内容，便于编辑文本及构建演示文稿。

步骤01 更改标题级别

打开原始文件，在"视图"选项卡下单击"演示文稿视图"组中的"大纲视图"按钮，❶拖动选择要更改级别的标题并右击，❷在弹出的快捷菜单中单击"降级"选项，如右图所示。

步骤02 查看更改结果

完成上述操作后，可看到该标题文本更改为了上一张幻灯片中的正文，如右图所示。

> ⏰ **提示**
>
> 还可以在键盘上按【Tab】键来对标题文本进行降级。此外，若要将幻灯片中的正文升级，则选中该文本并右击，在弹出的快捷菜单中单击"升级"选项或按下两次【Shift+Tab】键。

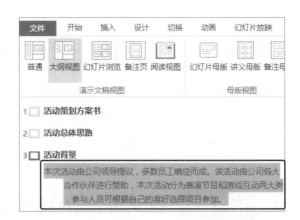

第526招 在大纲视图中调整演示文稿

在大纲视图中更容易从整体上掌控演示文稿，通过大纲视图来调整演示文稿的具体操作如下。

步骤01 选中要调整的对象

打开原始文件，在"视图"选项卡下单击"演示文稿视图"组中的"大纲视图"按钮，单击第4张幻灯片图标，即可选中该幻灯片的全部文本，如下图所示。

步骤02 调整幻灯片顺序

按住鼠标左键不放，将选中的幻灯片拖动至合适的位置后释放鼠标左键，如第2张幻灯片下方，如下图所示。

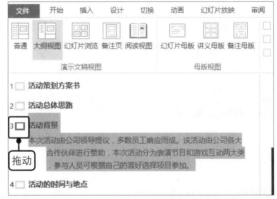

> ⏰ **提示**
>
> 若要调整幻灯片中的正文文本，则需要先选中要调整的文本，再按住鼠标左键不放，将选中的文本拖动至合适的位置后释放鼠标左键即可。

第527招 在幻灯片浏览视图中浏览整体效果

幻灯片浏览视图是按照幻灯片的编号顺序，以缩略图的方式显示演示文稿中的所有幻灯片，使用该视图可浏览演示文稿的整体效果。

步骤01　进入幻灯片浏览视图

打开原始文件，在"视图"选项卡下单击"演示文稿视图"组中的"幻灯片浏览"按钮，如下图所示。

步骤02　浏览幻灯片

可看到演示文稿中所有的幻灯片按照编号顺序以缩略图的方式显示在窗口中，如下图所示。

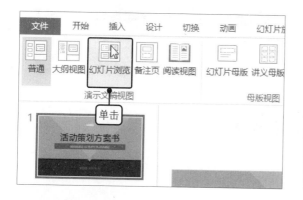

第528招　在幻灯片浏览视图中调整演示文稿

在幻灯片浏览视图下调整演示文稿，能够有效地避免在调整过程中无意识更改幻灯片内容的情况发生，具体操作如下。

步骤01　复制幻灯片

打开原始文件，在"视图"选项卡下单击"演示文稿视图"组中的"幻灯片浏览"按钮，❶右击要复制的幻灯片，❷在弹出的快捷菜单中单击"复制幻灯片"命令，如下图所示。

步骤02　删除幻灯片

可看到演示文稿中新建了一张与第2张幻灯片一样的幻灯片，若对该幻灯片不满意，则选中该幻灯片，如下图所示，按下【Delete】键将其删除即可。

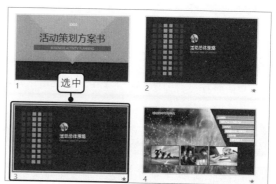

步骤03　调整幻灯片顺序

选中要调整顺序的幻灯片，按住鼠标左键拖动至合适的位置后释放鼠标，如下左图所示。

步骤04　查看调整后的效果

完成上述操作后，可看到所选中的第4张幻灯片调整到了第3张，效果如下右图所示。

第529招　进入备注页视图添加备注

使用备注页视图可以为幻灯片添加供演示者参考的备注，并且可以将其和演示文稿一起打印出来，具体操作如下。

步骤01 进入备注页视图

打开原始文件，在"视图"选项卡下单击"演示文稿视图"组中的"备注页"按钮，如下图所示。

步骤02 添加备注

进入备注页视图，在下方的文本框中输入所要添加的备注文本，如下图所示。完成添加后单击任意空白处即可。

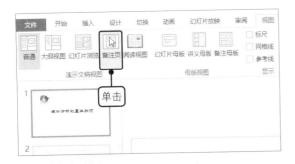 

提示

若要添加图片备注，则在备注页视图下切换至"插入"选项卡，单击"图片"按钮插入图片即可。

第530招　显示备注栏并修改备注

若觉得切换至备注页视图修改备注太过麻烦，可在普通视图下通过备注栏来修改备注。

步骤01 选择要修改备注的幻灯片

打开原始文件，在幻灯片缩略图中单击第3张幻灯片，如下左图所示。

步骤02 显示备注栏

单击演示文稿窗口底部状态栏中的"备注"按钮，可看到展开的备注栏及其备注内容，如下右图所示。

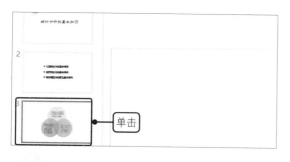

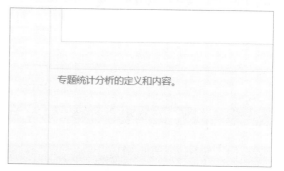

步骤03 修改备注

　　将鼠标指针定位到备注栏中，删除原有的文本并重新输入文本，如右图所示。

> **提示**
>
> 　　若要修改图片形式的备注，仍需要进入备注页视图进行修改。

第531招 切换至阅读视图阅读幻灯片

　　若不想用全屏显示的方式放映演示文稿，但是希望可以在放映模式下对幻灯片进行一些简单的操作，则可通过阅读视图来实现。

步骤01 进入阅读视图

　　打开原始文件，在"视图"选项卡下单击"演示文稿视图"组中的"阅读视图"按钮，如下图所示。

步骤02 阅读幻灯片

　　进入阅读视图，可看到该视图模式为窗口模式，若要对该幻灯片进行一些简单操作，可通过右击弹出的快捷菜单来实现，如下图所示。

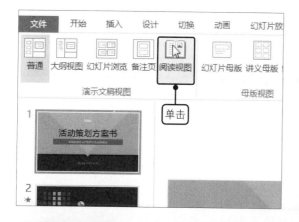

第532招 进入幻灯片放映视图观看放映

　　幻灯片放映模式是指以全屏显示的方式显示演示文稿中的幻灯片和幻灯片中设置的动画效果、画面切换及时间等，使用该方式可模拟真实的放映幻灯片过程。

步骤01 切换至幻灯片放映视图

打开原始文件,单击演示文稿窗口底部状态栏中的"幻灯片放映"按钮,如下图所示。

步骤02 观看幻灯片放映

进入幻灯片放映视图,开始放映该演示文稿,若要对该幻灯片进行操作,可通过右击幻灯片弹出的快捷菜单来实现,如下图所示。

> ⏰ **提示**
>
> 还可以通过单击"幻灯片放映"选项卡下的"开始放映幻灯片"组中的"从头开始放映"按钮来进入放映视图。

第533招 在幻灯片中显示标尺

标尺功能可以对幻灯片进行测量及查看和设置制表位等,可根据实际需求选择显示或隐藏标尺。

在"视图"选项卡下勾选"显示"组中的"标尺"复选框,如右图所示,即可看到幻灯片编辑区域显示了标尺。

第534招 在幻灯片中显示网格线

使用网格线功能可以轻松地将对象与其他对象或页面上的特定区域对齐,可根据实际需求选择显示或隐藏网格线。

在"视图"选项卡下勾选"显示"组中的"网格线"复选框,如右图所示,即可看到幻灯片编辑区域显示了网格线。

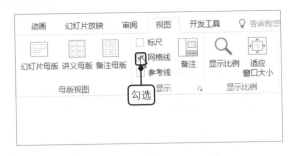

第535招　在幻灯片中显示参考线

使用参考线功能可以更加准确地对齐幻灯片上的对象，可根据实际需求选择显示或隐藏参考线。

步骤01　显示参考线

打开演示文稿，在"视图"选项卡下勾选"显示"组中的"参考线"复选框，如下图所示。

步骤02　调整参考线

可看到幻灯片编辑区域显示了参考线，将鼠标指针移至参考线上，待鼠标指针变为 ⊪ 形状时按住鼠标左键不放即可拖动参考线，如下图所示。

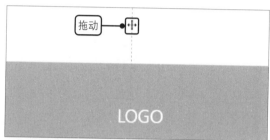

第536招　自定义幻灯片显示比例

若要调整幻灯片在窗口中的显示比例，可通过演示文稿窗口底部状态栏中的缩放比例控件快速调整。

在打开的演示文稿的右下角单击"放大"按钮即可增大显示比例，如右图所示。若要缩小显示比例，则需单击"缩小"按钮，还可以拖动"放大"和"缩小"按钮之间的滑块来调整显示比例。

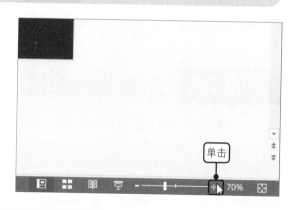

第537招　让幻灯片适应当前窗口大小

若要让幻灯片符合当前窗口大小，可通过适应窗口大小功能来实现。

在"视图"选项卡下单击"显示比例"组中的"适应窗口大小"按钮，如右图所示，可看到幻灯片自动调整到了适合当前窗口显示的比例。

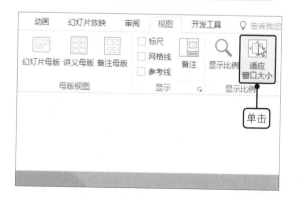

第538招 查看演示文稿的灰度显示效果

使用灰度功能可以将演示文稿转换为不同程度的灰色，若要以灰度模式打印演示文稿，可使用该功能进行预览。

步骤01 切换至"灰度"选项卡

打开原始文件，在"视图"选项卡下单击"颜色/灰度"组中的"灰度"按钮，如下图所示。

步骤02 查看灰度显示效果

系统自动切换至"灰度"选项卡下，可看到整个演示文稿变为了灰色，若对当前灰度效果不满意，可单击"更改所选对象"组中的任意选项，如"灰中带白"选项，如下图所示。

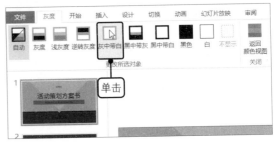

步骤03 退出灰度模式

若要返回颜色视图，则在"灰度"选项卡下单击"关闭"组中的"返回颜色视图"按钮，如右图所示，即可退出灰度模式。

第539招 查看演示文稿黑白显示效果

大多数演示文稿都会设计成彩色以达到最佳的放映效果，但在打印幻灯片或讲义时，为了过滤额外的图形、背景等，通常会以黑白模式打印，此时可通过"黑白模式"功能查看效果并进行相关设置。

步骤01 切换至"黑白模式"选项卡

打开原始文件，在"视图"选项卡下单击"颜色/灰度"组中的"黑白模式"按钮，如下图所示。

步骤02 查看黑白模式显示效果

系统自动切换至"黑白模式"选项卡下，可看到整个演示文稿变为了黑色和白色，如下图所示。若对当前黑白模式不满意，可单击"更改所选对象"组中的任意选项。

步骤03 退出黑白模式

若要返回颜色视图，则在"黑白模式"选项卡下单击"关闭"组中的"返回颜色视图"按钮，如右图所示，即可退出黑白模式。

第540招　在新窗口中显示当前演示文稿

通过新建窗口功能可将当前演示文稿显示在一个新的窗口中，具体操作如下。

步骤01 新建窗口

打开原始文件，在"视图"选项卡下单击"窗口"组中的"新建窗口"按钮，如下图所示。

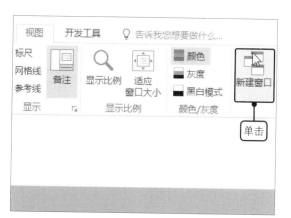

步骤02 在新窗口中查看演示文稿

系统自动弹出"原始文件.pptx:2"演示文稿窗口，如下图所示。

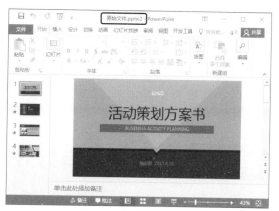

第541招　使用移动拆分功能调整窗口布局

若对 PowerPoint 窗口中的布局不满意，则可通过移动拆分功能对其进行调整，具体操作如下。

步骤01 启动"移动拆分"功能

打开原始文件，在"视图"选项卡下单击"窗口"组中的"移动拆分"按钮，如下图所示。

步骤02 调整窗口布局

此时鼠标指针自动移至各个可移动窗格的分界线处，且呈✛形状，在键盘上按方向键进行调整，如下图所示。

步骤03 查看最终效果

调整完毕后可看到窗口中各个可移动窗格的大小发生了相应的改变，如右图所示。

⏰ **提示**

按下的方向键不同，窗口中布局调整的方式也不同，可根据实际情况进行调整。

第542招 并排查看两个演示文稿

打开了两个或多个演示文稿时，若想要两个窗口并排显示以方便查看，可使用全部重排功能来实现。

在"视图"选项卡下单击"窗口"组中的"全部重排"按钮，如右图所示，即可将打开的所有 Power Point 窗口并排显示。

第543招 查看所有打开的演示文稿

打开多个演示文稿后，可以通过层叠功能将所有的窗口按一定的顺序层叠在屏幕上以供查看。

在"视图"选项卡下单击"窗口"组中的"层叠"按钮，如右图所示，即可将所有打开的演示文稿层叠在屏幕上。

第544招 快速切换到另一个打开的窗口

当打开了两个或多个演示文稿时，可使用切换窗口功能来快速切换到另一个打开的窗口。

打开"原始文件"和"原始文件1"，❶在"原始文件1"中的"视图"选项卡下单击"窗口"组中的"切换窗口"按钮，❷在展开的列表中单击"2 原始文件 .pptx"选项，如右图所示，即可切换到原始文件中。

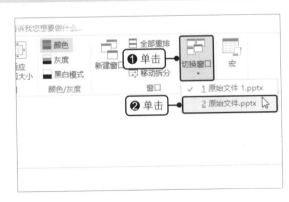

第545招　增大幻灯片的浏览窗格

在制作演示文稿的过程中，若需要更改浏览窗格区域大小，可通过鼠标指针来根据实际情况进行调整。

将鼠标指针移至要调整的窗格的边界处，当鼠标指针变为↔形状时，按住鼠标左键不放向右拖动，调整窗格大小，如右图所示。

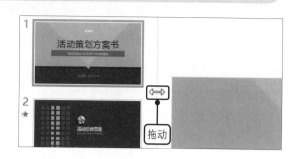

第546招　更改默认视图

默认视图是指 PowerPoint 始终在该视图下打开演示文稿，它可以设置为幻灯片浏览视图、大纲视图及普通视图的变体。下面以更改默认视图为幻灯片浏览视图为例，介绍具体的操作。

在打开的演示文稿中单击"文件"按钮，在弹出的视图菜单中单击"选项"命令，弹出"PowerPoint 选项"对话框，❶在"高级"选项卡下单击"显示"组中的"用此视图打开全部文档"右侧的下三角按钮，❷在展开的列表中单击"幻灯片浏览"选项，如右图所示。完成上述操作后，单击"确定"按钮即可。

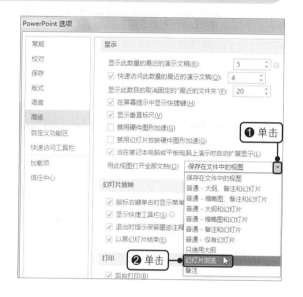

读书笔记

第14章 演示文稿的放映

放映幻灯片是PowerPoint中重要且基本的操作之一，只有了解了幻灯片的放映设置和放映控制，才能将创建的精美幻灯片展示得淋漓尽致。在放映幻灯片之前，可以对放映的方式、类型、范围及时间等内容进行自定义设置，而在放映过程中，也需要合理地控制放映，这样才能使演示文稿更加完美地展现在观众面前。

第547招 隐藏无需放映的幻灯片

若在演示文稿中存在不需要进行放映的一张或几张幻灯片，可使用隐藏幻灯片功能将其隐藏，具体操作如下。

步骤01 选择要隐藏的幻灯片

打开原始文件，在幻灯片缩略图中单击第2张幻灯片，如下图所示。

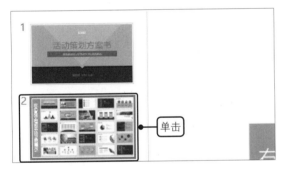

步骤02 隐藏幻灯片

在"幻灯片放映"选项卡下单击"设置"组中的"隐藏幻灯片"按钮，如下图所示。进入幻灯片放映界面时，将不会放映该幻灯片。

> ⏰ **提示**
>
> 还可以右击幻灯片缩略图，在弹出的快捷菜单中单击"隐藏幻灯片"命令来隐藏无需放映的幻灯片。

第548招 放映之前的排练

在放映幻灯片之前，可使用排练计时功能来对放映幻灯片的时间进行排练，若该放映时间符合演讲者对放映幻灯片的时间的要求，可将该计时用于自动控制幻灯片的播放。

步骤01 启动排练计时

打开原始文件，在"幻灯片放映"选项卡下单击"设置"组中的"排练计时"按钮，如右图所示。

步骤02 播放下一页

开始播放演示文稿并弹出"录制"工具栏，当第 1 页幻灯片设置好录制时间后，单击工具栏中的"下一项"按钮，如下图所示。

步骤03 暂停录制

如需暂停录制演示文稿，则单击工具栏上的"暂停录制"按钮，如下图所示。

步骤04 继续录制

暂停录制后弹出提示框，提示用户录制已暂停，若要继续录制，则单击"继续录制"按钮，如下图所示。

步骤05 重复录制

若当前录制的幻灯片需要重新录制，则单击工具栏上的"重复"按钮，如下图所示。弹出提示框，提示用户录制已暂停，如果要继续录制，则单击"继续录制"按钮。

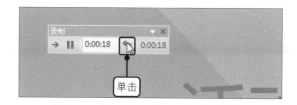

步骤06 完成排练计时

当幻灯片全部录制完成后，会弹出提示框，提示用户是否保留新的幻灯片计时，若要保存则单击"是"按钮，如下图所示。

步骤07 查看录制的时间

返回幻灯片中，在"视图"选项卡下单击"演示文稿视图"组中的"幻灯片浏览"按钮，如下图所示。即可看到每张幻灯片录制的时间。

第549招 从头开始录制幻灯片演示

PowerPoint 提供了从头开始录制和从当前位置开始录制两种录制演示方式。当需要从第 1 张幻灯片开始录制时，从头开始录制的方式是不二之选。

步骤01 从头开始录制

打开原始文件，❶在"幻灯片放映"选项卡下单击"设置"组中的"录制幻灯片演示"右侧的下三角按钮，❷在展开的列表中单击"从头开始录制"选项，如下左图所示。

步骤02 选择录制的内容

弹出"录制幻灯片演示"对话框，❶勾选"幻灯片和动画计时"和"旁白、墨迹和激光笔"复选框，❷单击"开始录制"按钮，如下右图所示。

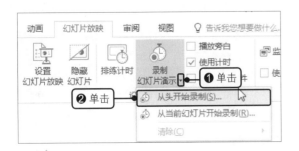

步骤03 单击"下一项"按钮

开始放映幻灯片并弹出"录制"工具栏，对当前幻灯片进行录制，单击"下一项"按钮可进行下一张幻灯片的录制，如下图所示。

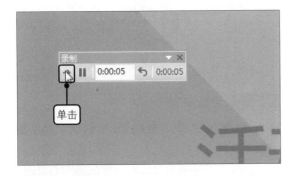

步骤04 查看录制效果

录制结束后，返回幻灯片中，在"视图"选项卡下单击"演示文稿视图"组中的"幻灯片浏览"按钮，可看到每张幻灯片录制的时间，如下图所示。

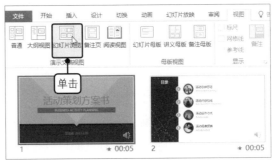

第550招 从当前幻灯片开始录制

若需要将当前选中的幻灯片作为录制幻灯片演示的第1张幻灯片，可使用"从当前幻灯片开始录制"的功能，具体操作如下。

步骤01 选择要开始录制的幻灯片

打开原始文件，切换至第3张幻灯片中，如下图所示。

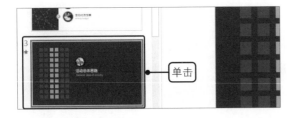

步骤02 从当前开始录制

❶在"幻灯片放映"选项卡下单击"设置"组中的"录制幻灯片演示"下三角按钮，❷在展开的列表中单击"从当前幻灯片开始录制"选项，如下图所示。

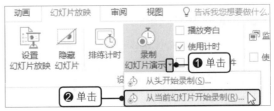

步骤03 选择录制内容

弹出"录制幻灯片演示"对话框，❶勾选"幻灯片和动画计时"和"旁白、墨迹和激光笔"复选框，❷单击"开始录制"按钮，如下图所示。

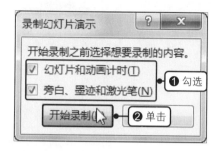

步骤05 查看录制效果

录制结束后，系统自动返回幻灯片中，在"视图"选项卡下单击"演示文稿视图"组中的"幻灯片浏览"按钮，可看到从编号"3"开始的幻灯片右下方会显示计时和旁白，如右图所示。

步骤04 单击下一项按钮

开始放映幻灯片并弹出"录制"工具栏，对当前幻灯片进行录制，单击"下一项"按钮可进行下一张幻灯片的录制，如下图所示。

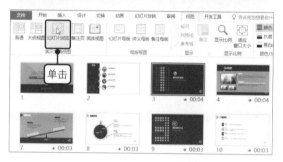

第551招 清除幻灯片计时

如果发现幻灯片放映时间设置有误，可以采用清除幻灯片计时清除错误计时。

步骤01 选择要清除计时的对象

打开原始文件，选中要清除幻灯片计时的对象，如编号为"1"的幻灯片，如下图所示。

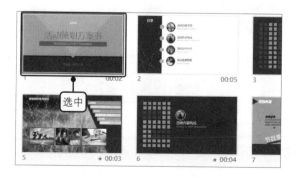

步骤02 清除幻灯片计时

❶在"幻灯片放映"选项卡下单击"设置"组中的"录制幻灯片演示"下三角按钮，❷在展开的列表中单击"清除 > 清除当前幻灯片中的计时"选项，如下图所示。

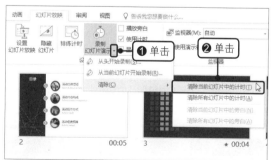

步骤03 查看清除计时效果

随后可看到编号为"1"的幻灯片右下方的计时被清除了，如右图所示。

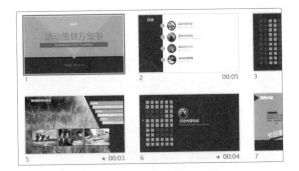

> ⏰ **提示**
>
> 若要清除全部幻灯片中的计时，则单击"清除>清除所有幻灯片中的计时"选项即可。

第552招 清除幻灯片旁白

幻灯片旁白是指在录制幻灯片演示时，使用麦克风为每张幻灯片录制的语音解说。当录制的旁白有误时，可利用清除幻灯片旁白功能来清除有误的旁白。

步骤01 选择要清除旁白的对象

打开原始文件，选中要清除幻灯片旁白的对象，如下图所示。

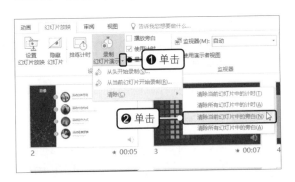

步骤02 清除幻灯片旁白

❶在"幻灯片放映"选项卡下单击"设置"组中的"录制幻灯片演示"下三角按钮，❷在展开的列表中单击"清除 > 清除当前幻灯片中的旁白"选项，如下图所示。

步骤03 查看清除旁白后的效果

随后可看到编号为"1"的幻灯片右下角的音频图标消失了，即该幻灯片旁白被清除了，如右图所示。

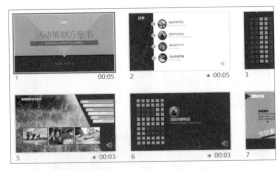

> ⏰ **提示**
>
> 若要清除全部幻灯片中的旁白，则单击"清除 > 清除所有幻灯片中的旁白"选项即可。

第553招　放映时使用录制的旁白

若需要在放映幻灯片时使用录制的旁白，则需启用播放旁白功能，具体操作如下。

打开原始文件，在"幻灯片放映"选项卡下勾选"设置"组中的"播放旁白"复选框，如右图所示，即可在放映时播放录制的旁白。

第554招　轻松显示媒体控件

在放映幻灯片时，为了便于对媒体文件播放进度进行控制，可将控制播放音频和视频的媒体控件显示出来，具体的操作步骤如下。

步骤01　显示媒体控件

打开原始文件，在"幻灯片放映"选项卡下勾选"设置"组中的"显示媒体控件"复选框，如下图所示。

步骤02　放映幻灯片

进入幻灯片放映界面，将鼠标指针放置于媒体文件上，即可显示媒体控件，单击媒体控件中的进度条即可控制播放进度，如下图所示。

第555招　轻松搞定从头开始放映

从头开始放映是指从第 1 张幻灯片开始放映幻灯片，即无论当前选中的是哪张幻灯片，只要单击"从头开始"按钮，即可从第 1 张幻灯片开始放映。

步骤01　从头开始放映

打开原始文件，在"幻灯片放映"选项卡下单击"开始放映幻灯片"组中的"从头开始"按钮，如下图所示。

步骤02　预览放映

进入放映界面，可看到该演示文稿从第 1 张幻灯片开始放映，如下图所示。

第556招 放映当前幻灯片

利用"从当前幻灯片开始"功能可以选择将演示文稿中某一张幻灯片作为第 1 张放映的幻灯片,具体操作如下。

步骤01 选择要放映的幻灯片

打开原始文件,切换至第 3 张幻灯片中,如下图所示。

步骤02 从当前幻灯片开始放映

在"幻灯片放映"选项卡下单击"开始放映幻灯片"组中的"从当前幻灯片开始"按钮,如下图所示。

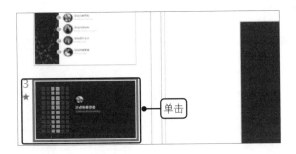

步骤03 预览放映

进入放映界面,可看到该演示文稿从第 3 张幻灯片开始放映,如右图所示。

第557招 控制幻灯片页面的跳转

在幻灯片放映过程中,可通过多种不同的方式来控制幻灯片的跳转,如切换至下一张或上一张幻灯片,定位幻灯片及上次查看过的幻灯片等。下面将详细介绍切换至上一张或下一张幻灯片的方式,具体操作如下。

步骤01 切换至下一张幻灯片

打开原始文件,进入幻灯片放映界面,❶右击幻灯片任意位置,❷在弹出的快捷菜单中单击"下一张"命令(或按下【Page Down】键),如下图所示。

步骤02 切换至上一张幻灯片

可看到页面跳转至下一张幻灯片中,❶右击幻灯片任意位置,❷在弹出的快捷菜单中单击"上一张"命令(或按下【Page Up】键),如下图所示。

⏰ 提示

也可以使用"上次查看过的"命令来切换幻灯片页面。

第558招　任意进入第 n 张幻灯片

在幻灯片放映过程中，若不想逐页播放幻灯片，可通过定位至某页的方法跳转至某张幻灯片中。

步骤01 定位至第6张幻灯片

打开原始文件，进入第 3 张幻灯片放映界面，按下快捷键【Ctrl+S】，❶在弹出的"所有幻灯片"对话框中单击"幻灯片标题"选项组中的"6.幻灯片 6"选项，❷单击"定位至"按钮，如下图所示。

步骤02 查看定位至幻灯片后的效果

完成以上操作，可看到幻灯片放映页面自动跳转至第 6 张幻灯片，如下图所示。

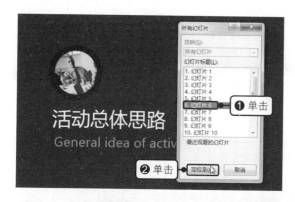

⏰ 提示

也可以使用快捷键来达到跳转至任意幻灯片的目的，如按【1】键后再按【Enter】键，即可切换至第 1 张幻灯片。

第559招　一键查看所有幻灯片

PowerPoint 提供了查看所有幻灯片的功能，方便用户在幻灯片放映过程中对所有幻灯片进行操作。

步骤01 单击"查看所有幻灯片"命令

打开原始文件，进入第 6 张幻灯片放映界面，右击幻灯片任意处，在弹出的快捷菜单中单击"查看所有幻灯片"命令，如右图所示。

步骤02 查看所有幻灯片

即可看到幻灯片放映界面中显示了所有幻灯片的缩略图，如右图所示。

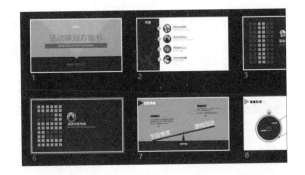

第560招 全屏幕展示区域内容

在幻灯片放映过程中，为了使某些较小的字体或需要重点显示的内容能够清晰地呈现在观众面前，可使用区域放大功能将该内容放大到幻灯片全屏幕显示。

步骤01 单击"放大"按钮

打开原始文件，放映幻灯片，放映至第7张时，❶右击幻灯片任意处，❷在弹出的快捷菜单中单击"放大"命令，如下图所示。

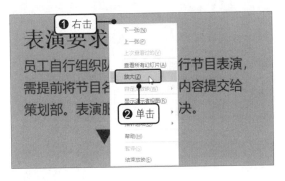

步骤02 确定放大区域

弹出如下图所示的矩形框，且此时鼠标指针变为 ⊕ 形状，单击要放大的区域，如"表演要求"区域。

步骤03 查看放大效果

经过以上操作，可看到"表演要求"区域被放大至全屏显示且鼠标指针变为 ⤚ 形状，如右图所示。若要退出区域放大效果，右击屏幕任意处即可。

表演要求

员工自行组织队伍或独自进行节目表演，需提前将节目名称、配乐等内容提交给策划部。表演服装需自行解决。

▼

第561招 轻松显示演示者视图

演示者视图是指发言人视图，它包含下一张幻灯片预览、演讲者备注及计时器等。演讲者使用该功能，能够大大提高演示的流畅性。

步骤01　打开演示者视图

打开原始文件，进入第 6 张幻灯片放映界面，❶右击幻灯片任意处，❷在弹出的快捷菜单中单击"显示演示者视图"命令，如下图所示。

步骤02　查看演示者视图

即可进入演示者视图界面，如下图所示。在该页面中可对放映的幻灯片进行操作。

第562招　放映时快速显示任务栏

在幻灯片放映过程中若需要切换程序，可通过显示任务栏功能来实现程序的切换操作。

❶在幻灯片放映界面中右击幻灯片任意处，❷在弹出的快捷菜单中单击"屏幕 > 显示任务栏"命令，如右图所示，即可看到屏幕下方显示出了任务栏。

第563招　幻灯片黑屏/白屏的显示与返回

在放映幻灯片的过程中，有时候希望观众能够将注意力放置在演讲者身上，而暂时不需关注演示文稿的播放内容，这时可通过设置黑屏 / 白屏来达到目的。

步骤01　单击黑屏命令

打开原始文件，进入第 7 张幻灯片放映界面，❶右击幻灯片任意处，❷在弹出的快捷菜单中单击"屏幕 > 黑屏"命令，如下图所示。

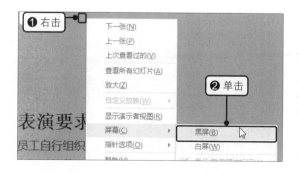

步骤02　取消黑屏效果

此时屏幕变为黑色，右击幻灯片任意处，在弹出的快捷菜单中单击"屏幕 > 屏幕还原"命令，如下图所示，即可取消黑屏效果。

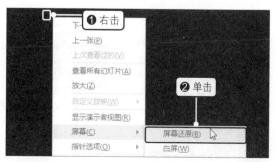

⏰ **提示**

白屏操作与黑屏相似。若要显示白屏，则右击幻灯片，在弹出的快捷菜单中单击"屏幕>白屏"命令即可；若要取消白屏，则右击幻灯片，在弹出的快捷菜单中单击"屏幕>取消白屏"命令即可。

第564招 放映幻灯片时隐藏鼠标指针

在放映幻灯片时，若觉得显示鼠标指针影响观众观看，可通过右键菜单来隐藏鼠标指针，具体操作如下。

步骤01 查看鼠标指针状态

打开原始文件，进入幻灯片放映界面，可看到鼠标指针显示在幻灯片页面中，如下图所示。

步骤02 隐藏鼠标

❶右击幻灯片任意处，❷在弹出的快捷菜单中单击"指针选项>箭头选项>永远隐藏"命令，如下图所示，即可看到鼠标指针在画面中消失了。

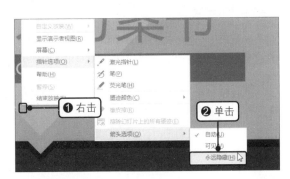

第565招 将鼠标指针变为激光样式

如果在幻灯片放映过程中希望观众看到的是更为显眼的激光样式的指针，可通过右键菜单将鼠标指针更换为激光指针。

步骤01 单击"激光指针"命令

打开原始文件，进入第3张幻灯片放映界面，❶右击幻灯片任意处，❷在弹出的快捷菜单中单击"指针选项>激光指针"命令，如下图所示。

步骤02 查看激光指针

即可看到幻灯片中的鼠标指针变为了激光指针，如下图所示。

第566招 使用笔工具标记重点

在幻灯片放映过程中，若想将一些内容标记出来作为重点讲解，可使用笔工具对其进行标记。

步骤01 单击笔命令

打开原始文件，进入第 8 张幻灯片放映界面，❶右击幻灯片任意处，❷在弹出的快捷菜单中单击"指针选项＞笔"命令，如下图所示。

步骤02 标记重点信息

此时鼠标指针变为了红色圆点，按住鼠标左键在幻灯片上拖曳绘制，即可添加标记，如下图所示。

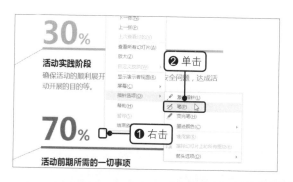
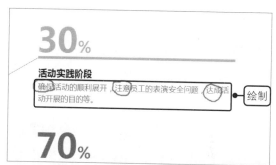

提示

除了使用笔工具外，还可以使用荧光笔工具来标记重点信息。

步骤01 保留墨迹注释

幻灯片放映结束，弹出提示框，提示是否保留墨迹注释，若保留墨迹注释则单击"保留"按钮，如下图所示。

步骤02 查看墨迹注释

返回幻灯片中，可看到第 8 张幻灯片中的墨迹注释依旧存在，如下图所示。

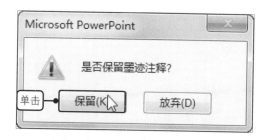
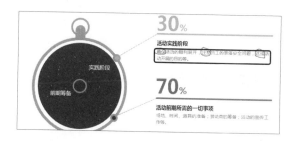

第567招 删除不合适的墨迹注释

在放映视图下使用笔标记重要内容时，若要删除幻灯片中不合适的墨迹注释，可通过橡皮擦功能删除，具体操作如下。

步骤01 单击"橡皮擦"命令

打开原始文件，进入放映界面，在第 8 张幻灯片中标记幻灯片中的重点内容。❶右击幻灯片任意处，❷在展开的列表中单击"指针选项＞橡皮擦"命令，如下左图所示。

步骤02 删除不合适的墨迹

此时鼠标指针变为 ✎ 形状,在幻灯片中单击要删除的墨迹注释,如下右图所示。

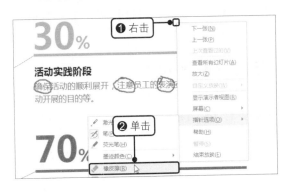

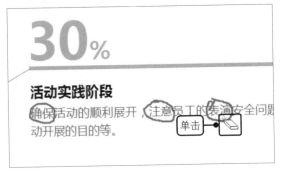

步骤03 查看删除墨迹后的效果

可看到幻灯片中要删除的墨迹注释消失了,如右图所示。

⏰ **提示**

若想要隐藏墨迹,在放映模式下按下【Ctrl+M】键即可。

第568招 设置醒目的笔颜色

PowerPoint 系统默认的笔颜色为红色,可根据实际需求更改画笔颜色,具体操作如下。

步骤01 选择墨迹颜色

打开原始文件,进入第 8 张幻灯片放映界面,单击"笔"命令,❶右击幻灯片任意处,❷在弹出的快捷菜单中单击"指针选项 > 墨迹颜色 > 绿色"命令,如下图所示。

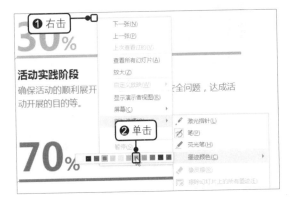

步骤02 预览笔颜色

此时鼠标指针变为了绿色的圆点,按住鼠标左键在幻灯片上拖曳绘制,即可添加标记,如下图所示。

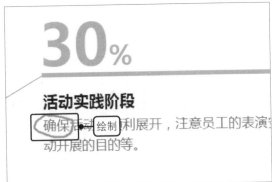

第569招　更改已保留的墨迹颜色

保留墨迹后如果觉得墨迹颜色不符合该幻灯片的整体风格，可根据实际情况使用"墨迹书写工具"来更改墨迹颜色。

步骤01 选择要更改颜色的墨迹注释

打开原始文件，切换至第 8 张幻灯片中，选中该幻灯片中的墨迹注释，如下图所示。

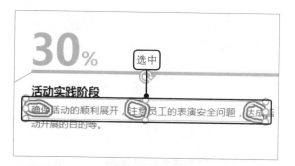

步骤02 更改墨迹注释颜色

❶在"墨迹书写工具 - 笔"选项卡下单击"笔"选项组中"颜色"右侧的下三角按钮，❷在展开的列表中单击"标准色"选项组中的"绿色"，如下图所示。

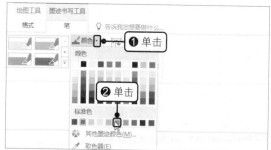

步骤03 查看更改颜色后的效果

返回幻灯片中，此时可看到该墨迹注释的颜色由红色更改为了绿色，如右图所示。

> ⏰ **提示**
>
> 若要修改墨迹注释线条的粗细，可通过"墨迹书写工具-笔"选项卡下的"粗细"功能进行更改。

第570招　快速还原鼠标指针形状

在标记重点内容后，可通过右击菜单中的箭头选项功能来快速还原鼠标指针形状。

打开原始文件，进入第 8 张幻灯片放映界面并标记幻灯片的重点内容，❶右击幻灯片任意处，❷在弹出的快捷菜单中单击"指针选项 > 箭头选项 > 自动"命令，如右图所示，即可看到鼠标指针显示在幻灯片中。

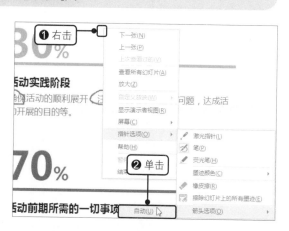

第571招 暂停和继续放映幻灯片

在幻灯片放映过程中遇到某些特殊情况需要暂时停止幻灯片放映或暂停后继续放映幻灯片时，可通过以下方法来实现。

步骤01 暂停放映幻灯片

打开原始文件，进入第 6 张幻灯片放映界面，❶右击幻灯片任意处，❷在弹出的快捷菜单中单击"暂停"命令，如下图所示，即可看到该幻灯片暂停播放。

步骤02 继续放映幻灯片

❶右击幻灯片任意处，❷在弹出的快捷菜单中单击"继续执行"命令，如下图所示，即可看到该幻灯片继续播放。

⏰ **提示**

该功能不适用于未录制幻灯片演示或未进行排练计时的演示文稿。

第572招 结束放映的快捷操作

在幻灯片放映至某些页面时若想直接结束放映，可以通过结束放映功能来实现，具体操作如下。

打开原始文件，进入幻灯片放映界面放映幻灯片，放映至要结束的页面时，❶右击幻灯片任意处，❷在弹出的快捷菜单中单击"结束放映"命令，如右图所示，即可结束放映幻灯片。

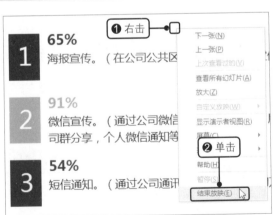

第573招　在放映过程中添加文字

若希望在放映幻灯片时给观众留有一定的悬念，可通过在放映过程中添加文字来实现，具体操作如下。

步骤01　插入文本框控件

打开原始文件，在"开发工具"选项卡下单击"控件"组中的"文本框（ActiveX 控件）"按钮，如下图所示。

步骤02　绘制文本框控件

在幻灯片中任意位置单击并按住鼠标左键拖曳绘制文本框控件，如下图所示。绘制完成后，释放鼠标即可。

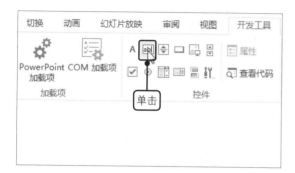

步骤03　输入文字

按下【F5】键开始放映幻灯片，在文本框控件中输入文字，如"演示文稿的版式设计"，如右图所示。

第574招　联机演示共享演示文稿

联机演示功能为远程观看演示文稿提供了极大的便利，只要有网络便可不受 PowerPoint 软件安装与否的限制。

步骤01　启动联机演示

❶在"幻灯片放映"选项卡下单击"开始放映幻灯片"组中的"联机演示"下三角按钮，❷在展开的列表中单击"Office 演示文稿服务"选项，如右图所示。

步骤02 连接联机演示

弹出"联机演示"对话框，❶勾选"启用远程查看器下载演示文稿"复选框，❷单击"连接"按钮，如下图所示。

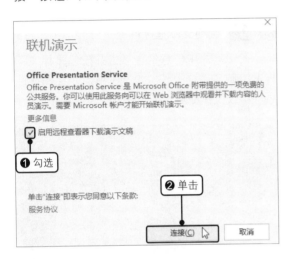

步骤03 启动演示文稿

进入下一页面，❶在该页面中单击"复制链接"按钮，❷单击"启动演示文稿"按钮，如下图所示。

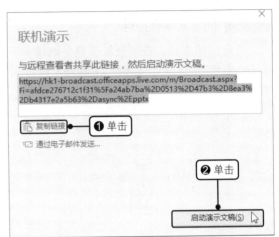

步骤04 在浏览器中查看演示文稿

打开浏览器，在浏览器地址栏中输入上一步骤复制的链接地址，即可在浏览器中观看放映的演示文稿，如右图所示。

⏰ **提示**

使用联机演示功能需要登录 Microsoft 账户。

第575招 下载联机演示放映中的演示文稿

联机演示放映给远程办公提供了极大的便利，若观看联机演示的观众需要下载演示文稿，则可通过以下操作来实现。

启动联机演示后，打开浏览器，在浏览器地址栏中输入复制的链接，即可在浏览器中观看放映的演示文稿，若要下载该演示文稿，❶则单击页面中的"下载"按钮，❷在页面底部弹出的提示框中单击"打开"按钮即可。如右图所示。

第576招　自行添加要放映的幻灯片

自定义放映幻灯片可以让演示文稿放映更为灵活，使用自定义幻灯片放映功能可为不同的受众定制播放演示文稿。

步骤01　打开"自定义放映"对话框

打开原始文件，❶在"幻灯片放映"选项卡下单击"开始放映幻灯片"组中的"自定义幻灯片放映"按钮，❷在展开的列表中单击"自定义放映"选项，如下图所示。

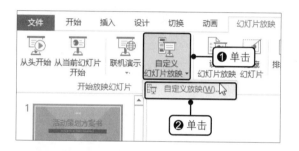

步骤02　新建自定义放映

弹出"自定义放映"对话框，单击"新建"按钮，如下图所示。

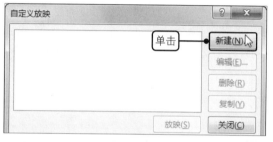

步骤03　添加幻灯片

弹出"定义自定义放映"对话框，❶在左侧列表框中勾选要添加的幻灯片复选框，❷单击"添加"按钮，如下图所示。

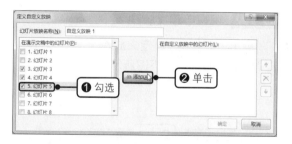

步骤04　单击"确定"按钮

可看到右侧列表框中显示了添加的幻灯片，单击"确定"按钮，如下图所示。

步骤05　关闭自定义放映对话框

返回"自定义放映"对话框，可看到对话框中显示了新建的自定义放映，如"自定义放映1"，单击"关闭"按钮即可，如下图所示。

步骤06　查看自定义放映

返回幻灯片中，单击"自定义幻灯片放映"按钮，可看到展开的列表中显示了"自定义放映1"选项，如下图所示。

第577招 调整自定义幻灯片的放映顺序

若对自定义放映中幻灯片的顺序不满意，可通过定义自定义放映功能进行修改，具体操作如下。

步骤01 调整幻灯片顺序

打开演示文稿，打开"定义自定义放映"对话框，❶在右侧的列表中单击要调整顺序的幻灯片，如"3.幻灯片5"，❷单击"向上"按钮，如下图所示。

步骤02 完成幻灯片顺序的调整

可看到该幻灯片向上移动，单击"确定"按钮即可完成幻灯片顺序的调整，如下图所示。

第578招 编辑自定义幻灯片放映

设置自定义放映幻灯片后，若对已存在的自定义放映不满意，可对其进行编辑，包括复制自定义放映、修改幻灯放映名称、删除放映中已有的幻灯片及添加新的幻灯片等。

步骤01 复制自定义放映

打开原始文件，打开"自定义放映"对话框，单击"复制"按钮，如下图所示。

步骤02 编辑自定义放映

❶选中"复制)自定义放映1"选项，❷单击"编辑"按钮，如下图所示。

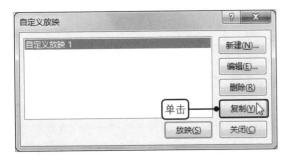
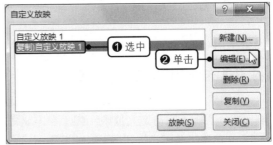

步骤03 删除幻灯片

弹出"定义自定义放映"对话框，❶在"幻灯片放映名称"文本框中输入"活动内容构成"，❷选中要删除的幻灯片，❸单击"删除"按钮，如下左图所示。

步骤04 添加新的幻灯片

❶在左侧的列表中勾选要添加的幻灯片复选框，如"6.幻灯片6"，❷单击"添加"按钮，如下右图所示。

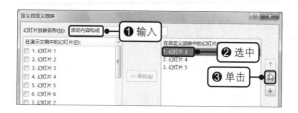 

步骤05 单击"确定"按钮

可看到右侧的列表框中显示了新添加的幻灯片,单击"确定"按钮,如下图所示。

步骤06 关闭"自定义放映"对话框

返回"自定义放映"对话框,可看到列表框中显示了"活动内容构成"选项,单击"关闭"按钮即可,如下图所示。

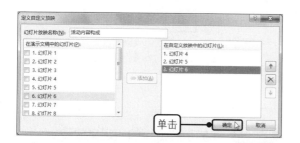 

第579招 删除自定义幻灯片放映

当不再需要放映该自定义幻灯片时,可通过自定义放映功能轻松删除该自定义放映。

步骤01 单击"自定义放映"按钮

打开原始文件,❶在"幻灯片放映"选项卡下单击"开始放映幻灯片"组中的"自定义幻灯片放映"按钮,❷在展开的列表中单击"自定义放映"选项,如下图所示。

步骤02 删除自定义放映

弹出"自定义放映"对话框,❶单击"活动内容构成"选项,❷单击"删除"按钮,如下图所示。

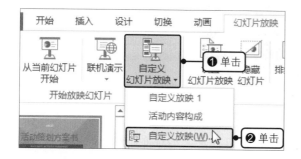 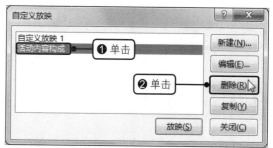

步骤03 查看自定义放映

单击"关闭"按钮,返回幻灯片中,在"幻灯片放映"选项卡下单击"自定义幻灯片放映"按钮,在展开的列表中可看到没有"活动内容构成"选项,如右图所示。

第580招 制作带超链接的自定义放映

在自定义放映幻灯片时，可制作带超链接的自定义放映，使幻灯片的放映更具条理性。

步骤01 选择要设置的对象

打开原始文件，切换至第 2 张幻灯片中并拖动选择"活动总体思路"文本，如下图所示。

步骤02 单击"超链接"按钮

在"插入"选项卡下单击"链接"组中的"超链接"按钮，如下图所示。

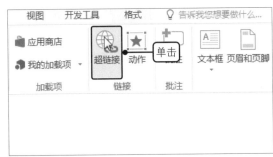

步骤03 设置超链接内容

弹出"插入超链接"对话框，❶单击"链接到："选项组中的"本文档中的位置"按钮，❷单击"自定义放映"组中的"活动总体思路"选项，❸勾选"显示并返回"复选框，❹单击"确定"按钮，如下图所示。

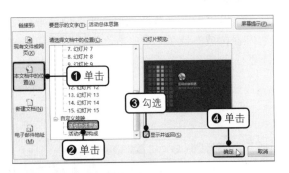

步骤04 完成带超链接的自定义放映

返回幻灯片中，此时便完成了带超链接的自定义放映的创建，如下图所示。

第581招 启动自定义放映

创建了自定义放映后，若要启动自定义放映，可通过自定义幻灯片放映功能来实现，具体操作如下。

步骤01 启动自定义放映

❶在"幻灯片放映"选项卡下单击"开始放映幻灯片"组中的"自定义幻灯片放映"按钮，❷在展开的列表中单击已经创建的自定义放映，如"活动内容构成"，如下左图所示。

步骤02 查看自定义放映效果

进入幻灯片放映界面，可看到从创建的自定义放映的第 1 张幻灯片开始放映，如下右图所示。

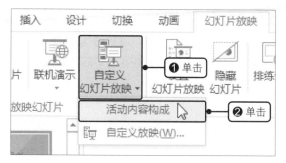

第582招 设置幻灯片的放映类型

PowerPoint 2016 提供了包括"演讲者放映（全屏幕）""观众自行浏览（窗口）"和"在展台浏览（屏幕）"3 种放映类型，可根据实际需求选择合适的放映方式。

步骤01　打开"设置放映方式"对话框

在"幻灯片放映"选项卡下单击"设置"组中的"设置幻灯片放映"按钮，如右图所示。

步骤02　设置放映类型

弹出"设置放映方式"对话框，❶单击"放映类型"选项组中的"观众自行浏览（窗口）"单选按钮，❷单击"确定"按钮，如下图所示。

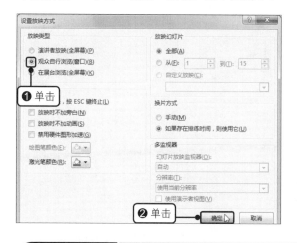

步骤03　查看放映效果

返回幻灯片中，按下【F5】键，进入幻灯片放映界面，可看到该放映界面为窗口模式，如下图所示。

第583招 按需播放幻灯片

在幻灯片放映时，默认情况下是自动从第 1 张幻灯片开始播放，若想指定从某张幻灯片播放到某张幻灯片，可通过设置放映幻灯片功能来实现。

步骤01 设置要放映的幻灯片

　　打开演示文稿，在"幻灯片放映"选项卡下单击"设置"组中的"设置幻灯片放映"按钮，弹出"设置放映方式"对话框，❶单击"放映幻灯片"选项组中的"从 到"单选按钮，❷在"从"数值框中输入"3"，"到"数值框中输入"5"，❸单击"确定"按钮，如下图所示。

步骤02 查看放映效果

　　返回幻灯片中，按下【F5】键，进入放映界面，可看到幻灯片从第 3 张幻灯片开始放映，如下图所示。

第584招 实现循环放映幻灯片

　　若想要将某些幻灯片进行循环放映，如带有广告性质的幻灯片，可通过设置放映选项来实现。

　　在"幻灯片放映"选项卡下单击"设置"组中的"设置幻灯片放映"按钮，弹出"设置放映方式"对话框，勾选"放映选项"选项组中的"循环放映，按 Esc 键终止"复选框，如右图所示，完成上述操作后，单击"确定"按钮即可。

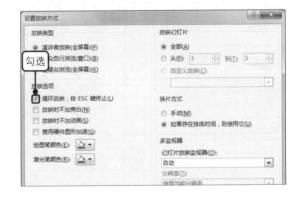

第585招 放映时不加动画

　　若不希望在放映幻灯片时播放幻灯片中的动画，可通过设置放映选项来实现。

　　在"幻灯片放映"选项卡下单击"设置"组中的"设置幻灯片放映"按钮，弹出"设置放映方式"对话框，勾选"放映选项"选项组中的"放映时不加动画"复选框，如右图所示，完成上述操作后，单击"确定"按钮即可。

第586招 禁用硬件图形加速

若放映幻灯片时演示文稿运行速度缓慢，有时甚至出现花屏的现象，则可通过禁止硬件图形加速来解决这一问题。

在"幻灯片放映"选项卡下单击"设置"组中的"设置幻灯片放映"按钮，弹出"设置放映方式"对话框，勾选"放映选项"选项组中的"禁用硬件图形加速"复选框，如右图所示。完成上述操作后，单击"确定"按钮即可。

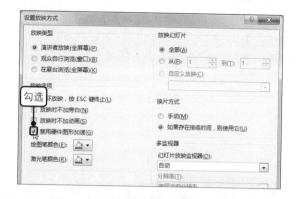

第587招 手动切换幻灯片

PowerPoint 2016 提供了包括使用排练时间进行自动换片和演讲者手动换片两种方式，可根据实际情况选择合适的换片方式。

在"幻灯片放映"选项卡下单击"设置"组中的"设置幻灯片放映"按钮，弹出"设置放映方式"对话框，单击"换片方式"选项组中的"手动"单选按钮，如右图所示，完成上述操作后，单击"确定"按钮即可。

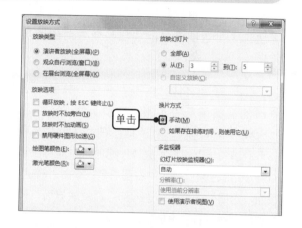

第588招 打开演示文稿时自动播放

编辑好演示文稿后，若想再次打开演示文稿时能够直接进行放映，可通过将演示文稿另存为放映模式的方式来实现。

步骤01 单击"文件"按钮

打开原始文件，单击"文件"按钮，如下图所示。

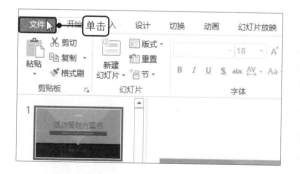

步骤02 单击"浏览"按钮

在弹出的视图菜单中单击"另存为"命令，在右侧面板中单击"浏览"按钮，如下图所示。

步骤03 将演示文稿另存为放映模式文件

　　弹出"另存为"对话框，❶设置演示文稿的"文件名"为"最终文件"，设置文件"保存类型"为"PowerPoint 放映（*.ppsx）"，❶单击"保存"按钮，如右图所示。

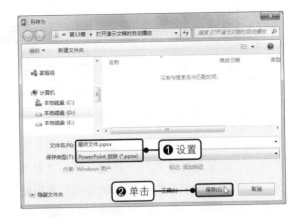

第589招　取消放映结束时的黑屏效果

　　在某些情况下，如在重要场合进行幻灯片演示时，不想放映结束后出现黑屏效果，可通过工具选项卡来取消放映结束时的黑屏效果。

　　打开原始文件，单击"文件"按钮，在弹出的视图菜单中单击"选项"命令，弹出"PowerPoint 选项"对话框，在"高级"选项卡下取消勾选"幻灯片放映"选项组中的"以黑幻灯片结束"复选框，如右图所示。单击"确定"按钮，返回幻灯片中，进入幻灯片放映界面，待放映结束时可看到黑屏效果消失了。

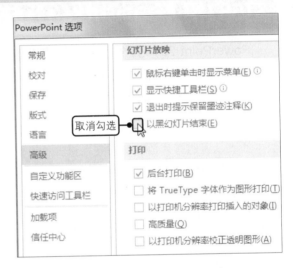

读书笔记

第15章 演示文稿的审阅

演示文稿编辑完毕后，常常需要他人帮助检查和审阅演示文稿，从而保证演示文稿的内容正确及语言的通顺和流畅。审阅者在检查和审阅演示文稿时常借助拼写检查、翻译文本和屏幕提示、文本的繁简转换、创建和删除批注及修订等功能来提高检查的效率。通过本章的介绍，用户可以熟练掌握上述操作，从而提高在检查和审阅演示文稿时的工作效率。

第590招 对幻灯片进行拼写检查

完成幻灯片的制作后，可以使用拼写检查功能对幻灯片中的语法和拼写进行检查和校对，并对幻灯片中的语法和拼写错误进行修改。

步骤01 启动拼写检查

打开原始文件，在"审阅"选项卡下单击"校对"组中的"拼写检查"按钮，如下图所示。

步骤02 更改拼写错误

打开"拼写检查"任务窗格，可看到窗格中出现了检查出的错误及更改后的正确内容，且幻灯片中自动选中该内容，单击"更改"按钮，如下图所示，即可纠正该错误。

步骤03 完成拼写检查

完成拼写检查后，系统会弹出提示框，提示拼写检查已完成，单击"确定"按钮，如右图所示，可看到幻灯片中标记错误的波浪线消失了。

第591招 启用拼写检查大写单词功能

PowerPoint 在默认情况下会忽略对幻灯片中大写字母对应的单词进行检查和校对，在需要对大写单词进行拼写检查时，可启用拼写检查大写单词功能。

步骤01 单击"文件"按钮

打开原始文件，单击"文件"按钮，如下左图所示。

步骤02 打开"PowerPoint选项"对话框

在弹出的视图菜单中单击"选项"命令，如下右图所示。

步骤03 启用拼写检查大写单词功能

弹出"PowerPoint 选项"对话框，在"校对"选项卡下取消勾选"在 Microsoft Office 程序中更正拼写时"选项组下方的"忽略全部大写的单词"复选框，如右图所示。完成设置后，单击"确定"按钮即可启用拼写检查大写功能。

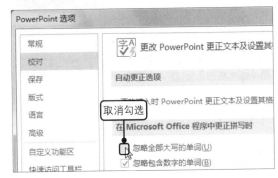

第592招 自定义词典

如果输入的单词在标准词典中不存在，但又希望该单词在拼写检查时能够作为正确单词被 PowerPoint 系统认可，可使用自定义词典功能来实现。

步骤01 打开自定义词典

打开原始文件，单击"文件"按钮，在弹出的视图菜单中单击"选项"命令，弹出"PowerPoint 选项"对话框，在"校对"选项卡下单击"自定义词典"按钮，如下图所示。

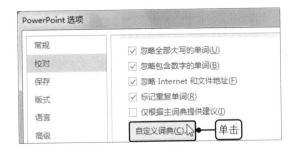

步骤02 编辑自定义词典

弹出"自定义词典"对话框，保持默认的信息不变，单击"编辑单词列表"按钮，如下图所示。

步骤03 添加单词

弹出"CUSTOM.DIC"对话框，❶在单词下方的文本框中输入要添加的单词，如"网路"，❷单击"添加"按钮，如右图所示。完成上述操作后，连续单击3次"确定"按钮即可添加单词。

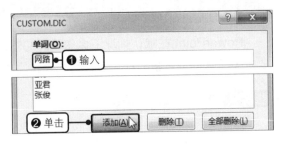

⏰ **提示**

还可以在"拼写检查"任务窗格中单击"添加"按钮，将单词添加到自定义词典中。

第593招　关闭自动拼写检查

若不希望在幻灯片中显示红色的波浪线来标记错误，则可以关闭自动拼写检查功能，具体操作如下。

打开原始文件，单击"文件"按钮，在弹出的视图菜单中单击"选项"命令，弹出"PowerPoint 选项"对话框，在"校对"选项卡下勾选"在 PowerPoint 中更正拼写时"选项组下方的"隐藏拼写和语法错误"复选框，如右图所示。

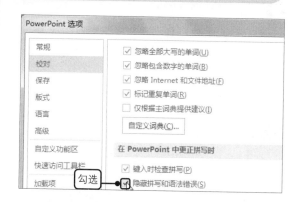

⏰ **提示**

若要勾选"隐藏拼写和语法错误"复选框，必须先勾选"键入时检查拼写"复选框。

第594招　查找指定词语同义词

PowerPoint 中的"同义词库"提供了查找同义词的功能，可使用该功能查找指定词语的同义词。

步骤01　选择要查找的对象

打开原始文件，拖动选择要查找的词语，如"Team"，如下图所示。

步骤03　查看同义词

打开"同义词库"任务窗格，可看到该窗格中显示了查找的词语及查找到的同义词，如右图所示。

步骤02　单击"同义词库"按钮

在"审阅"选项卡下单击"校对"组中的"同义词库"按钮，如下图所示。

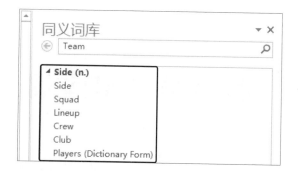

第595招 插入或复制指定的同义词

使用同义词库功能查找到指定词语所对应的同义词时，可根据实际情况合理地插入或复制该同义词。

步骤01 打开同义词库

打开原始文件，❶拖动选择要查找的词语，如"Team"，❷单击"同义词库"按钮，如下图所示。

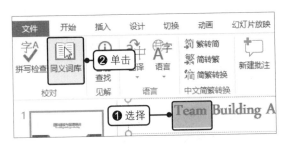

步骤02 插入同义词

打开"同义词库"任务窗格，❶单击列表中查找出来的词语右侧的下三角按钮，如"Group"，❷在展开的列表中单击"插入"选项，如下图所示。

步骤03 查看插入同义词后的效果

关闭"同义词库"任务窗格，返回幻灯片中，可看到原先指定的词语替换为了插入的同义词，如右图所示。

> **提示**
>
> 复制同义词的方法与插入同义词相同，单击"复制"按钮，将词语粘贴到目标位置即可。

第596招 翻译选定文本

在幻灯片中遇到不认识的语言文字时，可使用翻译功能将该文本翻译为指定的语言文字，具体操作如下。

步骤01 选择要翻译的文本

打开原始文件，拖动选择要翻译的文本，如"Team"，如下图所示。

步骤02 翻译所选文字

❶在"审阅"选项卡下单击"语言"组中的"翻译"按钮，❷在展开的列表中单击"翻译所选文字"选项，如下图所示。

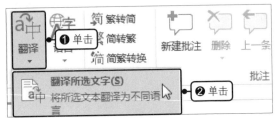

步骤03 查看翻译结果

弹出"翻译所选文字"对话框，单击"是"按钮继续翻译所选文字，打开"信息检索"任务窗格，可看到该窗格中显示了要翻译的文本及翻译后的结果，如右图所示。

⏰ **提示**

若不想再次启动翻译时显示"翻译所选文字"对话框，则在该对话框中勾选"不再显示"复选框即可。

第597招 翻译屏幕提示

翻译屏幕提示用于翻译幻灯片中的文本，它相较于翻译所选文字使用更为方便，只要将鼠标指针移至要翻译的文本上即可快速查看翻译。

打开原始文件，❶在"审阅"选项卡下单击"语言"组中的"翻译"按钮，❷在展开的列表中单击"翻译屏幕提示 [中文 (中国)]"选项，如右图所示。完成上述操作后，将鼠标指针移至要翻译的文本上，显示出浮动窗口，即可在窗口中查看翻译结果。

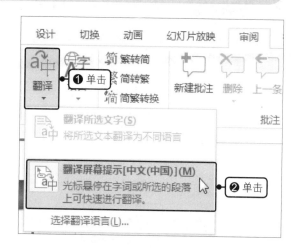

第598招 转换翻译语言

PowerPoint 中默认的翻译语言为中文，但在实际应用中常常会遇到需要翻译成其他语言的情况，此时可将翻译语言设置成符合实际情况的语言，具体操作如下。

步骤01 单击"选择翻译语言"选项

打开原始文件，❶在"审阅"选项卡下单击"语言"组中的"翻译"按钮，❷在展开的列表中单击"选择翻译语言"选项，如右图所示。

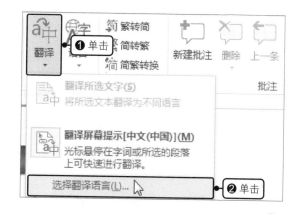

步骤02 选择翻译语言

弹出"翻译语言选项"对话框，❶单击"翻译为"右侧的下三角按钮，❷在展开的列表中单击"英语（美国）"选项，如下图所示。选择语言后，单击"确定"按钮。

步骤03 查看翻译语言

返回幻灯片中，在"审阅"选项卡下单击"语言"组中的"翻译"按钮，在展开的列表中可看到"翻译屏幕提示 [中文（中国）]"选项更换为了"翻译屏幕提示 [英语（美国）]"选项，如下图所示。

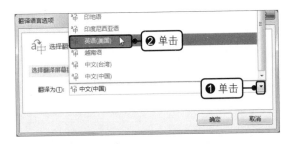

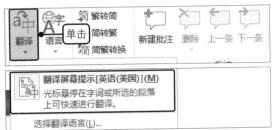

第599招　设置校对语言

在幻灯片中，若某些文本所对应的语言未添加到校对语言中，系统将不会对其进行校对，如果想要校对该文本，则必须设置校对语言。

步骤01 选择要设置校对语言的文本

打开原始文件，在幻灯片中选中任意文本对象，如副标题文本框，如下图所示。

步骤02 单击"设置校对语言"选项

❶在"审阅"选项卡下单击"语言"组中的"语言"按钮，❷在展开的列表中单击"设置校对语言"选项，如下图所示。

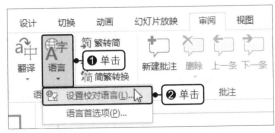

步骤03 添加校对语言

弹出"语言"对话框，❶单击要添加的校对语言，如"冰岛语"，❷单击"确定"按钮，如右图所示，即可将该语言加入校对语言中。

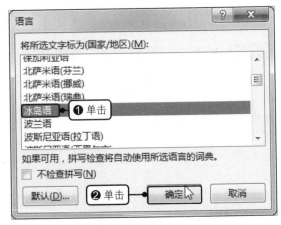

第600招　将幻灯片中的文本转换为简体

当面对繁体中文版本的幻灯片却又对繁体中文不熟悉时，可使用繁转简功能将其转换为简体中文版本后再浏览阅读，具体操作如下。

步骤01 查看幻灯片中的字体

打开原始文件，可看到幻灯片中的字体为繁体，如下图所示。

步骤02 单击"繁转简"按钮

在"审阅"选项卡下单击"中文简繁转换"组中的"繁转简"按钮，如下图所示。

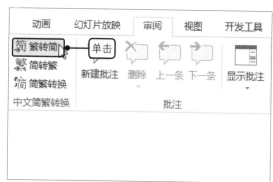

步骤03 查看幻灯片中的字体

完成上述操作后，可看到幻灯片中的文本由繁体转换为了简体，如右图所示。

> ⏰ **提示**
>
> 若要对幻灯片中的某一部分文本进行繁转简，则需先选中要转换的文本，再进行转换。

第601招　将幻灯片中的文本转换为繁体

当演示者遇到长期使用繁体中文的观众时，可使用简转繁功能将幻灯片中简体中文转换为繁体中文，方便观众进行浏览。

步骤01 选择要转换的文本

打开原始文件，切换到第 2 张幻灯片中，可看到幻灯片中的字体为简体，如下图所示。

步骤02 单击"简转繁"按钮

在"审阅"选项卡下单击"中文简繁转换"组中的"简转繁"按钮，如下图所示。

步骤03 查看转换结果

完成上述操作后，可看到幻灯片中的文本由简体转换为了繁体，如右图所示。

> ⏰ **提示**
>
> 还可以单击"简繁转换"按钮对幻灯片中的文本进行繁简转换。

第602招 为幻灯片中的对象添加批注

审阅他人的幻灯片时，可以通过添加批注来对该幻灯片作者提出自己对幻灯片中某些内容的见解。

步骤01 选择要添加批注的对象

打开原始文件，在幻灯片中选择要添加批注的对象，如标题文本框，如下图所示。

步骤02 单击"新建批注"按钮

在"审阅"选项卡下单击"批注"组中的"新建批注"按钮，如下图所示，随后在批注框中输入相应的批注内容，即可添加批注。

第603招 编辑幻灯片中的批注

若发现添加的批注内容描述不准确，可通过批注窗格编辑该批注，具体操作如下。

步骤01 打开批注窗格

打开原始文件，在幻灯片中单击 💬 图标，如下图所示。

步骤02 编辑批注

打开"批注"任务窗格，单击要修改批注的文本框后修改批注内容，如下图所示。编辑完毕后单击下方任意空白处，即可完成编辑。

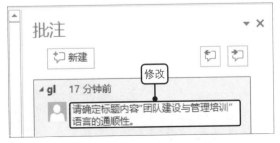

第604招　删除幻灯片中的批注

当不需要采纳某些批注内容时，可以通过删除批注功能将其从幻灯片中彻底删除。

打开原始文件，选中幻灯片中的 ▢ 图标，❶在"审阅"选项卡下单击"批注"组中的"删除"下三角按钮，❷在展开的列表中单击"删除"选项，如右图所示，即可删除该批注。

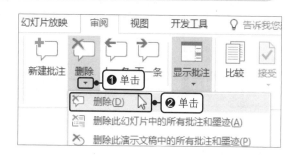

🕐 提示

若要将某一页幻灯片或整个演示文稿中的批注全部删除，则单击"删除 > 删除此幻灯片中的所有批注和墨迹"或"删除 > 删除此演示文稿中的所有批注和墨迹"选项即可。

第605招　快速查看上一条或下一条批注

在查看幻灯片批注时发现批注分布在各张幻灯片中，逐张查看非常浪费时间，若要提高工作效率，可使用"上一条"和"下一条"按钮来逐一查看批注。

步骤01 选中第1条批注

打开原始文件，选中演示文稿中的第 1 条批注，如下图所示。

步骤02 单击"下一条"按钮

在"审阅"选项卡下单击"批注"组中的"下一条"按钮，如下图所示。

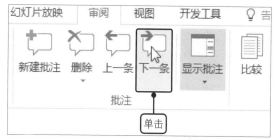

步骤03 查看下一条批注

可看到系统自动切换到了下一个批注所在位置，如下图所示。

步骤04 单击"上一条"按钮

若要查看上一条批注，单击"上一条"按钮即可，如下图所示。

> **⏰ 提示**
>
> 　查看最后一个批注后再次单击"下一条"按钮，则会弹出提示框，提示已到达演示文稿结尾，是否从起始处继续，若要从起始处开始继续查看，则单击"继续"按钮，若不从起始处查看，则单击"取消"按钮。

第606招　答复幻灯片中的批注

　　当演示文稿制作者需要对其他用户提出的批注进行回复时，可使用答复批注的方式来实现。

　　打开原始文件，在"审阅"选项卡下单击"批注"组中的"显示批注"按钮，打开"批注"任务窗格，在批注下方的答复文本框中输入回复内容，输入完毕后单击下方任意空白处即可，如右图所示。

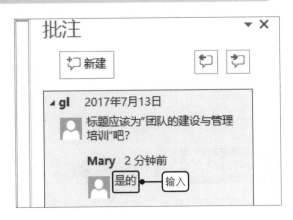

第607招　更改审阅者个人信息

　　审阅演示文稿时如果发现 Microsoft 账户不是当前审阅者的账户信息，可通过更改账户信息来显示正确的审阅者账户信息。

步骤01　单击"文件"按钮

　　打开原始文件，单击"文件"按钮，在弹出的视图菜单中单击"账户"命令，如下图所示。

步骤02　注销账户

　　在右侧的面板中单击"注销"按钮，如下图所示。

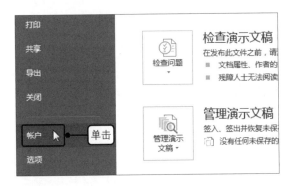

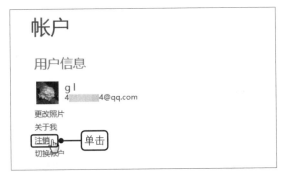

步骤03　单击"是"按钮

　　弹出"删除账户"对话框，若要继续注销账户则单击"是"按钮，如右图所示。

步骤04 单击"登录"按钮

返回"账户"面板中，单击"登录"按钮，如下图所示。

步骤06 登录账户

跳转至"输入密码"对话框，❶在该对话框中输入上一步骤中输入账号的密码，❷单击"登录"按钮，如右图所示，即可完成更换审阅者账户信息的操作。

步骤05 更换登录账户

弹出"登录"对话框，❶在该对话框中输入账号，❷单击"下一步"按钮，如下图所示。

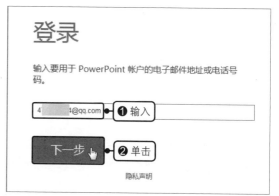

第608招　比较演示文稿的修订信息

若要为修订演示文稿做好铺垫，可使用比较演示文稿功能将未修改的演示文稿与已添加批注的演示文稿进行比较，统一文稿中的批注信息，方便修订时查看。

步骤01 单击"比较"按钮

打开原始文件，在"审阅"选项卡下单击"比较"组中的"比较"按钮，如右图所示。

步骤02 合并文件

弹出"选择要与当前演示文稿合并的文件"对话框，❶找到要合并的文件位置并选中该文件，如"修订文件"，❷单击"合并"按钮，如下左图所示。

步骤03 查看修订信息

返回当前演示文稿中，在打开的"修订"任务窗格中可看到修订人及当前幻灯片中的修订内容，如下右图所示。切换至其他幻灯片，同样可看到其对应的修订内容。

第609招 接受修订快速更改文档

比较演示文稿后，可查看原有演示文稿与修订后演示文稿的区别，如需采用某些修订内容，则可以直接接受更改内容。

步骤01 查看修订内容

打开原始文件，在"审阅"选项卡下单击"比较"组中的"比较"按钮，在弹出的对话框中合并修订文件，返回当前演示文稿中可看到修订信息，如下图所示。

步骤02 接受修订

❶若要接受该修订信息，则在"审阅"选项卡下单击"比较"组中的"接受"下三角按钮，❷在展开的列表中单击"接受修订"选项，如下图所示。

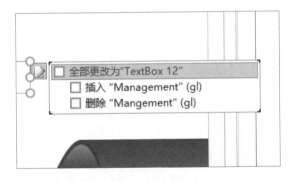
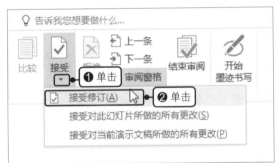

> **⏰ 提示**
>
> 若要接受幻灯片或演示文稿中所有的修订，则单击"接受对此幻灯片所做的所有更改"选项或"接受对当前演示文稿所做的所有更改"选项。

第610招 拒绝修订保留原文档

比较演示文稿后，若不愿接受修订，则可通过拒绝修订的方式来实现，具体操作如下。

步骤01 查看修订内容

打开原始文件，在"审阅"选项卡下单击"比较"组中的"比较"按钮，在弹出的对话框中合并修订文件，返回当前演示文稿中，可看到修订信息并勾选该修订信息复选框，如下左图所示。

步骤02 拒绝修订

❶若要拒绝修订，则在"审阅"选项卡下单击"比较"组中的"拒绝"下三角按钮，❷在展开的列表中单击"拒绝更改"选项，如下右图所示，即可拒绝更改修订。

第611招　结束对演示文稿的审阅

查阅完演示文稿后，若希望快速结束审阅，可使用结束审阅功能来实现，具体操作如下。

步骤01 单击"结束审阅"按钮

打开演示文稿，在"审阅"选项卡下单击"比较"组中的"结束审阅"按钮，如下图所示。

步骤02 结束审阅

弹出提示框，提示是否结束审阅，若结束审阅则单击"是"按钮，如下图所示。即可结束审阅。

读书笔记

第16章　演示文稿的打印和输出

将演示文稿打印和输出的主要目的是利用多种多样的方法，让他人可以随时共享查阅演示文稿，如将演示文稿打印成纸质文件、通过多种方式共享演示文稿到网络中，以及将演示文稿打包或将演示文稿转换为其他格式等内容。需注意的是，若演示文稿具有特别意义，还可以对其编辑权限、查看权限进行设置。

第612招　让幻灯片以宽屏显示

为了让幻灯片内容更贴合计算机显示器的比例，可将幻灯片设置为宽屏显示，充分发挥宽屏显示器的优点。

打开原始文件，❶在"设计"选项卡下单击"自定义"组中的"幻灯片大小"按钮，❷在展开的列表中单击"宽屏（16：9）"选项，如右图所示。完成上述操作后，可看到窗口中的幻灯片更改为了宽屏显示。

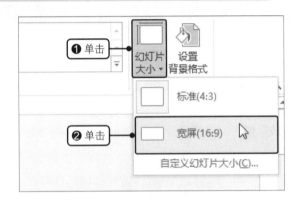

⏰ 提示

若要将宽屏更改为标准，在展开的列表单击"标准（4：3）"选项，在弹出的提示框中单击"确保适合"按钮即可。

第613招　自定义幻灯片大小

调整幻灯片大小除了标准和宽屏两种形式外，还可以根据实际需求来自定义幻灯片大小，具体操作如下。

步骤01　打开"幻灯片大小"对话框

打开原始文件，❶在"设计"选项卡下单击"自定义"组中的"幻灯片大小"按钮，❷在展开的列表中单击"自定义幻灯片大小"选项，如右图所示。

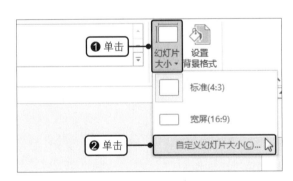

步骤02 设置幻灯片大小

弹出"幻灯片大小"对话框，❶单击"幻灯片大小"右侧的下三角按钮，❷在展开的列表中单击"A3 纸张 (297x420 毫米)"选项，如右图所示。完成设置后单击"确定"按钮即可。

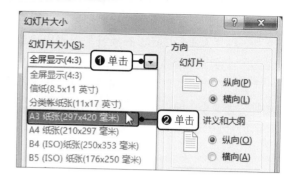

提示

可根据实际情况设置不同的幻灯片大小，如"A4 纸张 (210x297 毫米)""信纸 (8.5x11 英寸)"等。

第614招　设置幻灯片打印方向

为了让幻灯片中的内容完整打印在对应的纸张上，可通过设置幻灯片的打印方向来避免内容溢出的问题。

步骤01 单击"纵向"单选按钮

打开原始文件，在"设计"选项卡下单击"自定义"组中的"幻灯片大小"按钮，在展开的列表中单击"自定义幻灯片大小"选项，弹出"幻灯片大小"对话框，在"方向"组中单击"幻灯片"选项组中的"纵向"单选按钮，如下图所示。

步骤02 单击"确保适合"按钮

单击"确定"按钮，弹出提示框，提示正在缩放到新幻灯片大小，是要最大化内容大小还是按比例缩小以确保适应新幻灯片，单击"确保适合"按钮，如下图所示，可看到幻灯片由横向更换为了纵向。

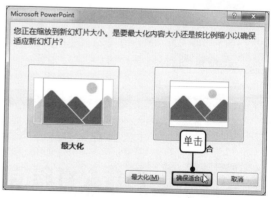

第615招　设置备注、讲义和大纲打印方向

默认情况下，备注、讲义和大纲的方向为"纵向"，可根据需要在"幻灯片大小"对话框中更改其方向。

在"设计"选项卡下单击"自定义"组中的"幻灯片大小"按钮，在展开的列表中单击"自定义幻灯片大小"选项，弹出"幻灯片大小"对话框，在"方向"组中单击"备注、讲义和大纲"选项组中的"横向"单选按钮，如右图所示。完成上述操作后，单击"确定"按钮即可。

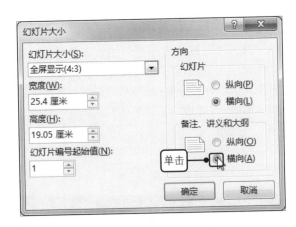

第616招 设置演示文稿的打印范围

如果不需要打印演示文稿中所有的幻灯片，则可以通过设置演示文稿的打印范围来实现。

步骤01 单击"打印"命令

打开原始文件，在演示文稿中选中要打印的幻灯片，单击"文件"按钮，在弹出的视图菜单中单击"打印"命令，如下图所示。

步骤02 设置打印范围

❶在右侧展开的"打印"面板中单击"打印全部幻灯片"下三角按钮，❷在展开的列表中单击"打印所选幻灯片"选项，如下图所示。

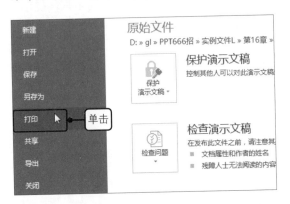

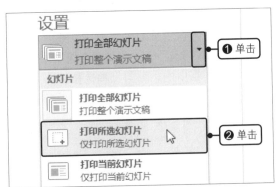

> ⏰ **提示**
>
> 可根据实际情况设置不同的打印范围，如"打印全部幻灯片""打印当前幻灯片"等。

第617招 自定义打印范围

若要打印指定范围的幻灯片时，则可通过自定义打印范围功能来实现，具体操作如下。

步骤01 自定义打印范围

打开演示文稿，单击"文件"按钮，在弹出的视图菜单中单击"打印"命令，❶在右侧展开的打印面板中设置幻灯片打印范围为"自定义范围"，❷在"幻灯片"文本框中输入要打印的幻灯片编号，如"2,3,5"，如下左图所示。

步骤02 预览要打印的幻灯片

设置好演示文稿的打印范围后，可在打印面板右侧预览要打印的幻灯片，单击"下一页"按钮翻看在打印范围内的幻灯片，如下右图所示。

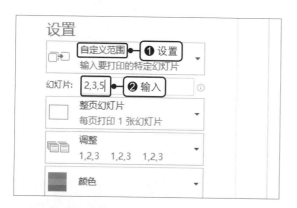
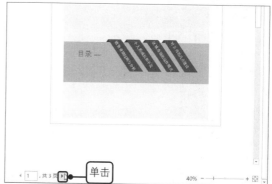

第618招 不打印隐藏的幻灯片

在打印含有隐藏幻灯片的演示文稿的所有幻灯片时，系统默认打印隐藏的幻灯片，若不需要打印隐藏的幻灯片，可通过以下操作进行设置。

打开原始文件，单击"文件"按钮，在弹出的视图菜单中单击"打印"命令，❶在右侧展开的"打印"面板中单击"打印全部幻灯片"按钮，❷在展开的列表中单击"打印隐藏幻灯片"选项，取消其勾选状态，如右图所示。

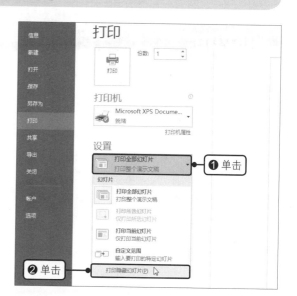

第619招 设置幻灯片打印版式

如果需要将多张幻灯片打印在同一页纸上，或将幻灯片的注释和说明也打印到纸上，可通过设置幻灯片打印版式来实现。

步骤01 单击"打印"命令

打开原始文件，单击"文件"按钮，在弹出的视图菜单中单击"打印"命令，如下左图所示。

步骤02 设置幻灯片打印版式

❶在右侧展开的"打印"面板中单击"整页幻灯片"按钮，❷在展开的列表中单击"2张幻灯片"选项，如下右图所示。

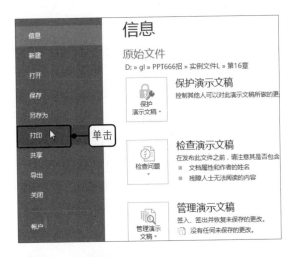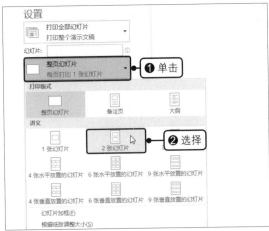

⏰ **提示**

可根据实际情况设置不同的打印版式，如"1 张幻灯片""3 张幻灯片""4 张水平放置的幻灯片"等。

第620招 设置打印顺序

演示文稿的默认打印顺序为"1,2,3 1,2,3 1,2,3"，若要更改打印顺序，可通过以下操作进行设置。

在打开的演示文稿中单击"文件"按钮，❶在弹出的视图菜单中单击"打印"命令，❷在右侧展开的"打印"面板中单击"调整"按钮，❸在展开的列表中单击"取消排序"选项，如右图所示。

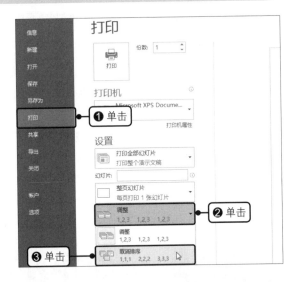

第621招 以灰度模式打印幻灯片

打印演示文稿有"彩色""灰度""纯黑白"3 种模式，其中"灰度"是最常用的模式，若要清晰地表现演示文稿中的细节，可使用"灰度"模式进行打印。

步骤01 设置打印模式

打开原始文件，单击"文件"按钮，在弹出的视图菜单中单击"打印"命令，❶在右侧展开的打印面板中单击"颜色"下拉按钮，❷在展开的列表中单击"灰度"选项，如下左图所示。

步骤02 预览打印效果

设置好打印模式后，可在"打印"面板右侧预览打印效果，如下右图所示。

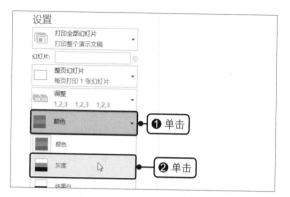

第622招　设置打印的份数

默认情况下，演示文稿的打印份数为 1 份，若需要打印多份相同的演示文稿时，则可通过设置打印的份数来实现。

在打开的演示文稿中单击"文件"按钮，❶在弹出的视图菜单中单击"打印"命令，❷在右侧展开的"打印"面板中设置份数为"4"份，如右图所示。

第623招　打印备注页或大纲

若需要将幻灯片的备注信息或演示文稿大纲随幻灯片一起打印出来，则可以通过更改打印版式的方式来实现。

步骤01 单击"打印"命令

打开原始文件，单击"文件"按钮，在弹出的视图菜单中单击"打印"命令，如下图所示。

步骤02 单击"备注页"选项

❶在右侧展开的"打印"面板中单击"整页幻灯片"按钮，❷在展开的列表中单击"备注页"选项，如下图所示。设置完毕后，在打印面板中单击"打印"按钮即可进行打印。

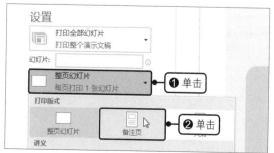

⏰ **提示**

若需要打印大纲，则单击"整页幻灯片"按钮，在展开的列表中单击"大纲"选项即可。

第624招 将演示文稿打包成CD

需要在多台不同的计算机上播放演示文稿时，可使用"打包成 CD"功能来确保演示文稿中的音频、视频等能够正常播放，具体操作如下。

步骤01 打开"打包成CD"对话框

打开原始文件，单击"文件"按钮，在弹出的视图菜单中单击"导出"命令，❶在右侧展开的"导出"面板中单击"将演示文稿打包成 CD"按钮，❷在"将演示文稿打包成 CD"选项组下单击"打包成 CD"按钮，如下图所示。

步骤02 将打包的内容复制到文件夹

弹出"打包成 CD"对话框，❶在"将 CD 命名为"文本框中输入打包文件的名称，如"打印输出 CD"，❷单击"复制到文件夹"按钮，如下图所示。

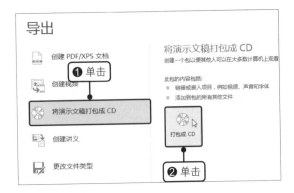

步骤03 单击"浏览"按钮

弹出"复制到文件夹"对话框，单击对话框中的"浏览"按钮，如右图所示。

步骤04 选择打包文件的存放位置

在弹出的"选择位置"对话框中选择要存放的位置，如右图所示。选择完成后，单击"选择"按钮，返回"复制到文件夹"对话框中，单击"确定"按钮。

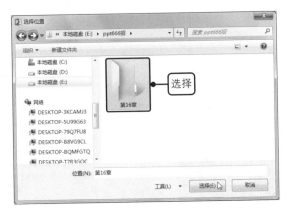

步骤05 查看打包后的文件

弹出提示框，询问是否要在文件夹中包含链接文件，若要包含链接文件，则单击"是"按钮，此时会弹出"正在将文件复制到文件夹"提示框，提示正在复制指定的演示文稿，复制完成后，系统自动打开打包成 CD 的文件夹，如右图所示。

第625招　将演示文稿复制到CD

若想要将演示文稿刻录为 CD，则可以通过在具有刻录 CD 功能的计算机上插入刻录盘，将演示文稿复制到 CD 来实现。

单击"文件"按钮，在弹出的视图菜单中单击"导出"命令，在右侧展开的导出面板中单击"将演示文稿打包成CD>打包成CD"按钮，弹出"打包成 CD"对话框，单击"复制到CD"按钮，如右图所示。在弹出提示框中单击"是"按钮，即可将演示文稿复制到 CD。

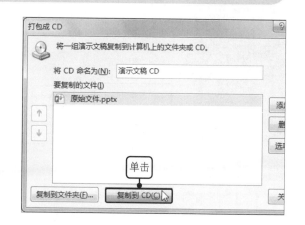

第626招　播放打包到文件夹的演示文稿

为了确保他人能够完整播放打包文件中的演示文稿，可在计算机上试运行是否能够播放该演示文稿，具体操作如下。

步骤01 双击要打开的文件

在打包成 CD 的文件夹中双击"原始文件.pptx"，如下图所示。

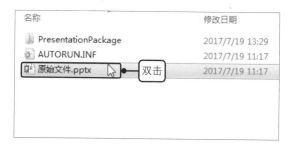

步骤02 播放演示文稿

打开演示文稿后，按下【F5】键播放演示文稿，如下图所示。

第627招　压缩演示文稿减少占用空间

使用电子邮件发送演示文稿时，发现该演示文稿占用空间过大、发送速度较慢等情况，可通过压缩演示文稿的占用空间来解决，具体操作如下。

步骤01 打开"另存为"对话框

打开原始文件，单击"文件"按钮，❶在弹出的视图菜单中单击"另存为"命令，❷在右侧展开的"另存为"面板中单击"浏览"按钮，如下图所示。

步骤02 压缩图片

弹出"另存为"对话框，❶在"文件名"文本框中输入"压缩文件"，❷单击"工具"下三角按钮，❸在展开的列表中单击"压缩图片"选项，如下图所示。

步骤03 保存压缩图片

弹出"压缩图片"对话框，保持默认的信息不变，单击"确定"按钮，如右图所示。返回"另存为"对话框中，设置文件的保存位置并单击"保存"按钮即可。

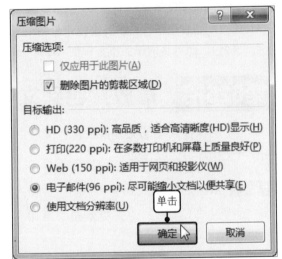

第628招 将演示文稿保存为PDF/XPS格式

若不希望他人随意更改演示文稿的内容，可将演示文稿保存为 PDF/XPS 格式，以防止他人对该演示文稿进行编辑。

步骤01 单击"创建PDF/XPS文档"按钮

打开原始文件，单击"文件"按钮，❶在弹出的视图菜单中单击"导出"命令，❷在右侧展开的"导出"面板中单击"创建 PDF/XPS 文档"按钮，如下左图所示。

步骤02 单击"创建PDF/XPS"按钮

在"创建 PDF/XPS 文档"选项组中单击"创建 PDF/XPS"按钮，如下右图所示。

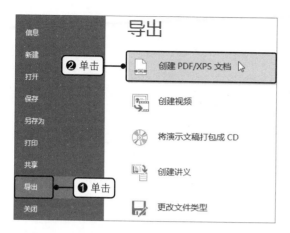

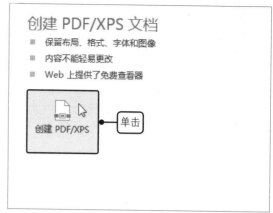

步骤03　导出为PDF文档

　　弹出 "发布为 PDF 或 XPS" 对话框，❶在地址栏中选择文件要保存的地址，❷设置文件 "保存类型" 为 "PDF" 格式，如下图所示。完成上述操作后，单击 "发布" 按钮。

步骤04　查看导出的PDF文档

　　打开导出的 PDF 文档所在的文件夹，可看到导出的 PDF 文档，如下图所示，双击该图标后便可查看 PDF 文档的具体内容。

> ⏰ **提示**
>
> 　　若要将演示文稿导出为 XPS 文件，则在步骤03 时设置文件类型为 XPS 格式即可。

第629招　将演示文稿导出为视频格式

　　若需要在未安装 PowerPoint 程序的计算机中播放演示文稿，则可以提前将演示文稿导出为视频格式，具体操作如下。

步骤01　单击 "创建视频" 按钮

　　打开原始文件，单击 "文件" 按钮，❶在弹出的视图菜单中单击 "导出" 命令，❷在右侧展开的 "导出" 面板中单击 "创建视频" 按钮，如下左图所示。

步骤02　创建视频

　　❶在右侧展开的 "创建视频" 选项组中设置 "放映每张幻灯片的秒数" 为 "05.00" 秒，❷单击 "创建视频" 按钮，如下右图所示。

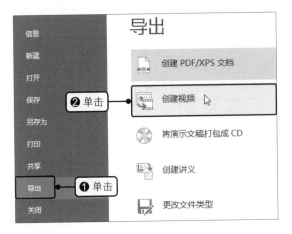

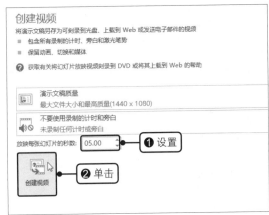

步骤03 另存为视频格式

弹出"另存为"对话框，在地址栏中选择视频文件的保存位置，如下图所示。完成上述操作后单击"保存"按钮。

步骤04 查看视频文件

打开视频文件所在位置，可看到视频文件，如下图所示，双击该图标后便可以默认播放器播放视频。

第630招 创建并打印课件讲义

若要将演示文稿制作成讲义资料发放给观众，则可以将演示文稿转换为 Word 讲义打印出来进行发放，具体操作如下。

步骤01 单击"导出"命令

打开原始文件，单击"文件"按钮，在弹出的视图菜单中单击"导出"命令，如下图所示。

步骤02 创建讲义

❶在右侧展开的"导出"面板中单击"创建讲义"按钮，❷在"在 Microsoft Word 中创建讲义"选项组中单击"创建讲义"按钮，如下图所示。

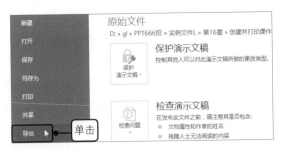

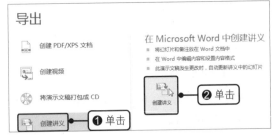

步骤03 设置讲义版式

　　弹出"发送到 Microsoft Word"对话框，❶在"Microsoft Word 使用的版式"选项组中单击"空行在幻灯片旁"单选按钮，❷在"将幻灯片添加到 Microsoft Word 文档"选项组中单击"粘贴"单选按钮，❸单击"确定"按钮，如下图所示。

步骤04 在Word中查看讲义

　　系统自动新建一个 Word 文档，并将演示文稿中的幻灯片作为缩略图嵌入该文档中，可看到该文档以表格形式显示幻灯片的编号、幻灯片及幻灯片的备注信息，无备注信息则以下画线空行表示，如下图所示。

步骤05 单击"打印"命令

　　在 Word 中单击"文件"按钮，在弹出的视图菜单中单击"打印"命令，如下图所示。

步骤06 设置文档打印参数

　　在右侧展开的"打印"面板中设置打印参数为"手动双面打印""纵向""A4""窄边距""每版打印 4 页"，如下图所示。

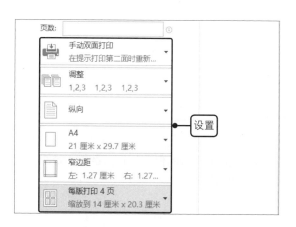

步骤07 预览打印效果

　　设置好打印参数后，可在"打印"面板右侧预览打印效果，如下图所示。若对打印效果满意，则在打印面板中单击"打印"按钮进行打印。

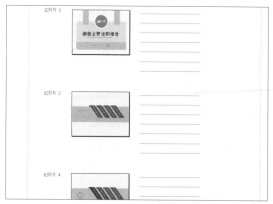

第631招 更新幻灯片内容时自动更新讲义

若希望创建的讲义能够随幻灯片内容进行自动更新，则可通过设置讲义内容随幻灯片内容自动更新的方式来实现。

打开原始文件，单击"文件"按钮，在弹出的视图菜单中单击"导出"命令，在右侧展开的"导出"面板中单击"创建讲义"按钮，在"Microsoft Word 中创建讲义"选项组中单击"创建讲义"按钮，弹出"发送到Microsoft Word"对话框，❶单击"空行在幻灯片旁"单选按钮，❷单击"粘贴链接"单选按钮，❸单击"确定"按钮，如右图所示，即可使创建的讲义实现自动更新。

第632招 将演示文稿导出为图片演示文稿

导出图片演示文稿是指将演示文稿中的每张幻灯片中所包含的内容全部转换为整张图片的形式，通过该方式可防止他人修改演示文稿。

步骤01 单击"更改文件类型"按钮

打开原始文件，单击"文件"按钮，❶在弹出的视图菜单中单击"导出"命令，❷在右侧展开的"导出"面板中单击"更改文件类型"按钮，如下图所示。

步骤02 选择文件要更改的类型

在右侧展开的"更改文件类型"选项组中双击要更改的文件类型，如"PowerPoint 图片演示文稿 (*.pptx)"选项，如下图所示。

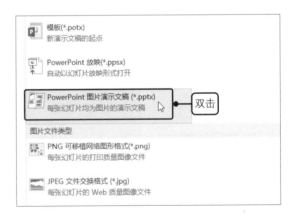

步骤03 另存为自动放映格式文件

弹出"另存为"对话框，❶在地址栏中选择另存为图片演示文稿的保存位置，❷在"文件名"文本框中输入"最终文件"，❸单击"保存"按钮，如下左图所示。

步骤04 查看自动放映格式文件

弹出提示框，单击"是"按钮即可，在保存图片演示文稿的文件中打开该演示文稿，可看到该演示文稿中的每张幻灯片都转换为了图片，如下右图所示。

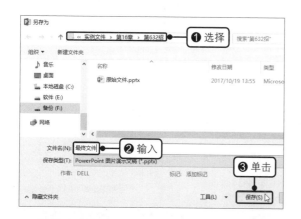

第633招　将演示文稿保存为模板

编辑好演示文稿后，可通过更改文件类型功能将其保存为模板，以便制作其他演示文稿时套用。

步骤01 选择文件要更改的类型

打开原始文件，单击"文件"按钮，在弹出的视图菜单中单击"导出"命令，在右侧展开的"导出"面板中单击"更改文件类型"按钮，再在右侧展开的"更改文件类型"选项组中双击"模板 (*.potx)"选项，如下图所示。

步骤02 另存为模板文件

弹出"另存为"对话框，在地址栏中选择另存为模板文件的保存位置，如下图所示。完成上述操作后单击"保存"按钮，即可将演示文稿保存为模板。

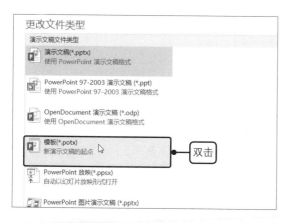

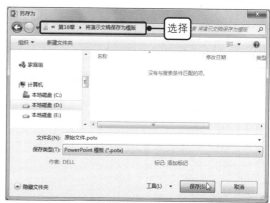

第634招　将演示文稿导出为图片格式文件

将演示文稿导出为图片文件后再将其分享给其他用户，可以避免其他用户随意更改该演示文稿内容。

步骤01 选择文件要更改的类型

打开原始文件，单击"文件"按钮，在弹出的视图菜单中单击"导出"命令，在右侧展开的"导出"面板中单击"更改文件类型"按钮，再在右侧展开的更改文件类型面板中双击"JPEG 文件交换格式 (*.jpg)"选项，如下图所示。

步骤02 另存为图片文件

弹出"另存为"对话框，在地址栏中选择另存为图片文件的保存位置，如下图所示。完成上述操作后单击"保存"按钮。

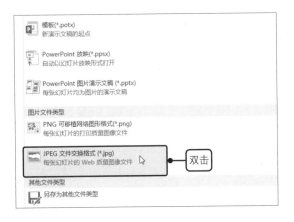

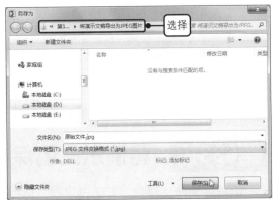

步骤03 单击"所有幻灯片"按钮

弹出提示框，询问要保存哪些幻灯片，单击"所有幻灯片"按钮，如右图所示。弹出提示框，提示图片文件保存成功，单击"确定"按钮即可。

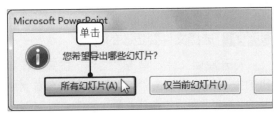

第635招 将演示文稿导出为Office主题

若遇到版式或配色较好的演示文稿时，可将其导出为 Office 主题，便于以后制作演示文稿时套用该主题。

步骤01 单击"更改文件类型"按钮

打开原始文件，单击"文件"按钮，❶在弹出的视图菜单中单击"导出"命令，❷在右侧展开的"导出"面板中单击"更改文件类型"按钮，如下图所示。

步骤02 选择文件要更改的类型

在右侧展开的"更改文件类型"选项组中单击要更改的文件类型，如"另存为其他文件类型"选项，如下图所示。

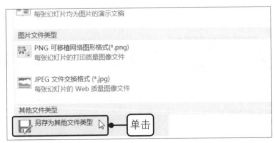

步骤03 另存为Office主题文件

弹出"另存为"对话框，❶在地址栏中选择另存为 Office 主题文件的保存位置，❷设置保存类型为"Office 主题 (*.thmx)"，如右图所示。完成上述操作后单击"保存"按钮，即可将演示文稿导出为 Office 主题。

第636招　将演示文稿输出为大纲文件

若想将编辑好的演示文稿保存为大纲文件，则可通过另存为命令来实现，具体操作如下。

步骤01 单击"浏览"按钮

打开原始文件，单击"文件"按钮，❶在弹出的视图菜单中单击"另存为"命令，❷在右侧展开的"另存为"面板中单击"浏览"按钮，如下图所示。

步骤02 另存为大纲文件

弹出"另存为"对话框，❶在地址栏中选择另存为大纲文件的保存位置，❷设置保存类型为"大纲 /RTF 文件 (*.rtf)"，❸单击"保存"按钮，如下图所示。完成上述操作后，即可将演示文稿输出为大纲文件。

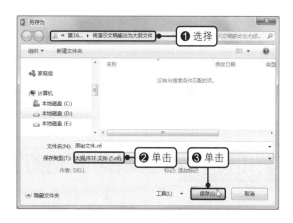

第637招　检查文档的隐藏属性和个人信息

完成演示文稿的制作后，可使用检查文档功能来检查文稿中是否含有隐藏属性和个人信息等内容，若存在，可直接将其清除，防止个人隐私泄露。

步骤01 单击"检查文档"选项

打开原始文件，单击"文件"按钮，❶在弹出的视图菜单中单击"信息"命令，❷在右侧展开的"信息"面板中单击"检查问题"按钮，❸在展开的列表中单击"检查文档"选项，如右图所示。

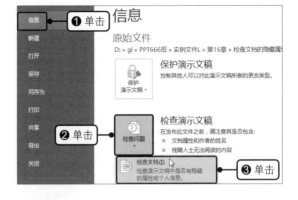

步骤02 单击"检查"按钮

弹出"文档检查器"对话框，保持默认勾选的复选框，单击"检查"按钮，如下图所示。

步骤03 单击"全部删除"按钮

切换至新的页面，此时可看到显示的检查结果，单击"全部删除"按钮，如下图所示。完成上述操作后，单击"关闭"按钮即可。

第638招　查看隐藏幻灯片张数

若想知道演示文稿中被隐藏的幻灯片张数和其他基本信息，可以从演示文稿的属性列表中读取，具体操作如下。

步骤01 展开所有属性

在打开的演示文稿中单击"文件"按钮，弹出视图菜单，在右侧展开的"信息"面板中单击的"显示所有属性"按钮，如右图所示。

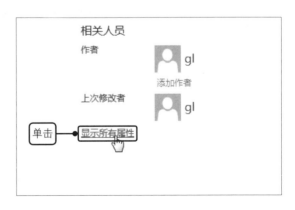

步骤02 显示信息

此时在展开的所有属性列表中显示了隐藏幻灯片张数，还包括大小、页数及字数等其他基本信息，如右图所示。

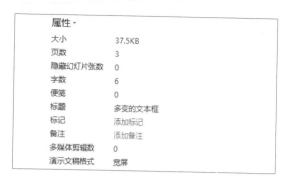

属性 ▾	
大小	37.5KB
页数	3
隐藏幻灯片张数	0
字数	6
便笺	0
标题	多变的文本框
标记	添加标记
备注	添加备注
多媒体剪辑数	0
演示文稿格式	宽屏

第639招　检查演示文稿是否能无障碍阅读

PowerPoint 程序中加入了检查辅助功能，目的是为了照顾残障人士，使用该功能可以检查出演示文稿中残障人士可能难以阅读的内容和解决该问题的具体方法。

步骤01 单击"检查辅助功能"选项

打开原始文件，单击"文件"按钮，在弹出的视图菜单中单击"信息"命令，❶在右侧展开的"信息"面板中单击"检查问题"按钮，❷在展开的列表中单击"检查辅助功能"选项，如右图所示。

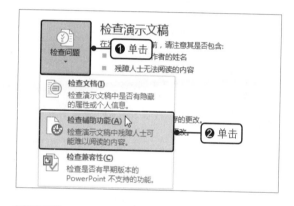

步骤02 查看检查结果

打开"辅助功能检查器"任务窗格，在"检查结果"下方列出了演示文稿中检测出的错误结果，单击任意一条错误，如"组合 30（幻灯片 1）"选项，如下图所示。

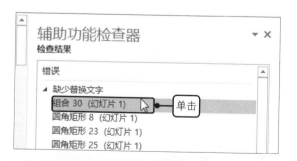

步骤03 查看附加信息

此时，在窗格底部的附加信息中可看见该处错误结果的错误原因和修复方法，如下图所示。

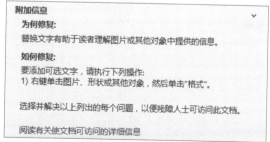

第640招　检查版本兼容性

使用低版本的 PowerPoint 程序打开高版本的演示文稿时，某些新增功能会无法使用，这时可以通过检查版本兼容性来查看不兼容的内容，具体操作如下。

步骤01 单击"检查兼容性"选项

打开原始文件，单击"文件"按钮，在弹出的视图菜单中单击"信息"命令，❶在右侧展开的"信息"面板中单击"检查问题"按钮，❷在展开的列表中单击"检查兼容性"选项，如下图所示。

步骤02 单击"确定"按钮

弹出"Microsoft PowerPoint 兼容性检查器"对话框，可查看显示的兼容性信息，查看完成后，单击"确定"按钮即可，如下图所示。

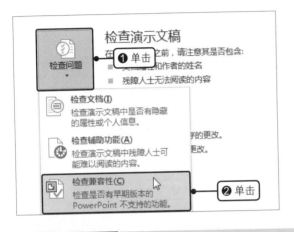

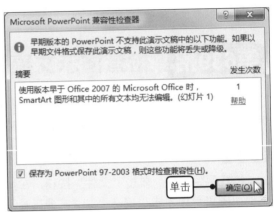

第641招 将演示文稿标记为最终状态

要与他人共享演示文稿时，为了帮助他人了解演示文稿的最终版本，可以使用标记为最终状态功能对演示文稿进行标记操作。

步骤01 将文件标记为最终状态

打开原始文件，单击"文件"按钮，❶在弹出的视图菜单中单击"信息"命令，❷在右侧展开的面板中单击"保护演示文稿"按钮，❸在展开的列表中单击"标记为最终状态"选项，如右图所示。

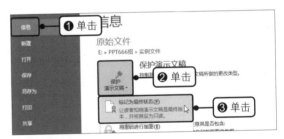

步骤02 单击"确定"按钮

弹出提示框，提示是否将当前演示文稿标记为最终版本并保存，单击"确定"按钮，如下图所示。

步骤03 确认文件状态

再次弹出提示框，提示该文档已被标记为最终状态，单击"确定"按钮，如下图所示，即可将演示文稿标记为最终状态。

> ⏰ **提示**
>
> 若要解除演示文稿最终标记状态，可按照上述步骤再次单击"标记为最终状态"选项。

第642招　为演示文稿添加密码

为演示文稿添加密码是指设置打开演示文稿时所需的密码，若要防止重要演示文稿内容泄露，可为该演示文稿添加密码。

步骤01 单击"用密码进行加密"选项

打开原始文件，单击"文件"按钮，❶在弹出的视图菜单中单击"信息"命令，❷在右侧展开的面板中单击"保护演示文稿"按钮，❸在展开的列表中单击"用密码进行加密"选项，如右图所示。

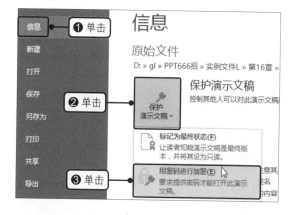

步骤02 设置密码

弹出"加密文档"对话框，❶在"密码"文本框中输入密码，如"123456"，❷单击"确定"按钮，如下图所示。

步骤03 确认密码

弹出"确认密码"对话框，❶在"重新输入密码"文本框中输入上一步中设置的密码"123456"，❷单击"确定"按钮，如下图所示。

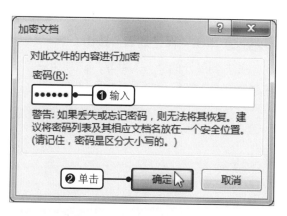

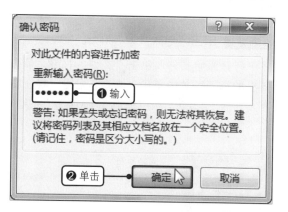

第643招　解除演示文稿的密码保护

若要解除演示文稿的密码保护，则需要在知道演示文稿密码的情况下进行，具体操作如下。

步骤01 输入密码打开演示文稿

打开已进行加密的原始文件，弹出"密码"对话框，❶在"密码"文本框中输入密码"123456"，❷单击"确定"按钮，如右图所示。

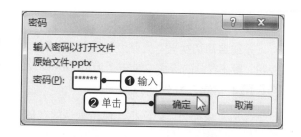

步骤02 单击"用密码进行加密"选项

　　单击"文件"按钮，❶在弹出的视图菜单中单击"信息"命令，❷在右侧展开的面板中单击"保护演示文稿"按钮，❸在展开的列表中单击"用密码进行加密"选项，如下图所示。

步骤03 解除演示文稿的密码保护

　　弹出"加密文档"对话框，❶删除"密码"文本框中的密码，❷单击"确定"按钮，如下图所示，即可解除演示文稿的密码保护。

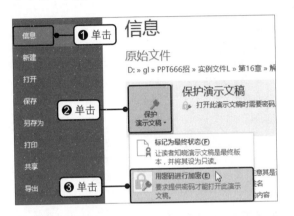

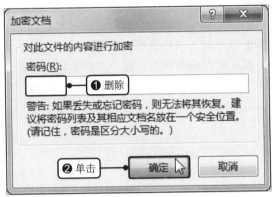

第644招　邀请他人查看与编辑演示文稿

　　若要分享演示文稿给指定的某人进行查看或编辑，则可通过与人共享功能来实现，具体操作如下。

步骤01 单击"与人共享"按钮

　　打开原始文件，单击"文件"按钮，❶在弹出的视图菜单中单击"共享"命令，❷在右侧展开的"共享"面板中单击"与人共享"按钮，如下图所示。

步骤02 单击"保存到云"按钮

　　在右侧展开的"与人共享"选项组中单击"保存到云"按钮，如下图所示。

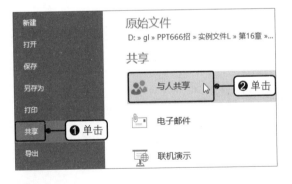

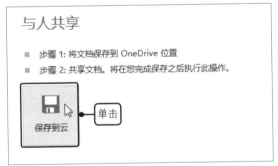

步骤03 打开另存为命令

　　系统自动切换至"另存为"命令下，❶在右侧展开的"另存为"面板中单击"OneDrive-个人"按钮，❷在右侧的界面中单击个人的 OneDrive 按钮，如下左图所示。

步骤04 将演示文稿另存为

　　弹出"另存为"对话框，保持默认的存储位置和文件名，单击"保存"按钮，如下右图所示。

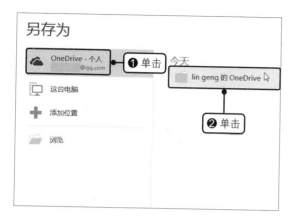

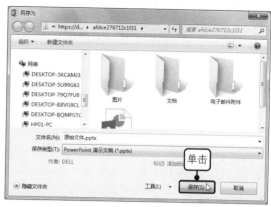

步骤05 单击"与人共享"按钮

　　系统自动跳转至"共享"命令下，❶在右侧展开的面板中单击"与人共享"选项，❷在"与人共享"选项组中单击"与人共享"按钮，如下图所示。

步骤06 共享演示文稿

　　系统自动返回幻灯片中并打开"共享"任务窗格，❶在"邀请人员"文本框中输入邀请人员的电子邮箱地址，❷单击"共享"按钮，如下图所示，即可完成共享。

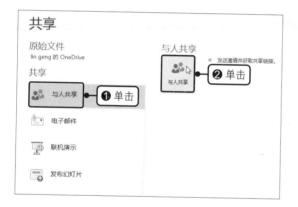

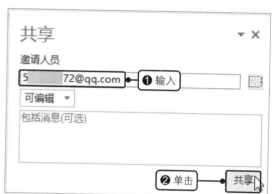

第645招　使用电子邮件发送演示文稿

　　使用电子邮件的形式可将演示文稿作为附件、PDF 格式或 XPS 格式等形式发送给同事或朋友，具体操作如下。

步骤01 单击"电子邮件"按钮

　　打开原始文件，单击"文件"按钮，❶在弹出的视图菜单中单击"共享"命令，❷在右侧展开的"共享"面板中单击"电子邮件"按钮，如右图所示。

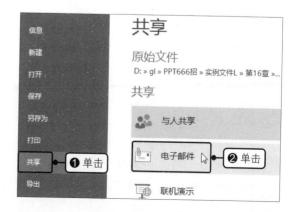

步骤02 单击"作为附件发送"按钮

在右侧展开的"电子邮件"选项组中单击"作为附件发送"按钮，如下图所示。

步骤03 发送演示文稿

系统自动打开 Outlook 程序，在附件位置显示演示文稿，❶在"收件人"文本框中输入收件人电子邮箱地址，❷单击"发送"按钮，如下图所示。完成上述操作后，即可发送演示文稿。

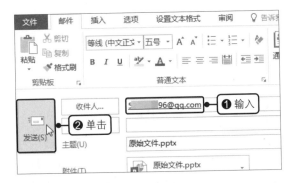

第646招 将演示文稿发布到幻灯片库进行共享

制作完演示文稿后，若想让他人能够方便地查看或重复利用其中的幻灯片，则可以将该演示文稿发布到幻灯片库进行共享。

步骤01 单击"发布幻灯片"按钮

打开原始文件，单击"文件"按钮，❶在弹出的视图菜单中单击"共享"命令，❷在右侧展开的"共享"面板中单击"发布幻灯片"按钮，如下图所示。

步骤02 单击"发布幻灯片"按钮

在右侧展开的"发布幻灯片"选项组中单击"发布幻灯片"按钮，如下图所示。

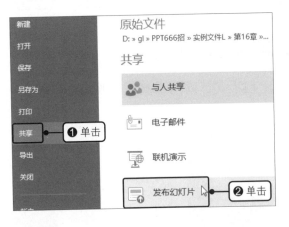

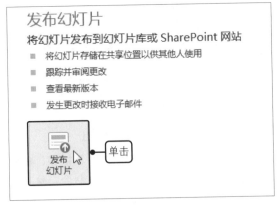

步骤03 选择幻灯片

弹出"发布幻灯片"对话框，单击"全选"按钮，如下左图所示。

步骤04 单击"浏览"按钮

选择好要发布的幻灯片后，单击该对话框中的"浏览"按钮，如下右图所示。

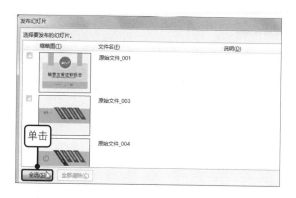

步骤05　新建文件夹

弹出"选择幻灯片库"对话框，❶新建文件夹并修改文件夹名称，如修改为"销售主管述职报告"，❷单击"选择"按钮，如下图所示。

步骤06　发布幻灯片

返回"发布幻灯片"对话框中，单击该对话框中的"发布"按钮，如下图所示，即可将演示文稿发布到幻灯片库中。

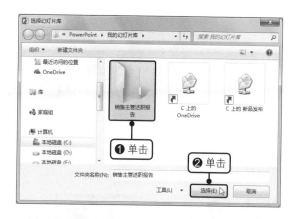

第647招　重用幻灯片库中的幻灯片

将演示文稿发布到幻灯片库后，可通过"重用幻灯片"功能来反复多次利用该幻灯片，具体操作如下。

步骤01　单击"重用幻灯片"选项

打开原始文件，在"开始"选项卡下单击"新建幻灯片"下三角按钮，在展开的列表中单击"重用幻灯片"选项，如下图所示。

步骤02　单击"浏览文件"选项

打开"重用幻灯片"任务窗格，❶单击"浏览"下三角按钮，❷在展开的列表中单击"浏览文件"选项，如下图所示。

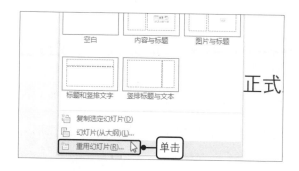

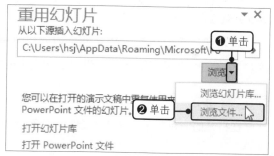

步骤03 打开文档

弹出"浏览"对话框，❶选中要打开的文档，❷单击"打开"按钮，如下图所示。

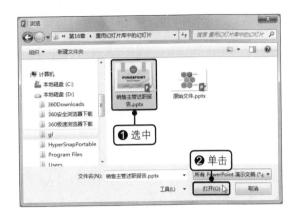

步骤04 单击要重用的幻灯片

返回"重用幻灯片"任务窗格，单击要重用的幻灯片，如"幻灯片2"，如下图所示。

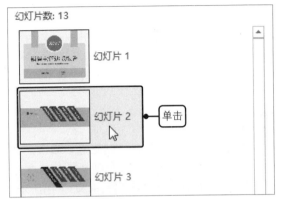

步骤05 完善重用的幻灯片

完成上述操作后，可看到重用幻灯片的效果，在此基础上对幻灯片进行修改以使其符合要求，如右图所示。

第628招 让调用的幻灯片保留源格式

有时调用的幻灯片配色布局都很好，直接调用也能与当前演示文稿主题十分协调，即可保留调用的演示文稿的格式，操作如下。

在打开的演示文稿中的"开始"选项卡下单击"新建幻灯片"下三角按钮，在展开的列表中单击"重用幻灯片"选项，在打开的"重用幻灯片"任务窗格中选择演示文稿的保存位置后，勾选"保留源格式"复选框，如右图所示，再单击需要调用的幻灯片即可。

第649招 添加受信任的位置

若希望计算机硬盘上的文件夹或网络文件夹不被信任中心安全功能检查，则可将计算机硬盘上的文件夹或网络文件夹设置为受信任的位置。

步骤01 单击"选项"命令

在打开的演示文稿中单击"文件"按钮，在弹出的视图菜单中单击"选项"命令，如下左图所示。

步骤02 单击"信任中心设置"

弹出"PowerPoint 选项"对话框，在"信任中心"选项卡下单击"信任中心设置"按钮，如下右图所示。

步骤03 单击"添加新位置"按钮

弹出"信任中心"对话框，在"受信任位置"选项卡下单击"添加新位置"按钮，如下图所示。

步骤04 单击"浏览"按钮

弹出"Microsoft Office 受信任位置"对话框，单击"浏览"按钮，如下图所示。

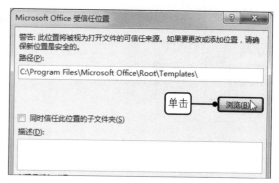

步骤05 选择要添加的位置

弹出"浏览"对话框，❶选择要添加的文件夹，❷单击"确定"按钮，如下图所示。

步骤06 完成添加受信任的位置

返回"Microsoft Office 受信任位置"对话框中，单击"确定"按钮，如下图所示，即可完成受信任位置的添加。

第17章　演示文稿的自动化控制

使用PowerPoint制作某个主题幻灯片时，可以利用PowerPoint组件预置的VBA开发程序平台，将一些重复的操作编写为简洁的过程代码，然后借助过程代码自动完成相应操作，从而提高工作效率。本章将介绍宏、加载项和控件的使用等知识。

第650招　宏的创建

在 PowerPoint 组件中可以使用宏实现某个任务的自动化操作，例如自动更改幻灯片中所选形状中的文本字符格式。

步骤01　打开"宏"对话框

打开原始文件，在"开发工具"选项卡下单击"代码"组中的"宏"按钮，如下图所示。

步骤02　打开Visual Basic编辑器

弹出"宏"对话框，❶在"宏名"文本框中输入宏的名称，❷单击"创建"按钮，如下图所示。

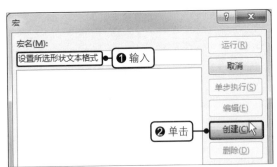

步骤03　编写代码

此时，系统自动启动 Visual Basic 编辑窗口，自动在工程资源管理器窗口中创建"模块1"对象，并打开代码窗口，在 Sub 过程中编写相应的代码，如右图所示。

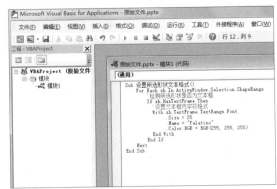

> ⏰ 提示
>
> 若要将宏保存到演示文稿中，则需关闭 Visual Basic 编辑窗口后，将演示文稿另存为"启用宏的 PowerPoint 演示文稿"。

行号	代码	代码注解
1	For Each sh In ActiveWindow.Selection.ShapeRange '检测所选形状是否为文本框	使用ShapeRange对象指定一个形状范围
2	If sh.HasTextFrame Then '设置文本框内字符格式	使用HasTextFrame属性判断指定形状是否为文本框
3	With sh.TextFrame.TextRange.Font .Size = 25 .Name = "Palatino" .Color.RGB = RGB(255, 255, 255)	使用TextFrame的TextRange对象的Font属性设置Size（大小）、Name（字体）、Color.RGB（字体颜色）
4	End With	End With结束字体格式设置
5	End If Next	End If结束判断指定形状是否为文本框

第651招　宏的编辑

在使用一些已经编制好的宏时，若该宏的某些参数不符合实际需求，则可以通过编辑宏来更改宏过程代码，从而改变操作命令来实现不同的效果。

步骤01　打开"宏"对话框

打开原始文件，在"开发工具"选项卡下单击"代码"组中的"宏"按钮，如下图所示。

步骤02　打开Visual Basic编辑器

弹出"宏"对话框，❶在"宏名"下方的列表框中选中要编辑的宏，❷单击"编辑"按钮，如下图所示。

步骤03　修改代码

打开 Visual Basic 编辑器，在"模块 1"代码窗口中将".Size = 25"更改为".Size = 22"，并添加".Bold = True"语句，如右图所示。

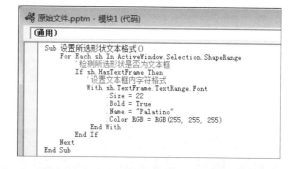

提示

在编辑宏过程代码时，可以按下【F8】键逐语句调试宏过程中的代码，排除语法错误。

第652招 宏的运行

在创建或修改宏过程代码后，若要对所选对象应用设置的宏代码命令，则可以通过运行宏来实现操作的自动化。

步骤01 选择对象

打开原始文件，在幻灯片中选中要修改字体格式的文本框，如下图所示。

步骤02 运行宏

在"开发工具"选项卡下单击"代码"组中的"宏"按钮，弹出"宏"对话框，❶选中要运行的"宏"，❷单击"运行"按钮，如下图所示。

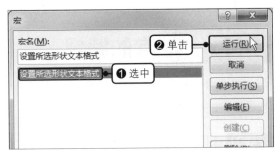

步骤03 查看最终效果

此时可看到幻灯片中选中的文本框中的内容应用了指定的文本字符格式，如右图所示。

第653招 调整宏的作用范围

在 PowerPoint 组件中创建的宏的默认使用范围均为创建宏所在的演示文稿中，若希望将宏应用于其他演示文稿或打开的所有演示文稿中，则可通过在"宏"对话框中更改范围来实现。

打开原始文件，在"开发工具"选项卡下单击"代码"组中的"宏"按钮，弹出"宏"对话框，❶选中"设置所选形状文本格式"，❷单击"宏作用于"右侧的下三角按钮，❸在展开的列表中选择"所有打开的演示文稿"选项，如右图所示。

第654招 单独保存宏过程代码

在 PowerPoint VBA 中编写的宏过程代码，一般是依附于所作用的演示文稿中，若希望单独保存宏过程代码，则可以通过 Visual Basic 编辑器来实现，具体操作如下。

步骤01 打开Visual Basic编辑器

打开原始文件，在"开发工具"选项卡下单击"代码"组中的"宏"按钮，弹出"宏"对话框，❶在"宏名"下方的列表框中选中要编辑的宏，❷单击"编辑"按钮，如下图所示。

步骤02 打开"导出文件"对话框

打开 Visual Basic 编辑器，❶在该编辑器中的"工程资源管理器"窗口中右击要导出的模块对象，❷在弹出的快捷菜单中单击"导出文件"命令，如下图所示。

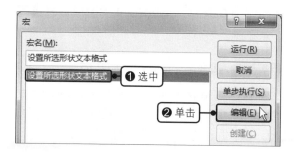

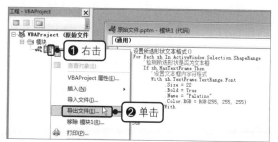

步骤03 导出宏过程代码

弹出"导出文件"对话框，❶在地址栏中选择文件的保存位置，❷在"文件名"文本框中输入文件的名称，❸单击"保存"按钮，如右图所示，即可单独保存宏过程代码。

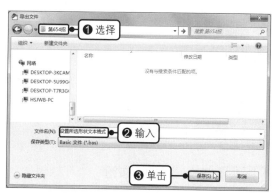

第655招 按需调整宏的安全级别

PowerPoint 组件中宏的安全级别分为 4 种，分别是：禁用所有宏，并且不通知；禁用所有宏，并发出通知；禁用无数字签署的所有宏；启用所有宏。用户可以根据实际需求调整宏的安全级别。

步骤01 打开"信任中心"对话框

在打开的演示文稿中的"开发工具"选项卡下单击"代码"组中的"宏安全性"按钮，如右图所示。

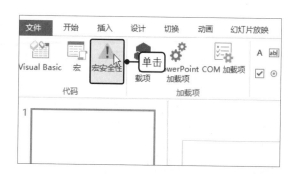

步骤02 调整宏的安全级别

弹出"信任中心"对话框,在"宏设置"选项卡下单击"宏设置"选项组中的"禁用无数字签署的所有宏"单选按钮,如右图所示。连续单击"确定"按钮即可完成调整宏的安全级别的操作。

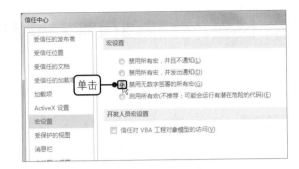

第656招 加载宏

在 PowerPoint 中,若想要将从第三方供应商网站上获取的 PowerPoint 的宏或自己编写的宏加载到 PowerPoint 中,则可通过加载宏功能来实现。

步骤01 打开"PowerPoint选项"对话框

在打开的演示文稿中单击"文件"按钮,在弹出的视图菜单中单击"选项"命令,如下图所示。

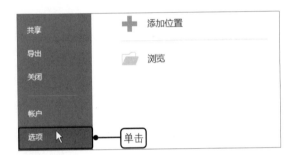

步骤03 单击"添加"按钮

弹出"加载项"对话框,在该对话框中单击"添加"按钮,如下图所示。

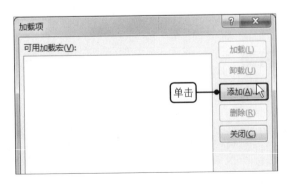

步骤02 转到PowerPoint加载项

弹出"PowerPoint 选项"对话框,❶在"加载项"选项卡下选择"PowerPoint 加载项"选项,❷单击"转到"按钮,如下图所示。

步骤04 添加PowerPoint加载项

弹出"添加新的 PowerPoint 加载项"对话框,❶在地址栏中选择文件所在位置,❷单击要添加的加载项文件,❸单击"确定"按钮,如下图所示。返回"加载项"对话框中,单击"关闭"按钮即可。

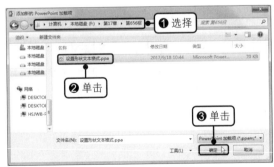

⏰ 提示

　　若要卸载 PowerPoint 加载项，只需在"加载项"对话框中选中该加载项，然后单击"卸载"按钮即可。

第657招　绘制控件

　　若制作的演示文稿中幻灯片的文字内容较多且使用常规方法不能全部显示时，可以使用 PowerPoint 中提供的控件来解决。

步骤01　选择文本框控件

　　打开原始文件，在"开发工具"选项卡下单击"控件"组中的"文本框（ActiveX 控件）"按钮，如下图所示。

步骤02　绘制文本框控件

　　此时鼠标指针呈＋形状，在幻灯片中的图片左侧单击，按住鼠标左键进行拖动绘制，绘制完成后释放鼠标左键即可，如下图所示。

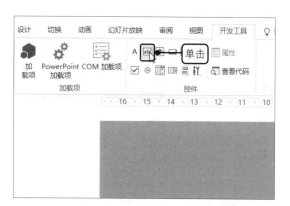

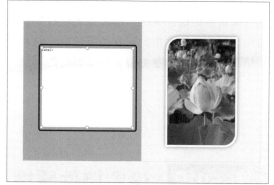

⏰ 提示

　　绘制控件时，可以在选定控件图标后，直接单击要放置控件的目标位置，系统会自动在幻灯片中绘制默认大小的所选类型控件。

第658招　设置控件的格式

　　在幻灯片中绘制控件后，若对绘制的控件的大小、位置等不满意，则可以对这些属性进行设置，具体操作如下。

步骤01　打开"设置对象格式"任务窗格

　　打开原始文件，❶在幻灯片中右击绘制的文本框控件，❷在弹出的快捷菜单中单击"大小和位置"命令，如右图所示。

步骤02 设置文本框控件的大小

打开"设置对象格式"任务窗格,在"大小"选项组下设置"高度"为"10厘米"、"宽度"为"11厘米",如下图所示。

步骤03 设置文本框控件的位置

在"位置"选项组下设置"水平位置"为"3厘米"、"垂直位置"为"5厘米",如下图所示。

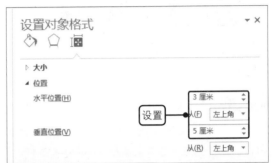

步骤04 查看最终效果

设置完成后,关闭"设置对象格式"任务窗格,返回幻灯片中,可看到所选控件的大小和位置按照设置的参数值进行了相应的调整,如右图所示。

第659招 设置控件属性

若希望更改默认控件的背景色、名称、字体颜色等外观格式,则可以通过更改控件的属性来实现,具体操作如下。

步骤01 打开属性表

打开原始文件,❶在幻灯片中右击绘制的文本框控件,❷在弹出的快捷菜单中单击"属性表"命令,如下图所示。

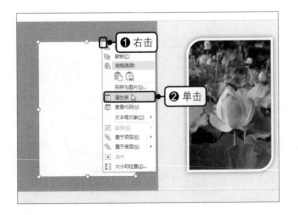

步骤02 设置背景颜色

弹出"属性"对话框,❶单击"BackColor"右侧的下三角按钮,❷在展开的列表中的"调色板"选项卡下单击合适的颜色,如下图所示。

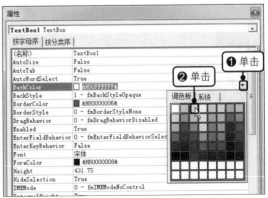

步骤03 设置文本框允许【Enter】键换行

❶将 "EnterKeyBehavior" 的属性值设置为 "True"，❷单击 "Font" 右侧的对话框启动器，如下图所示。

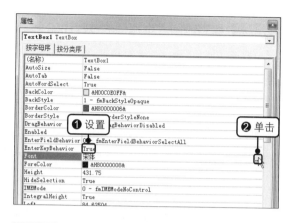

步骤04 设置字体格式

弹出 "字体" 对话框，❶设置 "字体" 为 "华文楷体"、"字形" 为 "常规"、"大小" 为 "二号"，❷单击 "确定" 按钮，如下图所示。

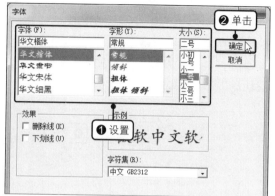

步骤05 设置文本框允许多行文本

返回 "属性" 对话框中，❶单击 "MultiLine" 右侧的下三角按钮，❷在展开的列表中单击 "True" 选项，如下图所示。

步骤06 设置文本框内显示垂直滚动条

❶单击 "ScrollBars" 右侧的下三角按钮，❷在展开的列表中单击 "2-fmScrollBarsVertical" 选项，如下图所示。

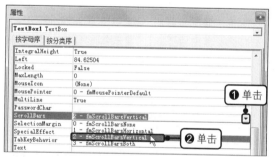

步骤07 激活文本框

关闭 "属性" 对话框，返回幻灯片中，❶右击绘制的文本框控件，❷在弹出的快捷菜单中单击 "文本框对象 > 编辑" 命令，如下图所示。

步骤08 输入文本

激活文本框后，可以根据需要输入文本，一旦文本的字数超过文本框的显示区域，系统会自动在文本框右侧显示垂直滚动条，如下图所示。

第660招 设置控件的事件代码

设置控件的格式和属性等只是更改控件在幻灯片中的显示效果，若想使用控件在幻灯片中实现人机交互式操作，则需要为控件添加相关事件代码。

步骤01 打开Visual Basic编辑器

打开原始文件，❶在幻灯片中右击绘制的文本框控件，❷在弹出的快捷菜单中单击"查看代码"命令，如下图所示。

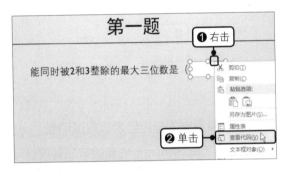

步骤02 编写判断文本框值的过程代码

打开 Visual Basic 编辑器，在 Slide1 代码窗口中输入如下图所示的过程代码。

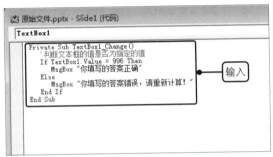

步骤03 输入错误值的交互操作

为控件添加事件代码后，进入放映幻灯片界面，❶在文本框控件中输入错误的答案，❷系统将弹出提示框，提示答案错误，请重新计算，单击"确定"按钮，如下图所示。

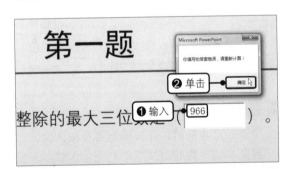

步骤04 输入正确值的交互操作

❶在文本框控件中输入题目正确答案"996"，❷系统将自动弹出提示框，提示用户填写的答案正确，单击"确定"按钮即可，如下图所示。

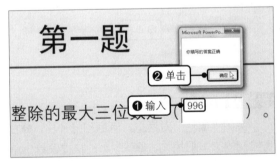

第661招 在用户窗体中使用控件

在制作演示文稿时，若希望为其添加一个管理界面或某个特定功能的对话框时，则可以通过用户窗体和控件来设计和创建自定义对话框，具体操作如下。

步骤01 打开Visual Basic编辑器

打开原始文件，在"开发工具"选项卡下单击"代码"组中的"Visual Basic"按钮，如下左图所示。

步骤02 插入用户窗体

弹出 Visual Basic 编辑窗口，单击"插入 > 用户窗体"命令，如下右图所示。

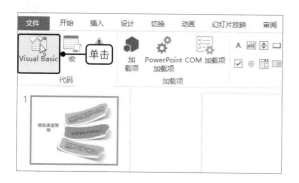
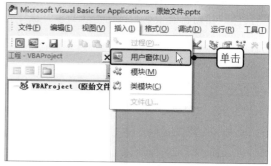

步骤03 更改用户窗体属性

此时在工程资源管理器窗口中添加了
"UserForm1"用户窗体对象，按下【F4】键，
打开"属性"对话框，将其中的"Caption"属
性更改为"登录界面"，如下图所示。

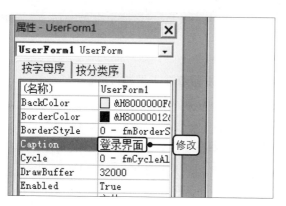

步骤04 选择要绘制的控件

在"工具箱"对话框中选择所需控件，这
里选择"标签"控件，如下图所示。

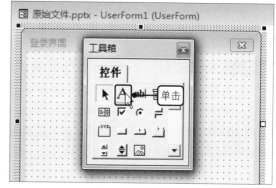

步骤05 绘制控件

此时鼠标指针呈＋形状，在用户窗体中适
当的位置单击并按住鼠标左键拖动进行绘制，
如下图所示。绘制完成后，释放鼠标左键即可。

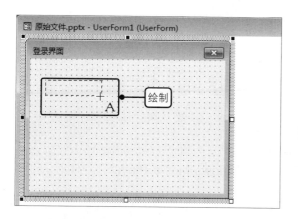

步骤06 绘制其他控件并设置属性

在用户窗体中绘制其他所需控件，如复合
框、命令按钮、文本框等，绘制完成后设置其
属性，得到的结果如下图所示。

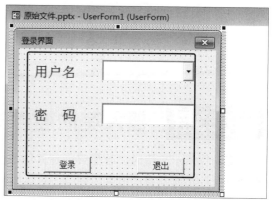

步骤07 为控件添加事件代码

按下【F7】键，打开用户窗体代码窗口，在其中输入如下图所示的代码段，用于设置用户窗体的初始化值和单击按钮实现的事件操作。

步骤08 查看代码运行结果

在过程代码中按下【F5】键，弹出"登录界面"对话框，❶选择用户名，❷输入密码"123"，❸单击"登录"按钮，如下图所示，即可进行相应的操作。

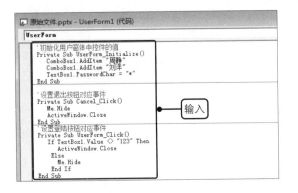

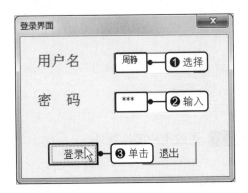

第662招 防止他人修改VBA代码

在 PowerPoint 中使用 VBA 语言编写代码后，若不希望过程代码被他人查看和修改，则可以通过为 VBAProject 工程属性加密来进行保护。

步骤01 打开对话框

打开原始文件，在"开发工具"选项卡下单击"代码"组中的"Visual Basic"按钮，弹出 Visual Basic 编辑窗口，单击"工具 > VBAProject 属性"命令，如下图所示。

步骤02 设置查看工程属性密码

弹出"VBAProject-工程属性"对话框，❶在"保护"选项卡下勾选"查看时锁定工程"复选框，❷在"查看工程属性的密码"选项组下的"密码"和"确认密码"中分别输入"123"，❸单击"确定"按钮即可，如下图所示。

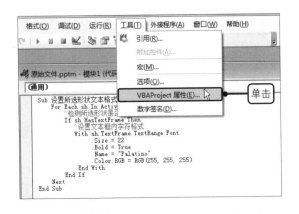

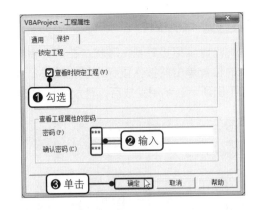

第663招 插入其他控件

在制作演示文稿时，若想要创建其他控件，如"Windows Media Player"控件时，则可通过"其他控件"对话框进行创建，具体操作如下。

步骤01 选择控件按钮

打开一个空白演示文稿，在"开发工具"选项卡下单击"控件"组中的"其他控件"按钮，如下图所示。

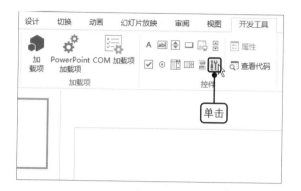

步骤02 选择需要的控件选项

弹出"其他控件"对话框，❶单击"Windows Media Player"选项，❷单击"确定"按钮，如下图所示。

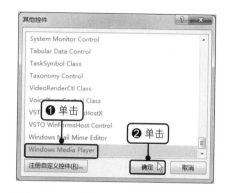

步骤03 绘制控件并打开属性对话框

在幻灯片中合适的位置单击，按住鼠标左键拖动绘制，❶绘制完成后右击该控件，❷在弹出的快捷菜单中单击"属性表"命令，如下图所示。

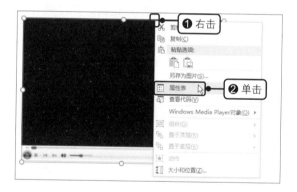

步骤04 打开对话框

弹出"属性"对话框，单击"（自定义）"右侧的对话框启动器，如下图所示。

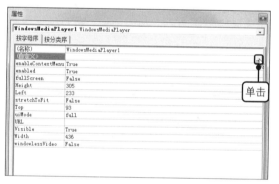

步骤05 单击"浏览"按钮

弹出"Windows Media Player 属性"对话框，在"常规"选项卡下单击"浏览"按钮，如下图所示。

步骤06 添加视频文件

弹出"打开"对话框，❶在地址栏中选择文件的保存位置，❷双击文件，如下图所示。返回"Windows Media Player 属性"对话框，单击"确定"按钮即可。

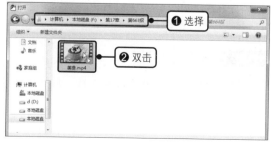

第664招　利用图像控件控制图片的大小

若想让插入的图片固定到某个指定的大小范围，则可以在幻灯片中使用图像控件来设置图片的占位区域，具体操作如下。

步骤01　打开"属性"对话框

打开原始文件，❶右击绘制的控件，❷在弹出的快捷菜单中单击"属性表"命令，如下图所示。

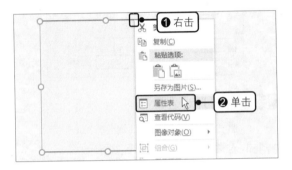

步骤02　设置属性值

弹出"属性"对话框，❶将"PictureSizeMode"设置为"3-fmPictureSizeModeZoom"，❷单击"Picture"右侧的对话框启动器，如下图所示。

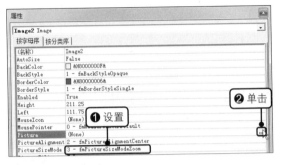

步骤03　添加图片文件

弹出"加载图片"对话框，❶在地址栏中选择要添加的图片的保存位置，❷双击要添加的图片，如下图所示。

步骤04　查看最终效果

关闭"属性"对话框，返回幻灯片中，可看到添加的图片符合绘制的控件大小，如下图所示。

第665招　使用选项按钮控件设置单项选择题

若想要创建一张交互式的单项选择题幻灯片，则可在幻灯片中创建完题干后，通过创建选项按钮来实现该目的。

步骤01　选择控件按钮

打开原始文件，在"开发工具"选项卡下单击"控件"组中的"选项按钮（ActiveX 控件）"按钮，如下左图所示。

步骤02 绘制控件并打开属性对话框

在幻灯片中合适的位置单击并按住鼠标左键拖动绘制，❶绘制完成后右击该控件，❷在弹出的快捷菜单中单击"属性表"命令，如下右图所示。

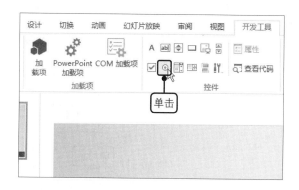

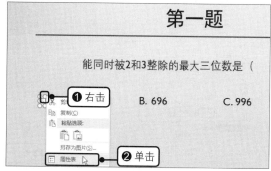

步骤03 设置属性值

弹出"属性"对话框，将"BackStyle"设置为"0-fmBackStyleTransparent"，并将"Caption"的属性清空，如下图所示。

步骤04 查看最终效果

关闭"属性"对话框，返回幻灯片中，复制选项按钮控件到其余答案前面，按下【F5】键，进入放映视图，单击正确答案前的选项按钮即可，如下图所示。

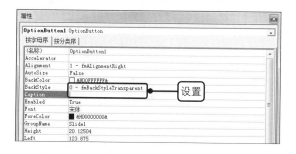

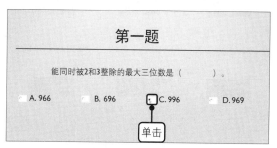

第666招　应用复选框控件建立多项选择题

想要创建一张交互式的多项选择题幻灯片，可在幻灯片中输入选择题目，然后通过复选框控件来绘制答案，具体操作如下。

步骤01 选择控件按钮

打开原始文件，在"开发工具"选项卡下单击"控件"组中的"复选框（ActiveX 控件）"按钮，如下图所示。

步骤02 绘制控件并打开属性对话框

在幻灯片中合适的位置拖动绘制控件，❶绘制完成后右击该控件，❷在弹出的快捷菜单中单击"属性表"命令，如下图所示。

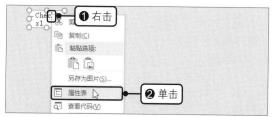

步骤03 设置属性值

弹出"属性"对话框，❶设置"Caption"为"人力"，❷单击"Font"右侧的对话框启动器，如下图所示。

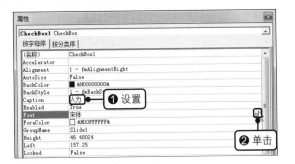

步骤04 设置字体格式

弹出"字体"对话框，❶设置"大小"为"二号"，其余保持默认不变，❷单击"确定"按钮，如下图所示。

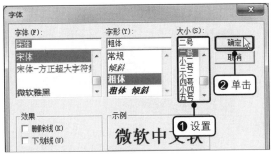

步骤05 通过复制添加其他复选框

将设置好的复选框控件依次复制到适当位置并修改控件名称，如下图所示。

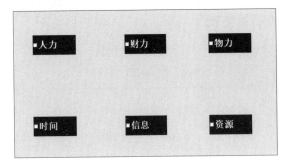

步骤06 查看最终效果

按下【F5】键，放映幻灯片，即可根据实际情况勾选复选框，如下图所示。

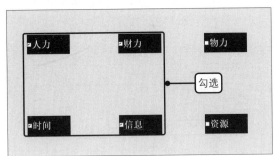

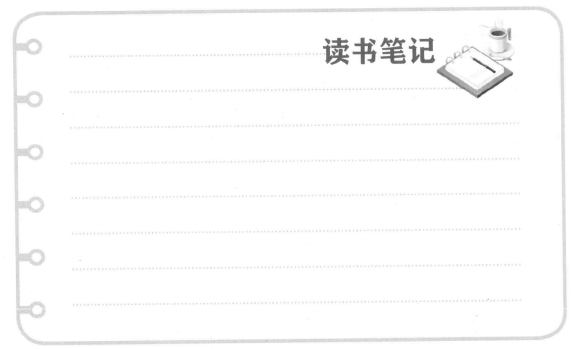